桐柏山区木本药用植物

孙国山　鄢广运　李光华　陶卫东　秦永轩　主编

黄河水利出版社
·郑州·

图书在版编目（CIP）数据

桐柏山区木本药用植物/孙国山等主编. —郑州：黄河水
利出版社,2019.8
ISBN 978 - 7 - 5509 - 2395 - 9

I.①桐…　Ⅱ.①孙…　Ⅲ.①木本植物 - 药用植物 - 介
绍 - 桐柏县　Ⅳ.①S567

中国版本图书馆 CIP 数据核字(2019)第 106264 号

组稿编辑：李洪良　电话：0371 - 66026352　E-mail：hongliang0013@163.com

出　版　社：黄河水利出版社
　　　　　　地址：河南省郑州市顺河路黄委会综合楼 14 层　　邮政编码：450003
发行单位：黄河水利出版社
　　　　　　发行部电话：0371 - 66026940、66020550、66028024、66022620(传真)
　　　　　　E-mail：hhslcbs@126.com
承印单位：虎彩印艺股份有限公司
开本：787 mm×1 092 mm　1/16
印张：13.5
字数：330 千字　　　　　　　　　　　　　印数：1—1 000
版次：2019 年 8 月第 1 版　　　　　　　　印次：2019 年 8 月第 1 次印刷
定价：65.00 元

《桐柏山区木本药用植物》

编 委 会

前　言

"盘古开天地,血为淮渎",桐柏山位于河南省南部,是千里淮河的发源地,地处北亚热带北部边缘,属季风型大陆性半湿润气候,兼有亚热带和暖温带气候特点,温暖湿润,雨水适中,四季分明。

桐柏山区地处南北气候过渡带,地理位置优越,生态环境良好,区位优势明显,适宜多种植物生长,自然资源丰富,生物物种繁多,兼容并蓄南北方动植物。共有维管植物 178 科 756 属 1 789 种,分别占全省的 89.6%、66.2%、49.4%。脊椎动物 5 纲 55 科 298 种,其中鸟类 200 种,占全省的 93.8%。主要用材林树种有雪松、华山松、马尾松、栎类、杨树、泡桐等,主要经济林树种有板栗、桃、茶叶、木瓜等,国家和省重点保护植物有香果树、水杉、青檀等 52 种,国家和省重点保护动物有斑羚、白冠长尾雉、大鲵等 36 种,素有中原特大天然动植物资源宝库之称。

该书是在大量调查走访和查阅资料的基础上编写而成的,共计 76 科 356 种,全面介绍了桐柏山区木本药用植物种类情况,对了解和掌握木本药用植物资源现状、生长习性及开展科学研究都具有一定的指导意义和参考价值。

由于作者水平和文献资料有限,不足之处在所难免,争取在今后的工作中臻于完善,敬请专家和同仁批评指正。

编　者

2019 年 1 月

目　录

银杏科

银杏

学名 *Ginkgo biloba* L.

别称 白果、公孙树。

科属 银杏科银杏属。

形态特征 乔木,高达40 m,胸径4 m。树皮灰褐色,纵裂。大枝斜展,一年生长枝淡褐黄色,二年生枝变为灰色。短枝黑灰色。叶扇形,上部宽5~8 cm,上缘有浅或深的波状缺刻,有时中部缺裂较深,基部楔形,有长柄。在短枝上3~8叶簇生。雄球花4~6个,生于短枝顶端叶腋或苞腋,长圆形,下垂,淡黄色。雌球花数个,生于短枝叶丛中,淡绿色。

种子椭圆形,倒卵圆形或近球形,长2~3.5 cm,成熟时黄或橙黄色,被白粉,外种皮肉质有臭味,中种皮骨质,白色,有2纵脊,内种皮膜质,黄褐色。胚乳肉质,胚绿色。花期3月下旬至4月中旬,种子9~10月成熟。果实俗称白果,银杏树生长较慢,寿命极长,自然条件下从栽种到结银杏果要二十多年,因此又有人把它称作"公孙树",有"公种而孙得食"的含义,是树木中的老寿星,具有观赏、经济、药用等价值。

生长环境 中生代孑遗的稀有树种,系我国特产,喜光,深根性,对气候、土壤的适应性较强。以生长于海拔1 000 m以下,气候温暖湿润,年降水量700~1 500 mm,土层深厚、肥沃、湿润,排水良好的地区生长较好,土壤瘠薄干燥、多石山坡、过度潮湿的地方生长不良。

药用价值 银杏可降低人体血液中胆固醇水平,防止动脉硬化。对中老年人轻微活动后体力不支、心跳加快、胸口疼痛、头昏眼花等有显著改善作用。银杏叶中含有莽草酸、白果双黄酮、异白果双黄酮、甾醇等,用于治疗高血压及冠心病、心绞痛、脑血管痉挛、血清胆固醇过高都有一定效果。银杏可消除血管壁上的沉积成分,改善血液流变性,增进红细胞的变形能力,降低血液黏稠度,使血流通畅,可预防和治疗脑出血及脑梗死。对动脉硬化引起的老年性痴呆症亦有一定疗效。祛痰止咳:白果味甘苦、涩,具有敛肺气、定喘咳,对于肺病咳嗽、老人虚弱体质的哮喘及各种哮喘痰多者,均有辅助食疗作用。抗涝抑虫:白果外种皮中所含的白果酸及白果酚等,有抗结核杆菌的作用。白果用油浸对结核杆菌有很强的抑制作用,用生菜油浸泡的新鲜果实,对改善肺结核病所致的发热、盗汗、咳嗽咯血、食欲不振等有一定作用。抑菌杀菌:白果中含有的白果酸、白果酚,经实验证明有抑菌和杀菌作用,可用于治疗呼吸道感染性疾病。白果水浸剂对各种真菌有不同程度的抑制作用,可止痒疗癣。银杏外种皮含有大量的氢化白果酸和银杏黄酮。外种皮水溶性成分具有较好的镇咳祛痰作用。银杏及银杏叶被用于制作健康枕头,能改善人体呼吸,提高睡眠质量,长期使用可以预防与治疗心血管疾病。防止成年人因血管硬化引起的高血压、脑中风、糖尿病等,可使成年人尤其在中老年时期维持正常的心脏输出量以及正常的神经系统功效,使人尽可能保持正常的细胞生命周期。

松科

雪松

学名 *Cedrus deodara* (Roxburgh) G. Don

别称 香柏、宝塔松、番柏。

科属 松科雪松属。

形态特征 乔木,高可达50 m,胸径达3 m。树皮深灰色,裂成不规则的鳞状块片。枝平展、微斜展或微下垂,基部宿存芽鳞向外反曲,小枝常下垂,一年生长枝淡灰黄色,密生短茸毛,微有白粉,二、三年生枝呈灰色、淡褐灰色或深灰色。叶在长枝上辐射伸展,短枝之叶成簇生状(每年生出新叶15~20枚),针形,坚硬,淡绿色或深绿色,长2.5~5 cm,宽1~1.5 mm,上部较宽,先端锐尖,下部渐窄,常呈三棱形,稀背脊明显,叶之腹面两侧各有2~3条气孔线,背面4~6条,幼时气孔线有白粉。雄球花长卵圆形或椭圆状卵圆形,长2~3 cm,径约1 cm。雌球花卵圆形,长约8 mm,径约5 mm。

球果成熟前淡绿色,微有白粉,熟时红褐色,卵圆形或宽椭圆形,长7~12 cm,径5~9 cm,顶端圆钝,有短梗。中部种鳞扇状倒三角形,长2.5~4 cm,宽4~6 cm,上部宽圆,边缘内曲,中部楔状,下部耳形,基部爪状,鳞背密生短茸毛。苞鳞短小。种子近三角状,种翅宽大,较种子长,连同种子长2.2~3.7 cm。

生长环境 在气候温和凉润、土层深厚排水良好的酸性土壤上生长旺盛。喜阳光充足。

药用价值 雪松木中含有非常丰富的精油,可以经由蒸馏的方式将其从木片或木屑中萃取出来。雪松油具有抗脂漏、防腐、杀菌、补虚、收敛、利尿、调经、祛痰、杀虫及镇静等功效。将雪松与甜杏仁等基底油混合,或加入洗澡水中稀释,即可有助于舒缓气喘、支气管炎、呼吸道问题、关节疼痛、肌肤出油及头皮屑。用香薰炉或喷雾器将精油散布在空气中,能帮助治疗关节炎、支气管炎、风湿及呼吸道问题。

华山松

学名 *Pinus armandii* Franch.

别称 白松、五须松、果松。

科属 松科松属。

形态特征 乔木,高可达35 m,胸径1 m。幼树树皮灰绿色或淡灰色,平滑,老则呈灰色,裂成方形或长方形厚块片固着于树干上,或脱落。枝条平展,形成圆锥形或柱状塔形树冠。一年生枝绿色或灰绿色,无毛,微被白粉。冬芽近圆柱形,褐色,微具树脂,芽鳞排列疏松。针叶5针一束,长8~15 cm,边缘具细锯齿,仅腹面两侧各具4~8条白色气孔线。横切面三角形,单层皮下层细胞,树脂道通常3个,中生或背面2个边生、腹面1个中生,稀具树脂道,则中生与边生兼有。叶鞘早落。子叶针形,横切面三角形,长4~6.4 cm,先端渐尖,全缘或上部棱脊微具细齿。初生叶条形,长3.5~4.5 cm,上下两面均有气孔线,边缘有细锯齿。

雄球花黄色,卵状圆柱形,长约1.4 cm,基部围有近10枚卵状匙形的鳞片,多数集生于新枝下部成穗状,排列较疏松。球果圆锥状长卵圆形,长10~20 cm,径5~8 cm,幼时绿色,成熟时黄色或褐黄色,种鳞张开,种子脱落,果梗长2~3 cm。中部种鳞近斜方状倒卵形,长3~4 cm,鳞盾近斜方形或宽三角状斜方形,不具纵脊,先端钝圆或微尖,不反曲或微反曲,鳞脐不明显。种子黄褐色、暗褐色或黑色,倒卵圆形,长1~1.5 cm,无翅或两侧及顶端具棱脊,稀具极短的木质翅。花期4~5月,球果第二年9~10月成熟。

生长环境 分布在海拔1 200~1 800 m,湿润、酸性黄壤、黄褐壤土或钙质土上,阳性树,但幼苗略喜一定庇荫。喜温和凉爽、湿润气候,耐寒力强,不耐炎热,在高温季节长的地方生长不良。喜排水良好,能适应多种土壤,宜深厚、湿润、疏松的中性或微酸性壤土。

药用价值 松枝:治水肿病、虫病。煅炭后研细,治肛门湿疹,皮肤瘙痒。松枝嫩尖配少许波棱瓜子,治胆囊炎。松香:治风湿性关节炎、腰肾疼痛、筋骨疼痛、碱中毒、疮疡久溃不愈。球果:治疗咳嗽痰喘、气管炎、咽喉疼痛。松针:治疗风湿关节痛、跌打瘀痛、流行性感冒、高血压、神经衰弱。树皮:用于治疗骨折、外伤出血。花粉:外用治疗痈疖毒疮,久溃不敛。

马尾松

学名 *Pinus massoniana* Lamb.

别称 青松、山松。

科属 松科松属。

形态特征 乔木,高可达45 m,胸径1.5 m。树皮红褐色,下部灰褐色,裂成不规则的鳞状块片。枝平展或斜展,树冠宽塔形或伞形,枝条每年生长一轮,淡黄褐色,无白粉,稀有白粉,无毛。冬芽卵状圆柱形或圆柱形,褐色,顶端尖,芽鳞边缘丝状,先端尖或成渐尖的长尖头,微反曲。针叶2针一束,长12~20 cm,细柔,微扭曲,两面有气孔线,边缘有细锯齿。横切面皮下层细胞单型,第一层连续排列,第二层由个别细胞断续排列而成,树脂道4~8个,在背面边生,或腹面边生。叶鞘初呈褐色,后渐变成灰黑色,宿存。

雄球花淡红褐色,圆柱形,弯垂,长1~1.5 cm,聚生于新枝下部苞腋,穗状,长6~15 cm。雌球花单生或2~4个聚生于新枝近顶端,淡紫红色,一年生小球果圆球形或卵圆形,径约2 cm,褐色或紫褐色,上部珠鳞的鳞脐具向上直立的短刺,下部珠鳞的鳞脐平钝无刺。

球果卵圆形或圆锥状卵圆形,长4~7 cm,径2.5~4 cm,有短梗,下垂,成熟前绿色,熟时栗褐色,陆续脱落。中部种鳞近矩圆状倒卵形,或近长方形,长约3 cm。鳞盾菱形,微隆起或平,横脊微明显,鳞脐微凹,无刺,生于干燥环境常具极短的刺。种子长卵圆形,连翅长2~2.7 cm。子叶5~8枚,长1.2~2.4 cm。初生叶条形,长2.5~3.6 cm,叶缘具疏生刺毛状锯齿。花期4~5月,球果第二年10~12月成熟。

生长环境 阳性树种,不耐庇荫,喜光、喜温。适宜生长于年均温13~22 ℃、年降水量800~1 800 mm的地区。根系发达,主根明显,对土壤要求不严,喜微酸性土壤,怕水涝,不耐盐碱,在石砾土、沙质土、黏土、山脊薄地及岩石缝里都能生长。

药用价值 入药部位:松油脂及松香、叶、根、茎节、嫩叶。性味:味苦,性温。药用功效:

祛风行气,活血止痛,舒筋,止血。药用主治:咳嗽,胃及十二指肠溃疡,习惯性便秘,湿疹,黄水疮,外伤出血。

油松

学名 *Pinus tabuliformis* Carriere

别称 短叶松、短叶马尾松、红皮松。

科属 松科松属。

形态特征 乔木,高可达 25 m,胸径可达 1 m 以上。树皮灰褐色或褐灰色,裂成不规则较厚的鳞状块片,裂缝及上部树皮红褐色。枝平展或向下斜展,老树树冠平顶,小枝较粗,褐黄色,无毛,幼时微被白粉。冬芽矩圆形,顶端尖,微具树脂,芽鳞红褐色,边缘有丝状缺裂。

针叶 2 针一束,深绿色,粗硬,长 10～15 cm,边缘有细锯齿,两面具气孔线。横切面半圆形,二型层皮下层,在第一层细胞下常有少数细胞形成第二层皮下层,树脂道 5～8 个或更多,多数生于背面,腹面有 1～2 个,稀角部有 1～2 个中生树脂道,叶鞘初呈淡褐色,后呈淡黑褐色。雄球花圆柱形,长 1.2～1.8 cm,在新枝下部聚生成穗状。

球果卵形或圆卵形,有短梗,向下弯垂,成熟前绿色,熟时淡黄色或淡褐黄色,常宿存树上达数年之久。中部种鳞近矩圆状倒卵形,鳞盾肥厚、隆起或微隆起,扁菱形或菱状多角形,横脊显著,鳞脐凸起有尖刺。种子卵圆形或长卵圆形,淡褐色有斑纹,连翅长 1.5～1.8 cm。子叶长 3.5～5.5 cm。初生叶窄条形,长约 4.5 cm,先端尖,边缘有细锯齿。花期 4～5 月,球果第二年 10 月成熟。

生长环境 喜光、深根性树种,喜干冷气候,在土层深厚、排水良好的酸性、中性或钙质黄土上均能生长良好。

药用价值 松节:味苦,性温。祛风燥湿,活络止痛。松叶:味苦,性温。祛风活血,明目,安神,杀虫,止痒。松球:味苦,性温。祛风散寒,润肠通便。松花粉:味甘,性温。燥湿,收敛止血。松香:味苦、甘,性温。祛风燥湿,排脓拔毒,生肌止痛。

杉科

杉木

学名 *Cunninghamia lanceolata* (Lamb.) Hook.

别称 沙木、沙树。

科属 杉科杉木属。

形态特征 乔木,高可达 30 m,胸径可达 2.5～3 m。幼树树冠尖塔形,大树树冠圆锥形,树皮灰褐色,裂成长条片脱落,内皮淡红色。大枝平展,小枝近对生或轮生,常成二列状,幼枝绿色,光滑无毛。冬芽近圆形,有小型叶状的芽鳞,花芽圆球形、较大。

叶在主枝上辐射伸展,侧枝之叶基部扭转成二列状,披针形或条状披针形,通常微弯,呈镰状,革质、坚硬,长 2 ~ 6 cm,边缘有细缺齿,先端渐尖,稀微钝,上面深绿色,有光泽。除先端及基部外,两侧有窄气孔带,微具白粉或白粉不明显,下面淡绿色,沿中脉两侧各有 1 条白粉气孔带。老树之叶通常较窄短、较厚,上面无气孔线。

雄球花圆锥状,有短梗,通常簇生枝顶。雌球花单生集生,绿色,苞鳞横椭圆形,先端急尖,上部边缘膜质,有不规则的细齿,长宽几相等。球果卵圆形,长 2.5 ~ 5 cm,径 3 ~ 4 cm。熟时苞鳞革质,棕黄色,三角状卵形,先端有坚硬的刺状尖头,边缘有不规则的锯齿,向外反卷或不反卷,背面的中肋两侧有稀疏气孔带。种鳞很小,先端三裂,侧裂较大,裂片分离,先端有不规则细锯齿,腹面着生种子。种子扁平,遮盖着种鳞,长卵形或矩圆形,暗褐色,有光泽,两侧边缘有窄翅。花期 4 月,球果 10 月下旬成熟。

生长环境 较喜光,喜温暖湿润、多雾静风的气候环境,不耐严寒及湿热,怕风,怕旱。适应年平均温度 15 ~ 23 ℃、年降水量 800 ~ 2 000 mm 的气候条件。耐寒性大于耐旱能力,水湿条件的影响大于温度条件。怕盐碱,对土壤要求比一般树种要高,喜肥沃、深厚、湿润、排水良好的酸性土壤。浅根性,主根不明显,侧根、须根发达,再生力强,穿透力弱。

药用价值 根皮性味:味辛,性温。药用主治:淋症,疝气,瘀痧,腹痛,关节痛,跌打损伤,疥癣。树皮药用功效:祛风止痛,燥湿,止血。药用主治:水肿,脚气,金疮,漆疮,烫伤。枝干药用主治:脚气,痞块,骨节疼痛,带下病,跌扑血瘀。心材、枝叶性味:味辛,性微温。药用功效:辟秽,止痛,散湿毒,降逆气。药用主治:漆疮,风湿毒疮,外用于跌打损伤。种子药用功效:散瘀消肿。药用主治:疝气,乳痛。木材沥出的油脂:用于尿闭。

柏科

侧柏

学名 *Platycladus orientalis*(L.)Franco

别称 黄柏、香柏、扁柏。

科属 柏科侧柏属。

形态特征 乔木,高可达 20 m,树皮薄,浅灰褐色,纵裂成条片。枝条向上伸展或斜展,幼树树冠卵状尖塔形,老树树冠则为广圆形。生鳞叶的小枝细,向上直展或斜展,扁平,排成一平面。叶鳞形,先端微钝,小枝中央的叶的露出部分呈倒卵状菱形或斜方形,背面中间有条状腺槽,两侧的叶船形,先端微内曲,背部有钝脊,尖头的下方有腺点。雄球花黄色,卵圆形,雌球花近球形,蓝绿色,被白粉。

球果近卵圆形,长 1.5 ~ 2 cm,成熟前近肉质,蓝绿色,被白粉,成熟后木质,开裂,红褐色。中间两对种鳞倒卵形或椭圆形,鳞背顶端的下方有一向外弯曲的尖头,上部种鳞窄长,近柱状,顶端有向上的尖头,下部种鳞极小,稀退化而不显著。种子卵圆形或近椭圆形,顶端微尖,灰褐色或紫褐色,稍有棱脊,无翅或有极窄之翅。花期 3 ~ 4 月,球果 10 月成熟。

生长环境 喜光,幼时稍耐阴,适应性强,对土壤要求不严,在酸性、中性、石灰性和轻盐碱土壤上均可生长。耐干旱瘠薄,萌芽力强,中等耐寒,耐强太阳光照射,耐高温,抗风能力较弱。在干燥、贫瘠的山地上,生长缓慢,植株细弱。浅根性,但侧根发达,萌芽性强,耐修剪,寿命长,抗烟尘、抗二氧化硫、氯化氢等有害气体,为应用普遍的绿化树木。

药用价值 枝叶:治肾热病、炭疽病、体虚、疮疖疔痈。球果:用于肝病、脾病、骨蒸、淋病、热毒。种子:治惊悸、失眠、遗精、盗汗、便秘。树枝:治风痹历节风、齿匿肿痛。分泌的树脂汁:治疥癣、癫疮、秃疮、黄水疮、丹毒,解毒杀虫,止痛,生肌。根皮:治烧烫伤。

圆柏

学名 *Sabina chinensis*(L.)Ant.

别称 刺柏、柏树、桧柏。

科属 柏科圆柏属。

形态特征 乔木,高可达 20 m,树皮深灰色,纵裂,成条片开裂。幼树的枝条通常斜上伸展,形成尖塔形树冠,老则下部大枝平展,形成广圆形的树冠。树皮灰褐色,纵裂,裂成不规则的薄片脱落。小枝通常直或稍成弧状弯曲,生鳞叶的小枝近圆柱形或近四棱形。

叶二型,即刺叶及鳞叶。刺叶生于幼树之上,老龄树则全为鳞叶,壮龄树兼有刺叶与鳞叶。生于一年生小枝的一回分枝的鳞叶三叶轮生,直伸而紧密,近披针形,先端微渐尖,背面近中部有椭圆形微凹的腺体。刺叶三叶交互轮生,斜展,疏松,披针形,先端渐尖,上面微凹,有两条白粉带。

雌雄异株,稀同株,雄球花黄色,椭圆形,雄蕊 5 ~ 7 对,常有 3 ~ 4 花药。球果近圆球形,两年成熟,熟时暗褐色,被白粉或白粉脱落。有 1 ~ 4 粒种子,种子卵圆形,扁,顶端钝,有棱脊及少数树脂槽。子叶出土条形,长 1.3 ~ 1.5 cm,先端锐尖,下面有两条白色气孔带,上面则不明显。

生长环境 喜光树种,较耐阴,喜温凉、温暖气候及湿润土壤。忌积水,耐修剪,易整形。耐寒、耐热,对土壤要求不严,能生长于酸性、中性及石灰质土壤上,以在中性、深厚而排水良好处生长为宜。深根性,侧根发达,寿命极长。对多种有害气体有一定抗性,是针叶树中对氯气和氟化氢抗性较强的树种。

药用价值 入药部位:树皮及叶。性味:味苦、辛,性温。药用功效:祛风散寒,活血消肿,解毒,利尿。药用主治:风寒感冒,风湿关节痛,小便淋痛,隐疹。

柏木

学名 *ressus funebris* Endl.

别称 香扁柏、垂丝柏、黄柏。

科属 柏科柏木属。

形态特征 乔木,高大。树皮淡褐灰色,裂成窄长条片。小枝细长下垂,生鳞叶的小枝扁,排成一平面,两面同形,绿色,宽约 1 mm,较老的小枝圆柱形,暗褐紫色,略有光泽。鳞叶二型,长 1 ~ 1.5 mm,先端锐尖,中央之叶的背部有条状腺点,两侧的叶对折,背部有棱脊。雄球花椭圆形或卵圆形,雄蕊药隔顶端常具短尖头,中央具纵脊,淡绿色,边缘带褐色。雌球花近球形。

球果圆球形,熟时暗褐色。种鳞顶端为不规则五角形或方形,中央有尖头或无,能育种鳞有 5~6 粒种子。种子宽倒卵状菱形或近圆形,扁熟时淡褐色,有光泽,边缘具窄翅。子叶条形,先端钝圆。初生叶扁平刺形,长 5~17 mm,起初对生,后轮生。花期 3~5 月,种子第二年 5~6 月成熟。

生长环境 喜温暖、湿润的气候条件,在年均气温 13~19 ℃、年降水量 1 000 mm 以上、无明显旱季的地方生长良好。对土壤适应性广,中性、微酸性及钙质土壤上均能生长。耐干旱瘠薄,也稍耐水湿,在上层浅薄的钙质紫色土和石灰土上也能正常生长。主根浅细,侧根发达。耐寒性较强,少有冻害发生。

药用价值 入药部位:果、根、枝叶。根、树干药用功效:清热利湿,止血生肌。叶性味:味苦、辛,性温。药用功效:生肌止血。药用主治:外伤出血,吐血,痢疾,痔疮,烫伤。果实性味:味苦、涩,性平。药用功效:祛风解表,和中止血。药用主治:感冒,头痛,发热烦躁,吐血。树脂药用功效:解风热、燥湿、镇痛。药用主治:风热头痛,带下病。外用于外伤出血。

刺柏

学名 *Juniperus formosana* Hayata

别称 翠柏、杉柏、台湾刺柏。

科属 柏科刺柏属。

形态特征 乔木,高可达 12 m。树皮褐色,纵裂成长条薄片脱落。枝条斜展或直展,树冠塔形或圆柱形。小枝下垂,三棱形。叶三叶轮生,条状披针形或条状刺形,长 1.2~2 cm,先端渐尖,具锐尖头,上面稍凹,中脉微隆起,绿色,两侧各有条白色,很少紫色或淡绿色的气孔带,气孔带较绿色边带稍宽,在叶的先端会合,下面绿色,有光泽,具纵钝脊,横切面新月形。雄球花圆球形或椭圆形,药隔先端渐尖,背有纵脊。

球果近球形或宽卵圆形,两年成熟,熟时淡红褐色,被白粉或白粉脱落,顶端辐射状的皱纹,间或顶部微开裂。种子 3 粒,半月圆形,具棱脊,顶端尖,近基部有树脂槽。

生长环境 喜光,耐寒,耐旱,主侧根发达,在干旱沙地、肥沃通透性土壤上生长较好,常散生于海拔 1 200~3 500 m 地区。向阳山坡以及岩石缝隙处均可生长,作为公园点缀树种。

药用价值 性味:味苦,性寒。药用功效:清热解毒,燥湿止痒。药用主治:麻疹高热,湿疹,癣疮。

三尖杉科

三尖杉

学名 *Cephalotaxus fortunei* Hooker

别称　藏杉、三尖松、山榧树。

科属　三尖杉科三尖杉属。

形态特征　乔木,高可达 20 m,胸径达 40 cm。树皮褐色或红褐色,裂成片状脱落。枝条较细长,稍下垂。树冠广圆形。叶排成两列,披针状条形,通常微弯,长 5～10 cm,上部渐窄,先端有渐尖的长尖头,基部楔形或宽楔形,上面深绿色,中脉隆起,下面气孔带白色,较绿色边带宽 3～5 倍,绿色中脉带明显或微明显。雄球花聚生成头状,径约 1 cm,总花梗粗,通常基部及总花梗上部有苞片,每一雄球花有雄蕊,花药花丝短。雌球花的胚珠发育成种子。

种子椭圆状卵形或近圆球形,长约 2.5 cm,假种皮成熟时紫色或红紫色,顶端有小尖头。子叶条形,长 2.2～3.8 cm,先端钝圆或微凹,下面中脉隆起,无气孔线,上面有凹槽,内有一窄的白粉带。初生叶镰状条形,下面有白色气孔带。花期 4 月,种子 8～10 月成熟。

生长环境　古老孑遗植物,常自然散生于山坡疏林、溪谷湿润而排水良好的地方。分布范围较广,生长于土层瘠薄的常绿阔叶林中,能适应林下光照强度较差的环境条件。

药用价值　种子性味:味甘、涩,性平。药用功效:润肺,消积。药用主治:蛔虫病,钩虫病。枝、叶性味:味苦、涩,性寒。药用功效:抗癌。药用主治:恶性肿瘤。根皮药用主治:石淋。三尖杉总生物碱对淋巴肉瘤、肺癌有较好的疗效。

粗榧

学名　*Cephalotaxus sinensis*（Rehd. et Wils.）Li

别称　中华粗榧杉、粗榧杉、中国粗榧。

科属　三尖杉科三尖杉属。

形态特征　灌木或小乔木,高可达 15 m,少为大乔木。树皮灰色或灰褐色,裂成薄片状脱落。叶条形,排列成两列,通常直,稀微弯,长 2～5 cm,基部近圆形,几无柄,上部通常与中下部等宽或微窄,先端通常渐尖或微凸尖,稀凸尖,上面深绿色,中脉明显,下面有 2 条白色气孔带,较绿色边带宽。雄球花聚生成头状,总梗基部及总梗上有多数苞片,雄球花卵圆形,基部有枚苞片,雄蕊花丝短。

种子通常着生于轴上,卵圆形、椭圆状卵形或近球形,很少成倒卵状椭圆形,长 1.8～2.5 cm,顶端中央有一小尖头。花期 3～4 月,种子 8～10 月成熟。

生长环境　阴性树种,较喜温暖,具有较强的耐寒性,喜温凉、湿润气候及黄壤、黄棕壤,生长于富含有机质的土壤上,抗虫害能力强。生长缓慢,有较强的萌芽力,一般每个生长期萌发 3～4 个枝条,耐修剪,不耐移植,有较强的耐寒力。资源稀少,被列为国家 Ⅱ 级濒危重点保护植物。属于第三纪孑遗植物,我国特产树种。

药用价值　粗榧最大的价值在于它是天然抗癌药用植物,是国内含有抑瘤生物碱种类最多和含量最高的树种。被确认为最具潜力的天然抗癌药源和晚期癌症的最后一道防线。

红豆杉科

红豆杉

学名 *Taxus chinensis*（Pilger）Rehd.

别称 扁柏、红豆树、紫杉。

科属 红豆杉科红豆杉属。

形态特征 乔木,高可达 30 m,树皮灰褐色、红褐色或暗褐色,裂成条片脱落。大枝开展,一年生枝绿色或淡黄绿色,秋季变成绿黄色或淡红褐色,二、三年生枝黄褐色、淡红褐色或灰褐色。冬芽黄褐色、淡褐色或红褐色,有光泽,芽鳞三角状卵形,背部无脊或有纵脊,脱落或少数宿存于小枝的基部。

叶排列成两列,条形,微弯或较直,长 1～3 cm,上部微渐窄,先端常微急尖,稀急尖或渐尖,上面深绿色,有光泽,下面淡黄绿色,有两条气孔带,中脉带上有密生均匀而微小的圆形角质乳头状突起点,常与气孔带同色,稀色较浅。

雄球花淡黄色,雄蕊 8～14 枚,花药 4～8。种子生于杯状红色肉质的假种皮中,间或生于近膜质盘状的种托之上,常呈卵圆形,上部渐窄,稀倒卵状,微扁或圆,上部常具二钝棱脊,稀上部三角状具三条钝脊,先端有突起的短钝尖头,种脐近圆形或宽椭圆形,稀三角状圆形。花期 2～3 月,果期 10～11 月。

生长环境 具有喜阴、耐旱、抗寒的特点,适宜土壤 pH 值 5.5～7.0。生境性耐阴,密林下亦能生长,多年生,不成林。多见于以松树为主的针阔混交林内。生长于山顶多石或瘠薄的土壤上,多呈灌木状。多散生于阴坡或半阴坡的湿润、肥沃的针阔混交林下。喜凉爽湿润气候,抗寒性强,适宜温度 20～25 ℃。常与阔叶树混交生长,少有成片纯林。幼苗长势慢、抗逆性差、成活率低,决定了野生红豆杉资源的分散性、有限性,是红豆杉稀有濒危的客观原因。

药用价值 主要是它的提取物——紫杉醇。紫杉醇最早是从短叶红豆杉的树皮中分离出来的抗肿瘤活性成分,是治疗转移性卵巢癌和乳腺癌的最好药物之一,对肺癌、食道癌也有显著疗效,对肾炎及细小病毒炎症有明显的抑制作用。红豆杉的根、茎、叶可以治疗尿不畅、消除肿痛,对于糖尿病、女性月经不调、血量增加都有治疗作用。

南方红豆杉

学名 *Taxus mairei* SY Hu

别称 红豆杉、红榧、紫杉。

科属 红豆杉科红豆杉属。

形态特征 乔木,高可达 30 m,胸径达 60～100 cm。树皮灰褐色、红褐色或暗褐色,裂成条片脱落。大枝开展,一年生枝绿色或淡黄绿色,秋季变成绿黄色或淡红褐色,二、三年生枝黄褐色、淡红褐色或灰褐色。冬芽黄褐色、淡褐色或红褐色,有光泽,芽鳞三角状卵形,背部无脊或有纵脊,脱落或少数宿存于小枝的基部。

叶排列成两列,条形,微弯或较直,长 1~3 cm,上部微渐窄,先端常微急尖,稀急尖或渐尖,上面深绿色,有光泽,下面淡黄绿色,有两条气孔带,中脉带上有密生均匀而微小的圆形角质乳头状突起点,常与气孔带同色,稀色较浅。雄球花淡黄色,雄蕊 8~14 枚,种子生于杯状红色肉质的假种皮中,间或生于近膜质盘状的种托之上,常呈卵圆形,上部渐窄,稀倒卵状,微扁或圆,上部常具二钝棱脊,稀上部三角状具三条钝脊,先端有突起的短钝尖头,种脐近圆形或宽椭圆形,稀三角状圆形。

生长环境 耐阴树种,喜温暖湿润的气候,生长于山脚腹地潮湿处。自然生长于海拔 1 000~1 500 m 以下的山谷、溪边、缓坡腐殖质丰富的酸性土壤上,适宜肥力较高的黄壤、黄棕壤,中性土、钙质土上也能生长。耐干旱瘠薄,不耐低洼积水。对气候适应力较强,年均气温 11~16 ℃。具有较强的萌芽能力,树干上多见萌芽小枝,但生长比较缓慢,寿命长。

药用价值 入药部位:种子。药用功效:驱虫,消积食,抗癌。药用主治:食积,蛔虫。

杨柳科

响叶杨

学名 *Populus adenopoda* Maxim.

别称 风响树、团叶白杨、白杨。

科属 杨柳科杨属。

形态特征 乔木,高 15~30 m,树皮灰白色,光滑,老时深灰色,纵裂。树冠卵形。小枝较细,暗赤褐色,被柔毛。老枝灰褐色,无毛。

芽圆锥形,有黏质,无毛。叶卵状圆形或卵形,长 5~15 cm,先端长渐尖,基部截形或心形,稀近圆形或楔形,边缘有内曲圆锯齿,齿端有腺点,上面无毛或沿脉有柔毛,深绿色,光亮,下面灰绿色,幼时被密柔毛。叶柄侧扁,被茸毛或柔毛,长 2~8 cm,顶端有显著腺点。

雄花序长 6~10 cm,苞片条裂,有长缘毛,花盘齿裂。果序长 12~20 cm。花序轴有毛。蒴果卵状长椭圆形,先端锐尖,无毛,有短柄瓣裂。种子倒卵状椭圆形,暗褐色。花期 3~4 月,果期 4~5 月。

生长环境 分布在海拔 300~1 000 m 向阳的山坡、山麓,呈散生状或与枫香、杉木组成混交林。喜光树种,不耐庇荫。对土壤的要求不严,黄壤、黄棕壤、沙壤土、冲积土、钙质土上均能生长,土壤的酸碱度适应幅度较大,酸性、微碱性土上都能生长。在土壤深厚肥沃的冲积土上生长迅速。

药用价值 入药部位:根、树皮、叶。根皮和树皮多在冬、春季采收,趁鲜剥取根皮和树皮,鲜用或晒干;夏季采收叶,鲜用或晒干。性味:味苦,性平。药用功效:祛风通络,散瘀活血,止痛。药用主治:风湿关节痛,四肢不遂,损伤肿痛。

小叶杨

学名 *Populus simonii* Carr.

别称 河南杨、明杨。

科属 杨柳科杨属。

形态特征 乔木,高可达 20 m,树皮幼时灰绿色,老时暗灰色,沟裂。树冠近圆形。幼树小枝及萌枝有明显棱脊,常为红褐色,后变黄褐色,老树小枝圆形,细长而密,无毛。

芽细长,先端长渐尖,褐色,有黏质。叶菱状卵形、菱状椭圆形或菱状倒卵形,长 3 ~ 12 cm,宽 2 ~ 8 cm,中部以上较宽,先端突急尖或渐尖,基部楔形、宽楔形或窄圆形,边缘平整,细锯齿无毛,上面淡绿色,下面灰绿或微白无毛。

叶柄圆筒形,黄绿色或带红色。雄花序轴无毛,苞片细条裂,雄蕊 8 ~ 9 枚。雌花序长 2.5 ~ 6 cm。苞片淡绿色,裂片褐色,无毛,柱头裂。果序长达 15 cm。蒴果小瓣裂,无毛。花期 3 ~ 5 月,果期 4 ~ 6 月。

生长环境 分布于 2 000 m 以下的溪河两侧的河滩沙地、沿溪沟,喜光树种,不耐庇荫,适应性强,对土壤要求不严,耐旱,抗寒,耐瘠薄或弱碱性土壤,在湿润、肥沃土壤上生长较好。在长期积水的低洼地上生长不良,在干旱瘠薄、沙荒茅草地上常形成"小老树"。

药用价值 入药部位:树皮。全年均可采剥晒干。性味:味苦,性宣。药用功效:祛风活血,清热利湿。药用主治:风湿痹证,跌打肿痛,肺热咳嗽,小便淋沥,口疮,牙痛,痢疾,脚气,蛔虫病。

钻天杨

学名 *Populus nigra* var. italica (Moench) Koehne

别称 美杨、美国白杨。

科属 杨柳科杨属。

形态特征 乔木,高 30 m。树冠阔椭圆形。树皮暗灰色,老时沟裂,黑褐色。树冠圆柱形。侧枝成 20° ~ 30°角开展,小枝圆形,光滑,黄褐色或淡黄褐色,嫩枝有时疏生短柔毛。芽长卵形,先端长渐尖,富黏质,赤褐色,花芽先端向外弯曲。长枝叶扁三角形,通常宽大于长,长约 7.5 cm,先端短渐尖,基部截形或阔楔形,边缘钝圆锯齿。短枝叶菱状三角形,或菱状卵圆形,长 5 ~ 10 cm,宽 4 ~ 9 cm,先端渐尖,基部阔楔形或近圆形。

叶柄上部微扁,长 2 ~ 4.5 cm,顶端无腺点。叶柄略等于或长于叶片,侧扁,无毛。雄花序长 5 ~ 6 cm,花序轴无毛,苞片膜质,淡褐色,顶端有线条状的尖锐裂片。雄蕊 15 ~ 30 枚,雌花序长 10 ~ 15 cm。蒴果具瓣裂,先端尖,果柄细长。花药紫红色。子房卵圆形,有柄无毛,柱头 2 枚。果序长 5 ~ 10 cm,果序轴无毛,蒴果卵圆形,有柄,长 5 ~ 7 mm,2 瓣裂。花期 4 ~ 5 月,果期 6 月。

生长环境 喜光,耐寒、耐干冷气候,湿热气候多病虫害。稍耐盐碱和水湿,忌低洼积水及土壤干燥黏重。

药用价值 入药部位:树皮。秋、冬季采收或结合栽培伐木采收,将剥取的树皮鲜用或晒干。性味:味苦,性寒。药用功效:凉血解毒,祛风除湿。药用主治:感冒,肝炎,痢疾,风湿疼痛,脚气肿,烧烫伤,疥癣秃疮。

毛白杨

学名 *Populus to mentosa* Carr.

别称 白杨、笨白杨。

科属 杨柳科杨属。

形态特征 乔木,高可达 30 m,树皮幼时暗灰色,壮时灰绿色,渐变为灰白色,老时基部黑灰色,纵裂,粗糙,干直或微弯,皮孔菱形散生,或 2~4 连生。树冠圆锥形至卵圆形或圆形。侧枝开展,雄株斜上,老树枝下垂。嫩枝初被灰毡毛,后光滑。芽卵形,花芽卵圆形或近球形,微被毡毛。长枝叶阔卵形或三角状卵形,长 10~15 cm,宽 8~13 cm,先端短渐尖,基部心形或截形,边缘深齿牙缘或波状齿牙缘,上面暗绿色,光滑,下面密生毡毛,后渐脱落。叶柄上部侧扁,长 3~7 cm,顶端通常有 2 腺点。短枝叶通常较小,长 7~11 cm,宽 6.5~10.5 cm,卵形或三角状卵形,先端渐尖,上面暗绿色,有金属光泽,下面光滑,具深波状齿牙缘。叶柄稍短于叶片,侧扁,先端无腺点。

雄花序长 10~14 cm,雄花苞片约具 10 个尖头,密生长毛,雄蕊 6~12 枚,花药红色。雌花序长 4~7 cm,苞片褐色,尖裂,沿边缘有长毛。子房长椭圆形,柱头粉红色。果序长达 14 cm。蒴果圆锥形或长卵形。花期 3 月,果期 4~5 月。

生长环境 生长于海拔 1 500 m 以下的地区,深根性,耐旱力较强,在黏土、壤土、沙壤土或低湿轻度盐碱土上均能生长。在水肥条件充足的地方生长较快,速生树种。

药用价值 入药部位:树皮或嫩枝。秋、冬季或结合伐木采剥树皮,刮去粗皮,鲜用或晒干。性味:味苦、甘,性寒。药用功效:清热利湿,止咳化痰。药用主治:肝炎,痢疾,淋浊,咳嗽痰喘。

黄花柳

学名 *Salix caprea* L.

科属 杨柳科柳属。

形态特征 灌木或小乔木,叶卵状长圆形、宽卵形至倒卵状长圆形,长 5~7 cm,宽 2.5~4 cm,先端急尖或有小尖,常扭转,基部圆形,上面深绿色,鲜叶明显发皱,无毛,下面被白茸毛或柔毛,网脉明显,侧脉近叶缘处常相互连结,近"闭锁脉"状,边缘有不规则的缺刻或牙齿,或近全缘,常稍向下面反卷,叶质稍厚。叶柄长约 1 cm。托叶半圆形,先端尖。

花先叶开放。雄花序椭圆形或宽椭圆形,长 1.5~2.5 cm,粗约 1.6 cm,无花序梗。雄蕊花丝细长,离生,花药黄色,长圆形。苞片披针形,上部黑色,下部色浅,两面密被白长毛。仅具一腹腺。雌花序短圆柱形,长约 2 cm,果期可达 6 cm,粗达 1.8 cm,有短花序梗。子房狭圆锥形,有柔毛,有长柄,果柄更长,花柱短,柱头 2~4 裂,受粉后,子房发育非常迅速。苞片和腺体同雄花。

生长环境 生长于海拔 100~4 000 m 的山坡或林中。喜光,喜冷凉气候,耐寒,常与山杨、桦木混生。

药用价值 入药部位:枝和须根。药用主治:祛风除湿,治筋骨痛及牙龈肿痛,叶、花、果治恶疮。

旱柳

学名 *Salix matsudana* Koidz.

别称 柳树、河柳、江柳。

科属 杨柳科柳属。

形态特征 高可达20 m,大枝斜上,树冠广圆形。树皮暗灰黑色,有裂沟。枝细长,直立或斜展,浅褐黄色或带绿色,后变褐色,无毛,幼枝有毛。芽微有短柔毛。叶披针形,长5~10 cm,宽1~1.5 cm,先端长渐尖,基部窄圆形或楔形,上面绿色,无毛,有光泽,下面苍白色或带白色,有细腺锯齿缘,幼叶有丝状柔毛。叶柄短,长5~8 mm,在上面有长柔毛。托叶披针形或缺,边缘有细腺锯齿。

花序与叶同时开放。雄花序圆柱形,长1.5~2.5 cm,多少有花序梗,轴有长毛。雄蕊花丝基部有长毛,花药卵形,黄色。苞片卵形,黄绿色,先端钝,基部多少有短柔毛。腺体2。雌花序较雄花序短,长达2 cm,有3~5片小叶生于短花序梗上,轴有长毛。子房长椭圆形,近无柄,无毛,无花柱或很短,柱头卵形,近圆裂。苞片同雄花。腺体背生和腹生,果序长达2 cm。花期4月,果期4~5月。

生长环境 喜光,耐寒,湿地、旱地皆能生长,在湿润而排水良好的土壤上生长较好。根系发达,抗风能力强,生长快,易繁殖。

药用价值 入药部位:嫩叶、枝或树皮。春季采收嫩叶及枝条,鲜用或晒干。性味:味苦,性寒。药用功效:清热除湿,祛风止痛。药用主治:急性膀胱炎,小便不利,关节炎,黄水疮,疮毒,牙痛。

皂柳

学名 *Salix wallichiana* Anderss.

别称 毛狗条、山杨柳。

科属 杨柳科柳属。

形态特征 灌木或乔木,小枝红褐色、黑褐色或绿褐色,初有毛,后无毛。芽卵形,有棱,先端尖,常外弯,红褐色或栗色,无毛。叶披针形、长圆状披针形、卵状长圆形、狭椭圆形,长4~8 cm,宽1~2.5 cm,先端急尖至渐尖,基部楔形至圆形,上面初有丝毛,后无毛,平滑,下面有平伏的绢质短柔毛或无毛,浅绿色至有白霜,网脉不明显,幼叶发红色。全缘,萌枝叶常有细锯齿。上年落叶灰褐色。叶柄长约1 cm。托叶小,比叶柄短,半心形,边缘有牙齿。

花序先叶开放或近同时开放,无花序梗。雄花序长1.5~2.5 cm,粗1~1.3 cm。雄蕊花药大,椭圆形,黄色,花丝纤细,离生,无毛或基部有疏柔毛。苞片赭褐色或黑褐色,长圆形或倒卵形,先端急尖,两面有白色长毛或外面毛少。腺卵状长方形。雌花序圆柱形,或向上部渐狭,果序可伸长至12 cm,粗1.5 cm。子房狭圆锥形,密被短柔毛,子房柄短或受粉后逐渐伸长,有的果柄可与苞片近等长,花柱短至明显,柱头直立。苞片长圆形,先端急尖,赭褐色或黑褐色,有长毛。腺体同雄花。蒴果开裂后,果瓣向外反卷。花期4月中下旬至5月初,果期5月。

生长环境　生长于山谷溪流旁,林缘或山坡。

药用价值　入药部位:根。全年均可采挖,洗净切片晒干。性味:味辛、苦、涩,性凉。药用功效:祛风除湿,解热止痛。药用主治:风湿关节痛,头风头痛。

胡桃科

化香树

学名　*Platycarya strobilacea* Sieb. et Zucc.

别称　花木香、还香树、皮杆条、山麻柳。

科属　胡桃科化香树属。

形态特征　小乔木,高2~6 m。树皮灰色,老时则不规则纵裂。二年生枝条暗褐色,具细小皮孔。芽卵形或近球形,芽鳞阔,边缘具细短睫毛。嫩枝被有褐色柔毛,不久脱落而无毛。

叶长15~30 cm,叶总柄显著短于叶轴,叶总柄及叶轴初时被稀疏的褐色短柔毛,后来脱落而近无毛,具7~23片小叶。小叶纸质,侧生小叶无叶柄,对生或生于下端,偶尔有互生,卵状披针形至长椭圆状披针形,长4~11 cm,宽1.5~3.5 cm,不等边,上方一侧较下方一侧为阔,基部歪斜,顶端长渐尖,边缘有锯齿,顶生小叶具长2~3 cm的小叶柄,基部对称,圆形或阔楔形,小叶上面绿色,近无毛或脉上有褐色短柔毛,下面浅绿色,初时脉上有褐色柔毛,后来脱落,或在侧脉腋内、基部两侧毛不脱落,甚或毛全不脱落,毛的疏密依不同个体及生境而变异较大。

两性花序和雄花序在小枝顶端排列成伞房状花序束,直立。两性花序通常1条,着生于中央顶端,长5~10 cm,雌花序位于下部,长1~3 cm,雄花序部分位于上部,有时无雄花序而仅有雌花序。雄花序通常3~8条,位于两性花序下方四周,长4~10 cm。雄花:苞片阔卵形,顶端渐尖而向外弯曲,外面的下部、内面的上部及边缘生短柔毛,雄蕊6~8枚,花丝短,稍生细短柔毛,花药阔卵形,黄色。雌花:苞片卵状披针形,顶端长渐尖,硬而不外曲,花被位于子房两侧并贴于子房,顶端与子房分离,背部具翅状的纵向隆起,与子房一同增大。果序球果状,卵状椭圆形至长椭圆状圆柱形,长2.5~5 cm,直径2~3 cm。宿存苞片木质,略具弹性。果实小坚果状,背腹压扁状,两侧具狭翅,长4~6 mm。种子卵形,种皮黄褐色,膜质。花期5~6月,果期7~8月。

生长环境　常与山苍子、杜鹃花、短柄枹、黄檀、竹等组成次生林。海拔1 000 m以下较常见,喜光性树种,喜温暖湿润的气候和深厚肥沃的中性壤土,在pH值4.5~6.5中可以生长,耐干旱瘠薄,速生,萌芽力强。

药用价值　入药部位:叶。四季可采,洗净鲜用或晒干。去杂质晒干。性味:味辛,性温。药用功效:解毒,止痒,杀虫。药用主治:疮疔肿毒,阴囊湿疹,顽癣。

青钱柳

学名 *Cyclocarya paliurus*（Batal.）Iljinsk.

别称 摇钱树、麻柳。

科属 胡桃科青钱柳属。

形态特征 乔木,高可达10~30 m。树皮灰色。枝条黑褐色,具灰黄色皮孔。芽密被锈褐色盾状着生的腺体。奇数羽状复叶,长约20 cm,具7~9片小叶。叶轴密被短毛或有时脱落而成近于无毛。叶柄长3~5 cm,密被短柔毛或逐渐脱落而无毛。小叶纸质。侧生小叶近于对生或互生,具0.5~2 mm长的密被短柔毛的小叶柄,长椭圆状卵形至阔披针形,长5~14cm,宽2~6 cm,基部歪斜,阔楔形至近圆形,顶端钝或急尖,稀渐尖。顶生小叶具长约1 cm的小叶柄,长椭圆形至长椭圆状披针形,长5~12 cm,宽4~6 cm,基部楔形,顶端钝或急尖。叶缘具锐锯齿,侧脉上面被有腺体,仅沿中脉及侧脉有短柔毛,下面网脉明显凸起,被有灰色细小鳞片及盾状着生的黄色腺体,沿中脉和侧脉生短柔毛,侧脉腋内具簇毛。

雄性葇荑花序长7~18 cm,成一束生于总梗上,总梗自一年生枝条的叶痕腋内生出。花序轴密被短柔毛及盾状着生的腺体。雄花具花梗。雌性葇荑花序单独顶生,花序轴常密被短柔毛,老时毛常脱落而成无毛,在其下端不生雌花的部分常被锈褐色毛的鳞片。果序轴长25~30 cm,无毛或被柔毛。果实扁球形,果梗密被短柔毛,果实中部围有水平方向的径达2.5~6 cm的革质圆盘状翅,顶端具宿存的花被片及花柱,果实及果翅全部被有腺体,在基部及宿存的花柱上则被稀疏的短柔毛。花期4~5月,果期7~9月。

生长环境 生长于海拔500~2 500 m的地区,喜光,幼苗稍耐阴。喜深厚、风化岩湿润土质。耐旱,萌芽力强,生长中速。

药用价值 入药部位:皮、根、叶。性味:味微苦,性温。药用功效:祛风,消炎止痛,杀虫,止痒。药用主治:扩张心血管,改善心脏血流循环;降血压;促进胃肠蠕动。

枫杨

学名 *Pterocarya stenoptera* C. DC.

别称 枰柳、麻柳、枰伦树。

科属 胡桃科枫杨属。

形态特征 大乔木,高可达30 m,胸径达1 m。幼树树皮平滑,浅灰色,老时则深纵裂。小枝灰色至暗褐色,具灰黄色皮孔。芽具柄,密被锈褐色盾状着生的腺体。叶多为偶数或稀奇数羽状复叶,长8~16 cm,叶柄长2~5 cm,叶轴具翅至翅不甚发达,与叶柄一样被有疏或密的短毛。小叶10~16片,无小叶柄,对生或稀近对生,长椭圆形至长椭圆状披针形,长8~12 cm,宽2~3 cm,顶端常钝圆或稀急尖,基部歪斜,上方一侧楔形至阔楔形,下方一侧圆形,边缘有向内弯的细锯齿,上面被有细小的浅色疣状凸起,沿中脉及侧脉被有极短的星芒状毛,下面幼时被有散生的短柔毛,成长后脱落而留有极稀疏的腺体及侧脉腋内留有1丛星芒状毛。

雄性荑黄花序长6～10 cm,单独生于一年生枝条上叶痕腋内,花序轴常有稀疏的星芒状毛。雄花常具1枚发育的花被片,雄蕊5～12枚。雌性荑黄花序顶生,长10～15 cm,花序轴密被星芒状毛及单毛,下端不生花的部分长达3 cm,具2枚不孕性苞片。雌花几乎无梗,苞片及小苞片基部常有细小的星芒状毛,并密被腺体。

果序长20～45 cm,果序轴常被有宿存的毛。果实长椭圆形,基部常有宿存的星芒状毛。果翅狭,条形或阔条形,长12～20 mm,具近于平行的脉。花期4～5月,果期8～9月。

生长环境 喜深厚、肥沃、湿润的土壤,以温度不太低、雨量比较多的暖温带和亚热带气候为宜。喜光树种,不耐庇荫。耐湿性强,但不耐长期积水和水位太高之地。深根性树种,主根明显,侧根发达,萌芽力很强,生长很快。对有害气体二氧化硫及氯气的抗性弱,受害后叶片迅速由绿色变为红褐色至紫褐色,易脱落。初期生长较慢,后期生长速度加快。

药用价值 入药部位:皮、叶。药用功效:祛风止痛,杀虫,敛疮。药用主治:慢性气管炎,关节痛,疮疖疔肿,疥癣风痒,皮炎湿疹,汤火烫伤,主风湿麻木,寒湿骨痛,头颅伤痛,齿痛,浮肿,痔疮,溃疡日久不敛。

桦木科

白桦

学名 *Betula platyphylla* Suk.

别称 粉桦、桦树、桦木。

科属 桦木科桦木属。

形态特征 乔木,高可达27 m。树皮灰白色,成层剥裂。枝条暗灰色或暗褐色,无毛,具或疏或密的树脂腺体或无。小枝暗灰色或褐色,无毛亦无树脂腺体,有时疏被毛和疏生树脂腺体。叶厚纸质,三角状卵形、三角状菱形、三角形,少有菱状卵形和宽卵形,长3～9 cm,宽2～7.5 cm,顶端锐尖、渐尖至尾状渐尖,基部截形、宽楔形或楔形,有时微心形或近圆形,边缘具重锯齿,有时具缺刻状重锯齿或单齿,上面于幼时疏被毛和腺点,成熟后无毛无腺点,下面无毛,密生腺点,侧脉5～7对。叶柄细瘦,长1～2.5 cm,无毛。

果序单生,圆柱形或矩圆状圆柱形,通常下垂,长2～5 cm,直径6～14 mm。序梗细瘦,长1～2.5 cm,密被短柔毛,成熟后近无毛,无或具或疏或密的树脂腺体。果苞背面密被短柔毛至成熟时毛渐脱落,边缘具短纤毛,基部楔形或宽楔形,中裂片三角状卵形,顶端渐尖或钝,侧裂片卵形或近圆形,直立、斜展至向下弯,当为直立或斜展时较中裂片稍宽且微短,当为横展至下弯时则长及宽均大于中裂片。小坚果狭矩圆形、矩圆形或卵形,背面疏被短柔毛,膜质翅较果长1/3,较少与之等长,与果等宽或较果稍宽。

生长环境 生长于海拔400～4 000 m的山坡或林中,适应性强,分布广,尤喜湿润土壤,为次生林的先锋树种。喜光,不耐阴,耐严寒。深根性、耐瘠薄,常与松、杨、栎混生或成纯林,天然更新良好,生长较快,萌芽强。

药用价值 树皮:清热利湿,祛痰止咳,解毒消肿。汁液:止咳,用于痰喘咳嗽。

榛

学名　*Corylus heterophylla* Fisch. ex Trautv.

别称　榛子。

科属　桦木科榛属。

形态特征　灌木或小乔木,高1～7 m。树皮灰色。枝条暗灰色,无毛,小枝黄褐色,密被短柔毛兼被疏生的长柔毛,无或多少具刺状腺体。叶的轮廓为矩圆形或宽倒卵形,长4～13 cm,宽2.5～10 cm,顶端凹缺或截形,中央具三角状突尖,基部心形,有时两侧不相等,边缘具不规则的重锯齿,中部以上具浅裂,上面无毛,下面于幼时疏被短柔毛,以后仅沿脉疏被短柔毛,其余无毛,侧脉3～5对。叶柄纤细,长1～2 cm,疏被短毛或近无毛。雄花序单生,长约4 cm。

果单生或簇生成头状。果苞钟状,外面具细条棱,密被短柔毛,兼有疏生的长柔毛,密生刺状腺体,很少无腺体,较果长,很少较果短,上部浅裂,裂片三角形,边缘全缘,很少具疏锯齿。序梗密被短柔毛。坚果近球形,无毛或仅顶端疏被长柔毛,世界上四大干果之一。

生长环境　生长于海拔200～1 000 m的山地阴坡灌丛,抗寒性强,喜光,喜湿润气候。

药用价值　入药部位:果实。性味:味甘,性平。药用功效:补益脾胃,滋养气血,明目等。药用主治:食欲不佳。

壳斗科

板栗

学名　*Castanea mollissima* BL.

别称　栗、板栗。

科属　壳斗科栗属。

形态特征　落叶乔木,结有可食用的坚果,单叶、椭圆或长椭圆状,长10～30 cm,宽4～10 cm,边缘有刺毛状齿。雌雄同株,雄花为直立菜黄花序,雌花单独或数朵生于总苞内。坚果包藏在密生尖刺的总苞内,总苞直径5～11 cm,一个总苞内有1～7个坚果。花期5～6月,果期9～10月。

叶椭圆至长圆形,长11～17 cm,宽稀达7 cm,顶部短至渐尖,基部近截平或圆,或两侧稍向内弯而呈耳垂状,常一侧偏斜而不对称,新生叶的基部常狭楔尖且两侧对称,叶背被星芒状伏贴茸毛或因毛脱落变为几无毛。叶柄长1～2 cm。单叶互生,薄革质,边缘有疏锯齿,齿端为内弯的刺毛状。叶柄短,有长毛和短茸毛。

花单性,雌雄同株。雄花为直立菜黄花序,生于新枝下部的叶腋,浅黄褐色。雌花无梗,生于雄花序下部,雌花外有壳斗状总苞,雌花单独或2～5朵生于总苞内,子房6室。雄花序长10～20 cm,花序轴被毛。花3～5朵聚生成簇,雌花1～3朵发育结实,花柱下部被毛。栗苞球形,外面生尖锐被毛的刺,内藏坚果 2～3,成熟时裂为 4 瓣。坚果深褐色,成熟壳斗的锐刺有长有短,有疏有密,密时全遮蔽壳斗外壁,疏时则外壁可见,壳斗连刺径 4.5～6.5 cm。坚果高 1.5～3 cm。花期 4～6 月,果期 8～10 月。

生长环境 对湿度的适应性较强,适宜年平均温度 10.5～21.8℃,在年降水量 500～2 000 mm 均可栽培。对土壤要求不严,适宜在土层深厚、排水良好、地下水位不高的沙壤土上生长,土壤腐殖质多有利于生长,以 pH 值 5～6 为宜。

药用价值 素有"干果之王"的美誉,在国外被称为"人参果",有健脾胃、益气、补肾、壮腰、强筋、止血和消肿强心的功效,适合于治疗肾虚引起的腰膝酸软、腰腿不利、小便增多以及脾胃虚寒引起的慢性腹泻、外伤后引起的骨折、瘀血肿痛、筋骨疼痛。所含的丰富不饱和脂肪酸和维生素,能预防高血压病、冠心病和动脉硬化。

茅栗

学名 *Castanea seguinii* Dode
别称 野栗子、金栗、野茅栗、毛栗。
科属 壳斗科栗属。
形态特征 小乔木或灌木,通常高 2～5 m,冬芽长 2～3 mm,小枝暗褐色,托叶细长,开花仍未脱落。叶倒卵状椭圆形或兼有长圆形的叶,长 6～14 cm,宽 4～5 cm,顶部渐尖,基部嫩叶呈圆或耳垂状,基部对称至一侧偏斜,叶背有黄或灰白色鳞腺,幼嫩时沿叶背脉两侧有疏单毛。叶柄长 5～15 mm。

雄花序长 5～12 cm,雄花簇有花 3～5 朵。雌花单生或生于混合花序的花序轴下部,每壳斗有雌花 3～5 朵,通常 1～3 朵发育结实,花柱无毛。壳斗外壁密生锐刺,成熟壳斗连刺径 3～5 cm,宽略大于高。坚果长 15～20 mm,无毛或顶部有疏伏毛。花期 5～7 月,果期 9～11 月。

生长环境 对土壤酸碱度敏感,适宜在 pH 值 5～6 的微酸性土壤上生长,在酸性条件下,可以活化锰、钙等营养元素,有利于营养的吸收和利用。

药用价值 入药部位:果实、根、叶。夏、秋季采摘叶,鲜用或晒干。根全年可采晒干。秋季采果仁,总苞由青转黄,微裂时采收,剥出种子晒干。性味:果实味甘,性平。根味苦,性寒。药用功效:安神,消食健胃,清热解毒。药用主治:失眠,消化不良,肺结核,肺炎。

麻栎

学名 *Quercus acutissima* Carruth.
别称 栎、橡碗树。
科属 壳斗科栎属。
形态特征 落叶乔木,高可达 30 m,胸径达 1 m,树皮深灰褐色,深纵裂。幼枝被灰黄色柔毛,后渐脱落,老时灰黄色,具淡黄色皮孔。冬芽圆锥形,被柔毛。叶片形态多样,通常为长椭圆状披针形,长 8～19 cm,顶端渐尖,基部圆形或宽楔形,叶缘有刺芒状锯齿,叶片两面同色,幼时被柔毛,老时无毛或叶背面脉上有柔毛。叶柄长 1～3 cm,幼时被柔毛,后渐脱落。

　　雄花序常数个集生于当年生枝下部叶腋,有花 1~3 朵。小苞片钻形或扁条形,向外反曲,被灰白色茸毛。坚果卵形或椭圆形,直径 1.5~2 cm,顶端圆形,果脐突起。花期 3~4 月,果期 9~10 月。

　　生长环境　喜光,深根性,对土壤要求不严,耐干旱、瘠薄,亦耐寒、耐旱。宜酸性土壤,亦适石灰岩钙质土,是荒山瘠地造林的先锋树种。与其他树种混交能形成良好的干形,萌芽力强,但不耐移植。抗污染、抗尘土、抗风能力都较强。

　　药用价值　入药部位:果实及树皮、叶。秋季采果实晒干。夏季采鲜叶。性味:树皮苦、涩,微温。药用功效:收敛,止泻。果解毒消肿。药用主治:树皮治久泻痢疾。果治乳腺炎。

小叶栎

　　学名　*Quercus chenii* Nakai
　　别称　苍落、刺巴栎、刺栎树。
　　科属　壳斗科栎属。
　　形态特征　乔木,高可达 30 m,树皮黑褐色,纵裂。小枝较细,叶片宽披针形至卵状披针形,长 7~12 cm,宽 2~3.5 cm,顶端渐尖,基部圆形或宽楔形,略偏斜,叶缘具刺芒状锯齿,幼时被黄色柔毛,以后两面无毛,或仅背面脉腋有柔毛,侧脉每边 12~16 条。叶柄长 0.5~1.5 cm。

　　雄花序长 4 cm,花序轴被柔毛。壳斗杯形,包着坚果约 1/3,径约 1.5 cm,高约 0.8 cm,壳斗上部的小苞片线形,长约 5 mm,直伸或反曲。中部以下的小苞片为长三角形,长约 3 mm,紧贴壳斗壁,被细柔毛。坚果椭圆形,直径 1.3~1.5 cm,高 1.5~2.5 cm,顶端有微毛。果脐微突起,径约 5 mm。花期 3~4 月,果期翌年 9~10 月。

　　生长环境　生长于海拔 600 m 以下的丘陵地区,成小片纯林或与其他阔叶树组成混交林。

　　药用价值　入药部位:枝、壳斗。药用功效:收敛,止泻。

榆科

榆树

　　学名　*Ulmus pumila* L.
　　别称　春榆、白榆。
　　科属　榆科榆属。
　　形态特征　落叶乔木,高可达 25 m,胸径 1 m,在干瘠之地长成灌木状。幼树树皮平滑,灰褐色或浅灰色,大树树皮暗灰色,不规则深纵裂,粗糙。小枝无毛或有毛,淡黄灰色、淡褐灰色或灰色,稀淡褐黄色或黄色,有散生皮孔,无膨大的木栓层及凸起的木栓翅。冬芽近球形或卵圆形,芽鳞背面无毛,内层芽鳞的边缘具白色长柔毛。叶椭圆状卵形、长卵形、椭圆状披针形或卵状披针形,长2~8 cm,宽1.2~3.5 cm,先端渐尖或长渐尖,基部偏斜或近对称,一侧楔形至圆,另一侧圆至半心脏形,叶面平滑无毛,叶背幼时有短柔毛,后变无毛或部分脉腋有簇生毛,边缘具重锯齿或单锯齿,侧脉每边9~16条,叶柄长4~10 mm,通常仅上面有短柔毛。花先叶开放,在生枝的叶腋成簇生状。

翅果近圆形,稀倒卵状圆形,长1.2~2 cm,除顶端缺口柱头面被毛外,其余处无毛,果核部分位于翅果的中部,上端不接近或接近缺口,成熟前后其色与果翅相同,初淡绿色,后白黄色,宿存花被无毛,4浅裂,裂片边缘有毛,果梗较花被为短,被短柔毛。花果期3~6月。

生长环境　生长于海拔1 000~2 500 m的山坡、山谷、川地、丘陵及沙岗,阳性树种,喜光,耐旱,耐寒,耐瘠薄,适应性强。根系发达,抗风力、保土力强。萌芽力强,耐修剪,生长快,寿命长。耐干冷气候及中度盐碱,不耐水湿。具抗污染性,叶面滞尘能力强。在土壤深厚、肥沃、排水良好的冲积土及黄土高原上生长良好。

药用价值　入药部位:榆钱、树皮、叶、根。榆钱,春季未出叶前,采摘未成熟的翅果,去杂质晒干。树皮,夏、秋剥下树皮,去粗皮晒干或鲜用。叶,夏、秋采摘,晒干或鲜用。根皮,秋季采收。榆钱性味:味微辛,性平。药用功效:安神健脾。药用主治:神经衰弱,失眠,食欲不振,白带。皮、叶性味:味甘,性平。药用功效:安神,利小便。药用主治:神经衰弱,失眠,体虚浮肿。外用于骨折、外伤出血。

榔榆

学名　*Ulmus parvifolia* Jacq.

别称　小叶榆。

科属　榆科榆属。

形态特征　落叶乔木,高可达25 m,胸径可达1 m。树冠广圆形,树干基部有时呈板状根,树皮灰色或灰褐,裂成不规则鳞状薄片剥落,露出红褐色内皮,近平滑,微凹凸不平。当年生枝密被短柔毛,深褐色。冬芽卵圆形,红褐色无毛。叶质地厚,披针状卵形或窄椭圆形,稀卵形或倒卵形,中脉两侧长宽不等,长1.7~8 cm,宽0.8~3 cm,先端尖或钝,基部偏斜,楔形或一边圆,叶面深绿色,有光泽,除中脉凹陷处有疏柔毛外,其余处无毛,侧脉部凹陷,叶背色较浅,幼时被短柔毛,后变无毛或沿脉有疏毛,或脉腋簇生毛,边缘从基部到先端有钝而整齐的单锯齿,稀重锯齿,侧脉每边10~15条,细脉在两面均明显,叶柄长2~6 mm,仅上面有毛。

花秋季开放,3~6朵在叶脉簇生或排成簇状聚伞花序,花被上部杯状,下部管状,花被片4,深裂至杯状花被的基部或近基部,花梗极短,被疏毛。翅果椭圆形或卵状椭圆形,长10~13 mm,宽6~8 mm,除顶端缺口柱头面被毛外,其余处无毛,果翅稍厚,基部的柄长约2 mm,两侧的翅较果核部分为窄,果核部分位于翅果的中上部,上端接近缺口,花被片脱落或残存,果梗较管状花被为短,有疏生短毛。花果期8~10月。

生长环境　生长于平原、丘陵、山坡及谷地。喜光,耐干旱,在酸性、中性及碱性土上均能生长,以气候温暖,土壤肥沃、排水良好的中性土壤为适宜的生境。对有毒气体抗性较强。

药用价值　茎、叶药用功效:通络止痛。药用主治:腰背酸痛,牙痛。皮药用功效:清热利水,解毒消肿,凉血止血。药用主治:水火烫伤,痢疾,胃肠出血,尿血。

大叶榉树

学名 *Zelkova schneideriana* Hand. – Mazz.

别称 鸡油树、黄栀榆。

科属 榆科榉属。

形态特征 乔木,高可达35 m,胸径达80 cm。树皮灰褐色至深灰色,呈不规则的片状剥落,老树材质常带红色,有"血榉"之称。当年生枝灰绿色或褐灰色,密生伸展的灰色柔毛。冬芽常2个并生,球形或卵状球形。叶厚纸质,大小形状变异很大,卵形至椭圆状披针形,长3~10 cm,宽1.5~4 cm,先端渐尖、尾状渐尖或锐尖,基部稍偏斜,圆形、宽楔形,稀浅心形,叶面绿,干后深绿至暗褐色,被糙毛,叶背浅绿,干后变淡绿至紫红色,密被柔毛,边缘具圆齿状锯齿,侧脉8~15对。叶柄粗短,长3~7 mm,被柔毛。雄花1~3朵簇生于叶腋,雌花或两性花常单生于小枝上部叶腋。核果与榉树相似。花期4月,果期9~11月。

生长环境 生长于海拔200~1 100 m的溪间水旁或山坡土层较厚的疏林中。

药用价值 入药部位:树皮、叶。性味:味苦,性寒。药用功效:清热,利水。药用主治:时行头痛,热毒下痢,水肿,烂疮,疔疮。

大果榉

学名 *Zelkova sinica* Schneid.

别称 小叶榉树、抱树、赤肚榆。

科属 榆科榉属。

形态特征 乔木,高可达20 m,胸径达60 cm。树皮灰白色,呈块状剥落。一年生枝褐色或灰褐色,被灰白色柔毛,以后渐脱落,二年生枝灰色或褐灰色,光滑。冬芽椭圆形或球形。叶纸质或厚纸质,卵形或椭圆形,长3~5 cm,先端渐尖、尾状渐尖,稀急尖,基部圆或宽楔形,有的稍偏斜,叶面绿,幼时疏生粗毛,后脱落变光滑,叶背浅绿,除在主脉上疏生柔毛和脉腋有簇毛外,其余光滑无毛,边缘具浅圆齿状或圆齿状锯齿,侧脉6~10对。叶柄长4~10 mm,被灰色柔毛。托叶膜质,褐色,披针状条形,长5~7 mm。

雄花1~3朵腋生,裂片卵状矩圆形,外面被毛,在雄蕊基部有白色细曲柔毛,退化子房缺。雌花单生于叶腋,花被裂片5~6,外面被细毛,子房外面被细毛。核果呈不规则的倒卵状球形,直径5~7 mm,顶端微偏斜,几乎不凹陷,表面光滑无毛,除背腹脊隆起外几乎无实起的网脉,果梗被毛。花期4月,果期8~9月。

生长环境 生长于海拔700~1 800 m的山坡、谷地、丘陵,耐干旱瘠薄,根系发达,萌蘖性强,寿命长。阳性树种,耐干旱,能适应碱性、中性及微酸性土壤。

药用价值 种子发酵后与榆树皮、红土、菊花末等加工成黄糊,药用杀虫、消积。

榉树

学名 *Zelkova serrata*（Thunb.）Makino

别称 大叶榉、红榉树、青榉。

科属 榆科榉属,属国家二级重点保护植物,是珍贵的阔叶树种。

形态特征 乔木,高可达 30 m,胸径达 100 cm。树皮灰白色或褐灰色,呈不规则的片状剥落。当年生枝紫褐色或棕褐色,疏被短柔毛,后渐脱落。冬芽圆锥状卵形或椭圆状球形。叶薄纸质至厚纸质,大小形状变异很大,卵形、椭圆形或卵状披针形,长 3 ~ 10 cm,宽 1.5 ~ 5 cm,先端渐尖或尾状渐尖,基部有的稍偏斜,圆形或浅心形,稀宽楔形,叶面绿,干后绿或深绿,稀暗褐色,稀带光泽,幼时疏生糙毛,后脱落变平滑,叶背浅绿,幼时被短柔毛,后脱落或仅沿主脉两侧残留有稀疏的柔毛,边缘有圆齿状锯齿,具短尖头。叶柄粗短,被短柔毛。托叶膜质,紫褐色,披针形,长 7 ~ 9 mm。

雄花具极短的梗,花被裂至中部,花被裂片 6 ~ 7,不等大,外面被细毛,退化子房缺。雌花近无梗,花被片 4 ~ 5,外面被细毛,子房被细毛。核果几乎无梗,淡绿色,斜卵状圆锥形,上面偏斜,凹陷,具背腹脊,网肋明显,表面被柔毛,具宿存花被。花期 4 月,果期 9 ~ 11 月。

生长环境 阳性树种,喜光,喜温暖环境。耐烟尘及有害气体。适合生长于深厚、肥沃、湿润的土壤,对土壤的适应性强,酸性、中性、碱性土及轻度盐碱土均可生长。深根性,侧根广展,抗风力强。忌积水,不耐干旱和贫瘠。生长慢,寿命长。

药用价值 入药部位:树皮或叶。皮全年均可采收,鲜用或晒干。叶夏、秋季采收,鲜用或晒干。性味:味苦,性寒。皮药用功效:清热解毒,止血,利水,安胎。药用主治:感冒发热,血痢、便血,水肿,妊娠腹痛,目赤肿痛,烫伤,疮疡肿痛。叶药用功效:清热解毒,凉血。药用主治:疮疡肿痛,崩中带下。

紫弹树

学名 *Celtis biondii* Pamp.

别称 牛筋树、朴树、中筋树。

科属 榆科朴属。

形态特征 高可达 18 m,树皮暗灰色。当年生小枝幼时黄褐色,密被短柔毛,后渐脱落,至结果时为褐色,有散生皮孔,毛几可脱净。冬芽黑褐色,芽鳞被柔毛,内部鳞片的毛长而密。叶宽卵形、卵形至卵状椭圆形,长 2.5 ~ 7 cm,基部钝至近圆形,稍偏斜,先端渐尖至尾状渐尖,在中部以上疏具浅齿,薄革质,边稍反卷,上面脉纹多下陷,被毛的情况变异较大,两面被微糙毛,或叶面无毛,仅叶背脉上有毛,或下面除糙毛外还密被柔毛。托叶条状披针形,被毛,比较迟落,往往到叶完全长成后才脱落。

果序单生叶腋,通常具 2 果,总梗极短,很像果梗双生于叶腋,总梗连同果梗长 1 ~ 2 cm,被糙毛。果幼时被疏或密的柔毛,后毛逐渐脱净,黄色至橘红色,近球形,核两侧稍压扁,侧面近圆形,表面具明显的网孔状。花期 4 ~ 5 月,果期 9 ~ 10 月。

生长环境 生长于山坡、山沟及杂木林中。

药用价值 入药部位:叶、根皮、茎枝。叶春、夏季采收,鲜用或晒干。春初、秋末挖取根部,除去须根泥土,剥皮晒干。茎枝全年均可采,切片晒干。性味:叶味甘,性寒。根味甘,性寒。茎枝味甘,性寒。药用功效:叶清热解毒。根解毒消肿,祛痰止咳。茎枝通络止痛。药用主治:叶用于疮毒溃烂。根用于乳痈肿痛、痰多咳喘。茎枝用于腰背酸痛。

大叶朴

学名 *Celtis koraiensis* Nakai

别称 大叶白麻子、白麻子。

科属 榆科朴属。

形态特征 落叶乔木,高可达 15 m。树皮灰色或暗灰色,浅微裂。当年生小枝老后褐色至深褐色,散生小而微凸、椭圆形的皮孔。冬芽深褐色,内部鳞片具棕色柔毛。叶椭圆形至倒卵状椭圆形,少为倒广卵形,长 7 ~ 12 cm,基部稍不对称,宽楔形至近圆形或微心形,先端具尾状长尖,长尖常由平截状先端伸出,边缘具粗锯齿,两面无毛,或仅叶背疏生短柔毛或在中脉和侧脉上有毛。叶柄无毛或生短毛。在萌发枝上的叶较大,且具较多和较硬的毛。

果单生叶腋,果梗长 1.5 ~ 2.5 cm,果近球形至球状椭圆形,成熟时橙黄色至深褐色。核球状椭圆形,有四条纵肋,表面具明显网孔状凹陷,灰褐色。花期 4 ~ 5 月,果期 9 ~ 10 月。

生长环境 喜光也稍耐阴,喜温暖湿润气候。对土壤要求不严,抗瘠薄、干旱能力特强。抗风、抗烟、抗尘、抗轻度盐碱、抗有毒气体。根系发达,有固土保水能力。

药用价值 根皮及茎叶。

小叶朴

学名 *Celtis bungeana* Bl.

别称 黑弹朴。

科属 榆科朴属。

形态特征 落叶乔木,高可达 10 m,树皮灰色或暗灰色。当年生小枝淡棕色,老后色较深,无毛,散生椭圆形皮孔,去年生小枝灰褐色。冬芽棕色或暗棕色,鳞片无毛。叶厚纸质,狭卵形、长圆形、卵状椭圆形至卵形,长 3 ~ 7 cm,基部宽楔形至近圆形,稍偏斜至几乎不偏斜,先端尖至渐尖,中部以上疏具不规则浅齿,有时一侧近全缘,无毛。叶柄淡黄色,上面有沟槽,幼时槽中有短毛,老后脱净。萌发枝上的叶形变异较大,先端可具尾尖且有糙毛。

果单生叶腋,果柄较细软,无毛,果成熟时蓝黑色,近球形。核近球形,肋不明显,表面极大部分近平滑或略具网孔状凹陷。花期 4 ~ 5 月,果期 10 ~ 11 月。

生长环境 喜光,稍耐阴,耐寒。喜深厚、湿润的中性黏质土壤。深根性,萌蘖力强,生长较慢。对病虫害、烟尘污染抗性强,被誉为"城市清道夫"。耐寒,耐干旱,生长慢,寿命长。

药用价值 树干可药用,主治支气管哮喘及慢性气管炎。

青檀

学名 *Pteroceltis tatarinowii* Maxim.

别称 翼朴、檀树、摇钱树。

科属 榆科青檀属。

形态特征 乔木,高可达 20 m 以上,树皮灰色或深灰色,呈不规则的长片状剥落。小枝黄绿色,干时变栗褐色,疏被短柔毛,后渐脱落,皮孔明显,椭圆形或近圆形。冬芽卵形。叶纸质,宽卵形至长卵形,长 3 ~ 10 cm,先端渐尖至尾状渐尖,基部不对称,楔形、圆形或截形,边缘有不整齐的锯齿,叶面绿,幼时被短硬毛,后脱落,常残留有圆点,光滑或稍粗糙,叶背淡绿,在脉上有稀疏的或较密的短柔毛,脉腋有簇毛,其余近光滑无毛。叶柄被短柔毛。翅果状坚果近圆形或近四方形,黄绿色或黄褐色,翅宽,稍带木质,有放射线条纹,下端截形或浅心形,顶端凹缺,果实外面无毛或多少被曲柔毛,常有不规则的皱纹,有时具耳状附属物,具宿存的花柱和花被,果梗纤细,长 1 ~ 2 cm,被短柔毛。花期 3 ~ 5 月,果期 8 ~ 20 月。

生长环境 生长于海拔 100 ~ 1 500 m 的山谷溪边石灰岩山地疏林中,适应性较强,喜钙,生长于石灰岩山地,较耐干旱瘠薄,根系发达,常在岩石隙缝间盘旋伸展。生长速度中等,萌蘖力强,寿命长。耐盐碱,耐瘠薄,耐旱,耐寒,根系发达,对有害气体有较强的抗性。

药用价值 入药部位:根部。春、秋两季采挖,以秋季采收质量较好,挖取根部,洗净晒干。药用功效:去风,除湿,消肿。药用主治:诸风麻痹,痰湿流注,脚膝瘙痒,胃痛及发痧气痛。

桑科

桑

学名 *Morus alba* L.

别称 桑树。

科属 桑科桑属。

形态特征 乔木或灌木,高 3 ~ 10 m。树皮厚,灰色,具不规则浅纵裂。冬芽红褐色,卵形,芽鳞覆瓦状排列,灰褐色,有细毛。小枝有细毛。叶卵形或广卵形,长 5 ~ 15 cm,先端急尖、渐尖或圆钝,基部圆形至浅心形,边缘锯齿粗钝,有时叶为各种分裂,表面鲜绿色,无毛,背面沿脉有疏毛,脉腋有簇毛。叶柄长 1.5 ~ 5.5 cm,具柔毛。托叶披针形,外面密被细硬毛。

花单性,腋生或生于芽鳞腋内,与叶同时生出。雄花序下垂,长 2 ~ 3.5 cm,密被白色柔毛。花被片宽椭圆形,淡绿色。花丝在芽时内折,花药 2 室,球形至肾形,纵裂。雌花序长 1 ~ 2 cm,被毛,总花梗被柔毛,雌花无梗,花被片倒卵形,顶端圆钝,外面和边缘被毛,两侧紧抱子房,无花柱。聚花果卵状椭圆形,长 1 ~ 2.5 cm,成熟时红色或暗紫色。花期 4 ~ 5 月,果期 5 ~ 8 月。

生长环境　喜温暖湿润气候,稍耐阴。气温 12 ℃以上开始萌芽,适宜生长温度 25 ~ 30 ℃。耐旱,不耐涝,耐瘠薄,对土壤适应性强。

药用价值　入药部位:桑叶。性味:清肺,明目。药用功效:桑叶可疏散风热。药用主治:风热感冒,风温初起,发热头痛,汗出恶风,咳嗽胸痛,或肺燥干咳无痰,咽干口渴,风热及肝阳上扰,目赤肿痛。

鸡桑

学名　*Morus australis* Poir.

别称　小叶桑。

科属　桑科桑属。

形态特征　灌木或小乔木,树皮灰褐色,冬芽大,圆锥状卵圆形。叶卵形,长 5 ~ 14 cm,先端急尖或尾状,基部楔形或心形,边缘具粗锯齿,表面粗糙,密生短刺毛,背面疏被粗毛。叶柄被毛。托叶线状披针形,早落。

雄花序长 1 ~ 1.5 cm,被柔毛,雄花绿色,具短梗,花被片卵形,花药黄色。雌花序球形,密被白色柔毛,雌花花被片长圆形,暗绿色,花柱很长,内面被柔毛。聚花果短椭圆形,成熟时红色或暗紫色。花期 3 ~ 4 月,果期 4 ~ 5 月。

生长环境　常生长于海拔 500 ~ 1 000 m 的石灰岩山地或林缘及荒地。阳性,耐旱,耐寒,怕涝,抗风。

药用价值　全株和叶用于散风热,清肝明目。根皮用于泻肺、利尿。嫩枝用于祛风湿、利关节。果穗补肝益肾、血生津。

蒙桑

学名　*Morus mongolica*(Bur.)Schneid.

别称　崖桑、刺叶桑。

科属　桑科桑属。

形态特征　小乔木或灌木,树皮灰褐色,纵裂。小枝暗红色,老枝灰黑色。冬芽卵圆形,灰褐色。叶长椭圆状卵形,长 8 ~ 15 cm,宽 5 ~ 8 cm,先端尾尖,基部心形,边缘具三角形单锯齿,稀为重锯齿,齿尖有长刺芒,两面无毛。叶柄长 2.5 ~ 3.5 cm。

雄花序长 3 cm,雄花花被暗黄色,外面及边缘被长柔毛。雌花序短圆柱状,总花梗纤细。雌花花被片外面上部疏被柔毛,或近无毛。花柱长,内面密生乳头状突起。聚花果成熟时红色至紫黑色。花期 3 ~ 4 月,果期 4 ~ 5 月。

生长环境　生长于海拔 800 ~ 1 500 m 的山地或林中。

药用价值　入药部位:根皮。药用功效:消炎、利尿。

柘树

学名 *Cudrania tricuspidata*（Carr.）Bur. ex Lavallee

科属 桑科柘属。

形态特征 落叶灌木或小乔木,高1～7 m。树皮灰褐色,小枝无毛,略具棱,有棘刺,刺长5～20 mm。冬芽赤褐色。叶卵形或菱状卵形,长5～14 cm,先端渐尖,基部楔形至圆形,表面深绿色,背面绿白色,无毛或被柔毛。叶柄长1～2 cm,被微柔毛。

雌雄异株,雌雄花序均为球形头状花序,单生或成对腋生,具短总花梗。雄花序直径0.5 cm,雄花有苞片,附着于花被片上。雌花序直径1～1.5 cm,花被片与雄花同数,花被片先端盾形。聚花果近球形,直径约2.5 cm,肉质,成熟时橘红色。花期5～6月,果期6～7月。

生长环境 生长于海拔500～1 500 m的山地或林缘。

药用价值 入药部位:根皮。性味:味甘,性平。药用功效:化瘀止痛,祛风利湿,止咳化痰。药用主治:根用于肝炎、肝硬化、尿路结石、闭经、风湿骨痛及跌打损伤。外用治痈疮、连珠疮。

无花果

学名 *Ficus carica* L.

别称 阿驿、映日果、密果、文仙果。

科属 桑科榕属。

形态特征 落叶灌木或小乔木,高可达3～10 m,全株具乳汁。多分枝,小枝粗壮,表面褐色,被稀短毛。叶互生。叶柄长2～5 cm,粗壮。托叶卵状披针形,长约1 cm,红色。叶片厚膜质,宽卵形或卵圆形,长10～24 cm,宽8～22 cm,3～5裂,裂片卵形,边缘有不规则钝齿,上面深绿色,粗糙,下面密生细小钟乳体及黄褐色短柔毛,基部浅心形,基生脉3～5条,侧脉5～7对。

雌雄异株,隐头花序,花序托单生于叶腋。雄花和瘿花生于同一花序托内。雄花生于内壁口部,雄蕊2,花被片3～4。瘿花花柱侧生、短。雌花生在另一花序托内,花被片3～4,花柱侧生,柱头2裂。果梨形,成熟时长3～5 cm,呈紫红色或黄绿色,肉质,顶部下陷,基部有3苞片。花、果期8～11月。

生长环境 喜温暖湿润气候,耐瘠,抗旱,不耐寒,不耐涝。以向阳、土层深厚、疏松肥沃、排水良好的沙质壤土或黏质壤土栽培为宜。

药用价值 入药部位:果实。7～10月果实呈绿色时,分批采摘;或拾取落地的未成熟果实,鲜果用开水烫后,晒干或烘干。除去杂质,用时捣碎。性味:味甘,性凉。药用功效:清热生津,健脾开胃,解毒消肿。药用主治:咽喉肿痛,燥咳声嘶,乳汁稀少,肠热便秘,食欲不振,消化不良,泄泻,痢疾,痈肿,癣疾。

异叶榕

学名 *Ficus heteromorpha* Hemsl.

别称 奶浆果。

科属 桑科榕属。

形态特征 落叶灌木或小乔木,高 2~5 m。树皮灰褐色。小枝红褐色,节短。叶多形,有琴形、椭圆形、椭圆状披针形,长 10~18 cm,宽 2~7 cm,先端渐尖或为尾状,基部圆形或浅心形,表面略粗糙,背面有细小钟乳体,全缘或微波状,基生侧脉较短,侧脉 6~15 对,红色。叶柄长 1.5~6 cm,红色。托叶披针形。

榕果成对生于短枝叶腋,稀单生,无总梗,球形或圆锥状球形,光滑,成熟时紫黑色,顶生苞片脐状,基生苞片卵圆形,雄花和瘿花同生于一榕果中。雄花散生内壁,花被片匙形,雄蕊 2~3 枚。子房光滑,花柱短。雌花包围子房,花柱侧生,柱头画笔状,被柔毛。瘦果光滑。花期 4~5 月,果期 5~7 月。

生长环境 生长于山谷、坡地及林中。

药用价值 入药部位:果实、根或全株。秋季采摘果实、采收根或全株,洗净鲜用或干燥。性味:味甘、酸,性温。药用功效:补血,下乳。药用主治:脾胃虚弱,缺乳。

薜荔

学名 *Ficus pumila* Linn.

别称 凉粉子、木莲。

科属 桑科榕属。

形态特征 攀缘或匍匐灌木,叶二型,不结果枝节上生不定根,叶卵状心形,长约 2.5 cm,薄革质,基部稍不对称,尖端渐尖,叶柄很短。结果枝上无不定根,革质,卵状椭圆形,长 5~10 cm,宽 2~3.5 cm,先端急尖至钝形,基部圆形至浅心形,全缘,上面无毛,背面被黄褐色柔毛,基生叶脉延长,网脉 3~4 对,在表面下陷,背面凸起,网脉甚明显,呈蜂窝状。叶柄长 5~10 mm。托叶 2,披针形,被黄褐色丝状毛。

单生叶腋,瘿花果梨形,雌花果近球形,长 4~8 cm,直径 3~5 cm,顶部截平,略具短钝头或为脐状凸起,基部收窄成一短柄,基生苞片宿存,三角状卵形,密被长柔毛,榕果幼时被黄色短柔毛,成熟时黄绿色或微红。总梗粗短。雄花,生榕果内壁口部,多数,排为几行,有柄,花被片 2~3,线形,雄蕊 2 枚,花丝短。瘿花具柄,花被片 3~4,线形,花柱侧生,短。雌花生于另一植株榕果内壁,花柄长,花被片 4~5。瘦果近球形,有黏液。花、果期 5~8 月。

生长环境 多攀附在村庄前后、山脚、山窝以及沿河、公路两侧的大树上和断墙残壁、古石桥、庭院围墙上。耐贫瘠,抗干旱,对土壤要求不严,适应性强,幼株耐阴。

药用价值 入药部位:藤叶。药用功效:祛风,利湿,活血,解毒。药用主治:风湿痹痛,泻痢,跌打损伤。

爬藤榕

学名 *Ficus sarmentosa* Buch. – Ham. ex J. E. Sm. var. *impressa* (Champ.) Corner

别称 枇杷藤、抓石榕、山牛奶。

科属 桑科榕属。

形态特征 常绿攀缘灌木,长 2 ~ 10 m。小枝幼时被微毛。叶互生。叶柄长 5 ~ 10 mm。托叶披针形。叶片革质,披针形或椭圆状披针形,长 3 ~ 9 cm,先端渐尖,基部圆形或楔形,上面绿色,无毛,下面灰白色或浅褐色,侧脉 6 ~ 8 对,网脉突起,成蜂窝状。

隐头花序,花序托单生或成对腋生,或簇生于老枝上,球形,有短梗,近无毛。基部有苞片 3。雄花、瘿花生于同一花序内,雄花生于近口部,花被片 3 ~ 4,雄蕊 2。瘿花有花,子房不发育。雌花生于另一植株花序托内,具梗,花柱近顶生。瘦果小,表面光滑。花期 5 ~ 10 月。

生长环境 常攀缘于树上、岩石上或陡坡峭壁及屋墙上。

药用价值 入药部位:根、茎。全年均可采收,鲜用或晒干。性味:味辛、甘,性温。药用功效:祛风除湿,行气活血,消肿止痛。药用主治:风湿痹痛,神经性头痛,小儿惊风,胃痛,跌打损伤。

构树

学名 *Broussonetia papyrifera* (Linnaeus) L'Heritier ex Ventenat

别称 构桃树、构乳树、楮树。

科属 桑科构属。

形态特征 叶螺旋状排列,广卵形至长椭圆状卵形,长 6 ~ 18 cm,宽 5 ~ 9 cm,先端渐尖,基部心形,两侧常不相等,边缘具粗锯齿,不分裂或 3 ~ 5 裂,小树之叶常有明显分裂,表面粗糙,疏生糙毛,背面密被茸毛,基生叶脉三出,侧脉 6 ~ 7 对。叶柄长 2.5 ~ 8 cm,密被糙毛。托叶大,卵形,狭渐尖,长 1.5 ~ 2 cm,宽 0.8 ~ 1 cm。

花雌雄异株。雄花序为葇荑花序,粗壮,长 3 ~ 8 cm,苞片披针形,被毛,花被 4 裂,裂片三角状卵形,被毛,雄蕊 4,花药近球形,退化雌蕊小。雌花序球形头状,苞片棍棒状,顶端被毛,花被管状,顶端与花柱紧贴,子房卵圆形,柱头线形,被毛。聚花果直径 1.5 ~ 3 cm,成熟时橙红色,肉质。瘦果具与等长的柄,表面有小瘤,龙骨双层,外果皮壳质。花期 4 ~ 5 月,果期 6 ~ 7 月。

生长环境 喜光,适应性强,耐干旱瘠薄,能生长于水边和石灰岩山地,也能在酸性土及中性土上生长。耐烟尘,抗大气污染力强。

药用价值 入药部位:乳液、树皮、叶、果实及种子。夏、秋采乳液、叶、果实及种子。冬春采根皮、树皮,鲜用或阴干。种子药用功效:补肾,强筋骨,明目,利尿。药用主治:腰膝酸软,肾虚目昏,阳痿,水肿。树叶药用功效:清热,凉血,利湿,杀虫。药用主治:鼻衄,肠炎,痢疾。树皮药用功效:利尿消肿,祛风湿。药用主治:水肿,筋骨酸痛。外用治神经性皮炎及癣症。乳液药用功效:利水消肿,解毒。药用主治:水肿癣疾,蛇、虫、蜂、蝎、狗咬。

荨麻科

苎麻

学名 *Boehmeria nivea*（L.）Gaudich.

别称 白叶苎麻。

科属 荨麻科苎麻属。

形态特征 亚灌木或灌木,高0.5~1.5 m。茎上部与叶柄均密被开展与长硬毛和近开展和贴伏的短糙毛。叶互生。叶片草质,通常圆卵形或宽卵形,少数卵形,长6~15 cm,宽4~11 cm,顶端骤尖,基部近截形或宽楔形,边缘在基部之上有牙齿,上面稍粗糙,疏被短伏毛,下面密被雪白色毡毛,侧脉约3对。叶柄长2.5~9.5 cm。托叶分生,钻状披针形,背面被毛。

圆锥花序腋生,或植株上部的为雌性,其下部为雄性,或同一植株的全为雌性,长2~9 cm。雄团伞花序,有少数雄花。雌团伞花序,有多数密集的雌花。雄花:花被片4,狭椭圆形,合生至中部,顶端急尖,外面有疏柔毛。雄蕊4。退化雌蕊狭倒卵球形,顶端有短柱头。雌花:花被椭圆形,顶端有2~3个小齿,外面有短柔毛,果期呈菱状倒披针形。柱头丝形。瘦果近球形,光滑,基部突缩成细柄。花期8~10月。

生长环境 生长于海拔200~1 700 m的山谷林边或草坡,沙壤或黏壤为宜。

药用价值 入药部位:根、叶。性味:性寒,味甘。药用功效:清热利尿,安胎止血,解毒。药用主治:感冒发热,麻疹高烧,尿路感染,跌打损伤,骨折,疮疡肿痛,出血性疾病。

小赤麻

学名 *Boehmeria spicata*（Thunb.）Thunb.

别称 水麻、小红活麻、赤麻。

科属 荨麻科苎麻属。

形态特征 多年生亚灌木。茎高40~100 cm,常分枝,疏被短伏毛或近无毛。叶对生。叶片薄草质,卵状菱形或卵状宽菱形,长2.4~7.5 cm,宽1.5~5 cm,顶端长骤尖,基部宽楔形,边缘每侧在基部之上有4~7个大牙齿,两面疏被短伏毛或近无毛,侧脉1~2对。叶柄长1~6.5 cm。

穗状花序单生叶腋,雌雄异株,或雌雄同株,此时,茎上部的为雌性,其下部为雄性,雄的长约2.5 cm,雌的长4~10 cm。雄花无梗,花被片椭圆形,下部合生,外面有稀疏短毛。雄蕊近圆形。退化雌蕊椭圆形。雌花被近狭椭圆形,齿不明显,外面有短柔毛,果期呈菱状倒卵形或宽菱形。花期6~8月。

生长环境 生长于丘陵或低山草坡、沟边。

药用价值 入药部位:全株、叶。夏、秋季采收,割取地上部分,鲜用或晒干。性味:味淡、辛,性凉。药用功效:利尿消肿,解毒透疹。药用主治:水肿腹胀,麻疹。

檀香科

米面翁

学名 *Buckleya lanceolata* auct. non Miq.

别称 九层皮、六黄子、禄旺子。

科属 檀香科米面翁属。

形态特征 灌木,高 1~2.5 m。多分枝,枝多少被微柔毛,幼嫩时有棱或有条纹。叶对生,薄膜质,近无柄。下部枝的叶呈阔卵形,上部枝的叶呈披针形,长 3~9 cm,宽 1.5~2.5 cm,先端尾状渐尖,基部楔形,全缘,嫩时两面被疏毛。

雄花序顶生和腋生。花梗纤细,花被裂片卵状长圆形,被稀疏短柔毛。雄蕊 4,内藏。雌花单一,顶生或腋生。花梗细长或很短。花被漏斗形,外面被微柔毛或近无毛,裂片小,三角状卵形或卵形,先端锐尖。苞片 4 枚,披针形。花柱黄色。核果椭圆形或倒圆锥形,长约 1.5 cm,直径约 1 cm,无毛,宿存苞片叶状,披针形或倒披针形,长 3~4 m,干膜质,羽脉明显。果柄细长,棒状,先端有节,长 8~15 mm。花期 6 月,果期 9~10 月。

生长环境 生长于海拔 700~1 800 m 的林下或灌丛中。

药用价值 入药部位:叶。性味:味苦,性寒。药用功效:清热解毒,燥湿止痒。药用主治:皮肤瘙痒,蜂螫。

桑寄生科

桑寄生

学名 *Taxillus sutchuenensis*(Lecomte)Danser

别称 广寄生、苦楝寄生。

科属 桑寄生科钝果寄生属。

形态特征 灌木,高 0.5~1 m。嫩枝、叶密被褐色或红褐色星状毛,有时具散生叠生星状毛,小枝黑色,无毛,具散生皮孔。叶近对生或互生,革质,卵形、长卵形或椭圆形,长 5~8 cm,宽 3~4.5 cm,顶端圆钝,基部近圆形,上面无毛,下面被茸毛。侧脉 4~5 对,在叶上面明显。叶柄长 6~12 mm,无毛。

总状花序,1~3 个生于小枝已落叶腋部或叶腋,具花 3~4 朵,密集呈伞形,花序和花均密被褐色星状毛,总花梗和花序轴共长 1~2 mm。花梗长 2~3 mm。苞片卵状三角形。花红色,花托椭圆状。副萼环状,具 4 齿。花冠花蕾时管状,长 2.2 ~ 2.8 cm,稍弯,下半部膨胀,顶部椭圆状,裂片披针形,开花后毛变稀疏。果椭圆状,长 6 ~ 7 mm,两端均圆钝,黄绿色,果皮具颗粒状体,被疏毛。花期 6 ~ 8 月。

生长环境 生长于海拔 20 ~ 400 m 的平原或低山常绿阔叶林中,寄生于桑树、桃树、李树、马尾松等多种植物上。

药用价值 入药部位:干燥带叶茎枝。除去粗茎,切段干燥或蒸后干燥。性味:味苦、甘,性平。药用功效:祛风湿、补肝肾、强筋骨、安胎元。药用主治:风湿痹痛,腰膝酸软,筋骨无力,崩漏经多,妊娠漏血,胎动不安,头晕目眩。

马兜铃科

木通马兜铃

学名 *Aristolochia manshuriensis* Kom

别称 关木通。

科属 马兜铃科马兜铃属。

形态特征 木质大藤本,长达 10 m。茎灰色,老茎具厚木栓层,幼枝及花序密被白色长柔毛。叶革质,心形或卵状心形,长 15 ~ 29 cm,先端钝圆或短尖,基部心形,下面密被白色长柔毛;叶柄长 6 ~ 8 cm。

花 1 朵腋生。花梗长 1.5 ~ 3 cm;小苞片卵状心形或心形,长约 1 cm,绿色,近无柄;花被筒中部马蹄形弯曲,下部管状,长 5 ~ 7 cm,径 1.5 ~ 2.5 cm,檐部盘状,径 4 ~ 6 cm,上面暗紫色,疏被黑色乳点;喉部圆形,径 0.5 ~ 1 cm,具领状环;花药长圆形,合蕊柱 3 裂。蒴果长圆柱形,长 9 ~ 11 cm,具 6 棱。种子三角状心形,长 6 ~ 7 mm,灰褐色,背面平凸,被疣点。花期 6 ~ 7 月,果期 8 ~ 9 月。

生长环境 生长于海拔 100 ~ 2 200 m 的阴湿的阔叶和针叶混交林中。

药用价值 入药部位:茎。性味:味苦,性寒。药用功效:清热、利尿。

寻骨风

学名 *Aristolochia mollissima* Hance

别称 白毛藤、烟袋锅、清骨风。

科属 马兜铃科马兜铃属。

形态特征 木质藤本,根细长,圆柱形。叶片纸质,卵形、卵状心形,顶端钝圆至短尖,基部心形,基部两侧裂片广展,边全缘,叶柄密被白色长绵毛。

花单生于叶腋,花梗直立或近顶端向下弯,中部或中部以下有小苞片。小苞片卵形或长卵形,无柄,顶端短尖,两面被毛与叶相同。花被管中部急剧弯曲,檐部盘状,圆形,裂片平展,阔三角形,近等大,顶端短尖或钝。喉部近圆形,紫色。花药长圆形,子房圆柱形,蒴果长圆状或椭圆状倒卵形。花期 4 ~ 6 月,果期 8 ~ 10 月。

生长环境 生长于海拔 100 ~ 850 m 的山坡、草丛、沟边和路旁处。

药用价值 入药部位:全株药用。洗净晒干,切碎用。性味:味苦,性平。药用功效:祛风湿,通经络和止痛。药用主治:风湿痹痛,胃痛,睾丸肿痛,跌打伤痛。

蓼科

何首乌

学名 *Fallopia multiflora*(Thunb.)Harald.

别称 多花蓼、紫乌藤、夜交藤。

科属 蓼科何首乌属。

形态特征 多年生缠绕藤本植物,块根肥厚,长椭圆形,黑褐色。茎缠绕,长 2 ~ 4 m,多分枝,具纵棱,无毛,微粗糙,下部木质化。叶卵形或长卵形,长 3 ~ 7 cm,宽 2 ~ 5 cm,顶端渐尖,基部心形或近心形,两面粗糙,边缘全缘。叶柄长 1.5 ~ 3 cm。托叶鞘膜质,偏斜,无毛,长 3 ~ 5 mm。

花序圆锥状,顶生或腋生,长 10 ~ 20 cm,分枝开展,具细纵棱,沿棱密被小突起。苞片三角状卵形,具小突起,顶端尖,每苞内具 2 ~ 4 朵花。花梗细弱,下部具关节,果时延长。花被深裂,白色或淡绿色,花被片椭圆形,大小不相等,外面 3 片较大,背部具翅,果时增大,花被果时外形近圆形。雄蕊花丝下部较宽。花柱极短,柱头头状。瘦果卵形,具棱,黑褐色,有光泽,包于宿存花被内。花期 8 ~ 9 月,果期 9 ~ 10 月。

生长环境 生长于海拔 200 ~ 3 000 m 的山谷灌丛、山坡林下和沟边石隙中。

药用价值 性味:味苦、甘涩,性微温。药用功效:养血滋阴,润肠通便,截疟,祛风,解毒。药用主治:血虚,头昏目眩。

木藤蓼

学名 *Fallopia aubertii*(L. Henry)Holub

别称 降头、血地、大红花。

科属 蓼科何首乌属。

形态特征 半灌木,茎缠绕,长 1 ~ 4 m,灰褐色,无毛。叶簇生,稀互生,叶片长卵形或卵形,长 2.5 ~ 5 cm,宽 1.5 ~ 3 cm,近革质,顶端急尖,基部近心形,两面均无毛。叶柄长 1.5 ~ 2.5 cm。托叶鞘膜质,偏斜,褐色,易破裂。

花序圆锥状,少分枝,稀疏,腋生或顶生,花序梗具小突起。苞片膜质,顶端急尖,每苞内具 3 ~ 6 朵花。花梗细,下部具关节。花被深裂,淡绿色或白色,花被片外面 3 片较大,背部具翅,果时增大,基部下延。花被果时外形呈倒卵形。瘦果卵形,具棱黑褐色,密被小颗粒,微有光泽,包于宿存花被内。花期 7 ~ 8 月,果期 8 ~ 9 月。

生长环境　生长于海拔 900 ~ 3 200 m 的沟边、灌丛中。

药用价值　性味:味苦、涩,性凉。药用功效:清热解毒,调经止血,行气消积。药用主治:痈肿,月经不调,外伤出血、崩漏,消化不良,痢疾,胃痛。

毛茛科

山木通

学名　*Clematis finetiana* Lévl. et Vaniot

别称　冲倒山、千金拔、天仙菊。

科属　毛茛科铁线莲属。

形态特征　多年生木质藤本,无毛。茎圆柱形,有纵条纹,小枝有棱。三出复叶,基部有时为单叶。小叶片薄革质或革质,卵状披针形、狭卵形至卵形,长 3 ~ 9 cm,顶端锐尖至渐尖,基部圆形、浅心形或斜肾形,全缘,两面无毛。

花常单生,或为聚伞花序、总状聚伞花序,腋生或顶生,有 1 ~ 3 朵花,少数 7 朵以上而成圆锥状聚伞花序,通常比叶长或近等长。在叶腋分枝处常有多数长三角形至三角形宿存芽鳞。苞片小,钻形,有时下部苞片为宽线形至三角状披针形,顶端裂。萼片开展,白色,狭椭圆形或披针形,外面边缘密生短茸毛。雄蕊无毛,药隔明显。瘦果镰刀状狭卵,有柔毛,宿存花柱长 3 cm,黄褐色柔毛。花期 4 ~ 6 月,果期 7 ~ 11 月。

生长环境　耐旱,较喜光照,但不耐暑热、强光,喜深厚肥沃、排水良好的碱性壤土及轻沙质壤土。根系为黄褐色肉质根,不耐水渍。

药用价值　全株清热解毒、止痛、活血、利尿,治感冒、膀胱炎、尿道炎、跌打损伤。花可治扁桃体炎、咽喉炎,又能祛风利湿、活血解毒,治风湿关节肿痛、肠胃炎、疟疾、乳痈。根用于治疗风湿关节痛、吐泻、疟疾、乳痈、牙疳。茎用于通窍、利水。叶用于治疗关节痛。

威灵仙

学名　*Clematis chinensis* Osbeck

别称　铁脚威灵仙、铁角威灵仙、铁脚灵仙。

科属　毛茛科铁线莲属。

形态特征　多年生木质藤本,干后变黑色,茎、小枝近无毛或疏生短柔毛。一回羽状复叶有 5 小叶,偶尔基部一对以至第二对 2 ~ 3 裂至 2 ~ 3 小叶。小叶片纸质,卵形至卵状披针形,或线状披针形、卵圆形,长 1.5 ~ 10 cm,宽 1 ~ 7 cm,顶端锐尖至渐尖,偶有微凹,基部圆形、宽楔形至浅心形,全缘,两面近无毛,或疏生短柔毛。

常为圆锥状聚伞花序,多花,腋生或顶生。花直径 1 ~ 2 cm。萼片开展,白色,长圆形或长圆状倒卵形,长 0.5 ~ 1 cm,顶端常凸尖,外面边缘密生茸毛或中间有短柔毛,雄蕊无毛。瘦果扁,卵形至宽椭圆形,有柔毛,宿存花柱长 2 ~ 5 cm。花期 6 ~ 9 月,果期 8 ~ 11 月。

生长环境 生长在山坡、山谷灌丛中或沟边、路旁草丛中。对气候、土壤要求不严,以凉爽、湿润的气候和富含腐殖质的棕壤土或沙质壤土为宜。过于低洼、易涝或干旱的地块生长不良。

药用价值 入药部位:根和根茎。除去杂质,洗净润透,切段干燥。性味:味辛咸,性温。药用功效:祛风湿,通经络。药用主治:风湿痹痛,肢体麻木,筋脉拘挛,屈伸不利。

钝齿铁线莲

学名 *Clematis apiifolia* DC. var. obtusidentata Rehdet Wils.

别称 川木通。

科属 毛茛科铁线莲属。

形态特征 藤本,小枝和花序梗、花梗密生短柔毛。三出复叶,连叶柄长 5～17 cm,叶柄长 3～7 cm。小叶片较大,长 5～13 cm,宽 3～9 cm,通常下面密生短柔毛,边缘少数钝牙齿。

圆锥状聚伞花序多花。花直径约 1.5 cm。萼片 4,开展,白色,狭倒卵形,长约 8 mm,两面有短柔毛,外面较密。雄蕊无毛,花丝比花药长 5 倍。瘦果纺锤形或狭卵形,长 3～5 mm,顶端渐尖,不扁,有柔毛。花期 7～9 月,果期 9～10 月。

生长环境 生长于山坡林中或沟边。

药用价值 入药部位:茎。药用主治:尿路感染,小便不利,水肿,闭经,乳汁不通。

牡丹

学名 *Paeonia suffruticosa* Andrews

别称 鼠姑、鹿韭、白茸。

科属 毛茛科芍药属。

形态特征 落叶灌木,高可达 2 m。分枝短而粗。叶通常为二回三出复叶,偶尔近枝顶的叶为 3 小叶。顶生小叶宽卵形,长 7～8 cm,宽 5.5～7 cm,3 裂至中部,裂片不裂或 2～3 浅裂,表面绿色,无毛,背面淡绿色,有时具白粉,沿叶脉疏生短柔毛或近无毛,小叶柄长 1.2～3 cm。侧生小叶狭卵形或长圆状卵形,长 4.5～6.5 cm,宽 2.5～4 cm,不等 2 裂至 3 浅裂或不裂,近无柄。叶柄长 5～11 cm,叶柄和叶轴均无毛。

花单生枝顶,直径 10～17 cm。花梗长 4～6 cm。苞片 5,长椭圆形,大小不等。萼片绿色,宽卵形,大小不等。花瓣 5,或为重瓣,玫瑰色、红紫色、粉红色至白色,通常变异很大,倒卵形,长 5～8 cm,宽 4.2～6 cm,顶端呈不规则的波状。雄蕊长 1～1.7 cm,花丝紫红色、粉红色,上部白色,长约 1.3 cm,花药长圆形,花盘革质,杯状,紫红色,顶端有数个锐齿或裂片,完全包住心皮,在心皮成熟时开裂。心皮 5 枚,稀更多,密生柔毛。蓇葖长圆形,密生黄褐色硬毛。花期 5 月,果期 6 月。

生长环境 喜温暖、凉爽、干燥、阳光充足的环境。耐半阴,耐寒,耐干旱,耐弱碱,忌积水,怕热,怕烈日直射。适宜在疏松、深厚、肥沃、地势高燥、排水良好的中性沙壤土上生长,酸性或黏重土壤上生长不良。充足的阳光对其生长有利,开花适温为 17～20 ℃。

药用价值 入药部位:根皮。性味:味苦、微寒,性辛。药用功效:清热凉血,活血化瘀。药用主治:温毒发斑,吐血衄血,夜热早凉,无汗骨蒸,经闭痛经,痈肿疮毒,跌打伤痛。

木通科

木通

学名 *Akebia quinata*(Houttuyn)Decaisne
别称 山通草、野木瓜、通草。
科属 木通科木通属。
形态特征 落叶木质藤本,茎纤细,圆柱形,缠绕,茎皮灰褐色,有圆形、小而凸起的皮孔。芽鳞片覆瓦状排列,淡红褐色。掌状复叶互生或在短枝上的簇生,通常有小叶5片,偶有3～4片或6～7片。叶柄纤细,长4.5～10 cm。小叶纸质,倒卵形或倒卵状椭圆形,长2～5 cm,宽1.5～2.5 cm,先端圆或凹入,具小凸尖,基部圆或阔楔形,上面深绿色,下面青白色。中脉在上面凹入,下面凸起,侧脉每边5～7条,与网脉均在两面凸起。小叶柄纤细,长8～10 mm,中间1枚长可达18 mm。

伞房花序式的总状花序腋生,长6～12 cm,疏花,基部有雌花1～2朵,以上4～10朵为雄花。总花梗长2～5 cm,着生于缩短的侧枝上,基部为芽鳞片所包托。花略芳香。雄花:花梗纤细,长7～10 mm。萼片通常4片,淡紫色,偶有淡绿色或白色,兜状阔卵形,顶端圆形,长6～8 mm,宽4～6 mm。雄蕊离生,初时直立,后内弯,花丝极短,花药长圆形,钝头。退化心皮3～6枚,小。雌花:花梗细长,长2～4 cm。萼片暗紫色,偶有绿色或白色,阔椭圆形至近圆形,长1～2 cm。心皮离生,圆柱形,柱头盾状,顶生。退化雄蕊6～9枚。果孪生或单生,长圆形或椭圆形,长5～8 cm,直径3～4 cm,成熟时紫色,腹缝开裂。种子多数,卵状长圆形,略扁平,不规则地多行排列,着生于白色、多汁的果肉中,种皮褐色或黑色,有光泽。花期4～5月,果期6～8月。

生长环境 生长于低海拔山坡林下草丛中,阴性植物,喜阴湿,较耐寒。在微酸、多腐殖质的黄壤上生长良好,也适应中性土壤。茎蔓常匍地生长。

药用价值 入药部位:干燥藤茎。除去杂质,用水浸泡,泡透后捞出,切片干燥。性味:味苦,性寒。药用功效:利尿通淋,清心除烦,通经下乳。药用主治:淋证,水肿,心烦尿赤,口舌生疮,经闭乳少,湿热痹痛。

多叶木通

学名 *Akebia ruinata* var. polyphylla
科属 木通科木通属。
形态特征 落叶藤本植物,老枝红褐色,密生小皮孔。掌状复叶,小叶7片,椭圆形或椭圆状倒卵形,全缘,长4.5～6 cm,宽2.5～2.8 cm,顶端凹,有突尖,基部圆形,叶背面带白色,总叶柄长 5~7 cm,小叶柄长 10~15 mm。5 月开花,花深紫色,有香气。果实长 6~7 cm,熟时紫红色,带白粉。

生长环境 生长于海拔 490~1 000 m 的山坡灌丛或沟谷林中。

药用价值 入药部位:茎藤、树皮和果实。药用功效:泻火,利尿,下乳,通淋。药用主治:茎藤主治孕妇浮肿和肾脏病。果实泡酒或煎服,可治腰痛。树皮能通乳。

三叶木通

学名 *Akebia trifoliata*(Thunb.)Koidz.

别称 八月瓜藤、三叶拿藤、八月楂。

科属 木通科木通属。

形态特征 落叶木质藤本,茎皮灰褐色,有稀疏的皮孔及小疣点。掌状复叶互生或在短枝上的簇生。叶柄直,长 7~11 cm。小叶 3 片,纸质或薄革质,卵形至阔卵形,长 4~7.5 cm,宽 2~6 cm,先端通常钝或略凹入,具小凸尖,基部截平或圆形,边缘具波状齿或浅裂,上面深绿色,下面浅绿色。侧脉每边 5~6 条,与网脉同在两面略突起。中央小叶柄长 2~4 cm,侧生小叶柄长 6~12 mm。

总状花序自短枝上簇生叶中抽出,下部有 1~2 朵雌花,以上有 15~30 朵雄花,长 6~16 cm。总花梗纤细,长约 5 cm。雄花:花梗丝状,长 2~5 mm。萼片淡紫色,阔椭圆形或椭圆形。雄蕊 6 枚,离生,排列为杯状,花丝极短,药室在开花时内弯。退化心皮,长圆状锥形。雌花:花梗稍较雄花的粗,长 1.5~3 cm。萼片紫褐色,近圆形,长 10~12 mm,先端圆而略凹入,开花时广展反折。退化雄蕊 6 枚或更多,小,长圆形,无花丝。心皮离生,圆柱形,柱头头状,具乳凸,橙黄色。果长圆形,长 6~8 cm,直径 2~4 cm,直或稍弯,成熟时灰白略带淡紫色。种子极多数,扁卵形,种皮红褐色或黑褐色,稍有光泽。花期 4~5 月,果期 7~8 月。

生长环境 生长于海拔 250~2 000 m 的山地沟谷边疏林或丘陵灌丛中。喜阴湿,耐寒,在微酸、多腐殖质的黄壤土上生长良好,也能适应中性土壤。

药用价值 入药部位:果、根、茎、种子。根茎中富含齐墩果酸、皂甙等药用物质。茎藤有解毒利尿、行水泻火、舒经活络及安胎之效。果实能疏肝健脾、和胃顺气、生津止渴,并有抗癌功效。根能补虚、止痛、止咳、调经。

白木通

学名 *Akebia trifoliata*(Thunb.)Koidz. subsp. *australis*(Diels)T. Shimizu

别称 八月瓜藤、地海参。

科属 木通科木通属。

形态特征 落叶木质藤本,小叶革质,卵状长圆形或卵形,长 4~7 cm,宽 1.5~3 cm,先端狭圆,顶微凹入而具小凸尖,基部圆、阔楔形、截平或心形,边通常全缘。有时略具少数不规则的浅缺刻。

总状花序长 7~9 cm,腋生或生于短枝上。雄花:萼片紫色。雄蕊离生,红色或紫红色,干后褐色或淡褐色。雌花:直径 2 cm。萼片长 9~12 mm,宽 7~10 mm,暗紫色。心皮紫色。

果长圆形,长6~8 cm,直径3~5 cm,熟时黄褐色。种子卵形,黑褐色。花期4~5月,果期6~9月。

生长环境 生长于海拔300~2 100 m的山坡灌丛或沟谷疏林中。耐水湿,阴性植物,喜阴湿,较耐寒。在微酸、多腐殖质的黄壤上生长良好,茎蔓常匍地生长。

药用价值 入药部位:根、藤茎、叶、种子、果实。根9月采收,截取茎部,刮去外皮,阴干。用水稍浸泡,闷润至透,切片晾干。性味:味苦,性凉。药用功效:泻火行水,通利血脉。药用主治:小便赤涩,淋浊,水肿,胸中烦热,喉痹咽痛,遍身拘痛,妇女经闭,乳汁不通。

鹰爪枫

学名 *Holboellia coriacea* Diels.

别称 大叶青藤、山爪藤。

科属 木通科八月瓜属。

形态特征 常绿木质藤本,茎皮褐色,掌状复叶有小叶3片。叶柄长3.5~10 cm。小叶厚革质,椭圆形或卵状椭圆形,较少为披针形或长圆形,顶小叶有时倒卵形,长6~10 cm,宽4~5 cm,先端渐尖或微凹而有小尖头,基部圆或楔形,边缘略背卷,上面深绿色,有光泽,下面粉绿色。中脉在上面凹入,下面凸起,基部三出脉,侧脉每边4条,与网脉在嫩叶时两面凸起,叶成长时脉在上面稍下陷或两面不明显。小叶柄长5~30 mm。

花雌雄同株,白绿色或紫色,组成短的伞房式总状花序。总花梗短或近于无梗,数至多个簇生于叶腋。雄花:花梗长约2 cm。萼片长圆形,长约1 cm,宽约4 mm。顶端钝,内轮的较狭。花瓣极小,近圆形,直径不及1 mm。雄蕊长6~7.5 mm,药隔突出于药室之上成极短的凸头,退化心皮锥尖,长约1.5 mm。雌花:花梗稍粗,长3.5~5 cm。萼片紫色,与雄花的近似但稍大,外轮的长约12 mm。退化雄蕊极小,无花丝。心皮卵状棒形,长约9 mm。果长圆状柱形,长5~6 cm。直径约3 cm,熟时紫色,干后黑色,外面密布小疣点。种子椭圆形,略扁平,长约8 mm,宽5~6 mm,种皮黑色,有光泽。花期4~5月,果期6~8月。

生长环境 生长于湿润的灌木丛中、路边、溪谷两旁及林缘。

药用价值 入药部位:根。全年均可采挖,除去须根,洗净泥土,切段晒干。性味:味微苦,性寒。药用功效:祛风除湿,活血通络。药用主治:风湿痹痛,跌打损伤。

大血藤

学名 *Sargentodoxa cuneata*(Oliv.)Rehd. et Wils.

别称 红藤、血藤、红皮藤。

科属 木通科大血藤属。

形态特征 落叶木质藤本,长达10 m。藤径粗达9 cm,全株无毛。当年生枝条暗红色,老树皮有时纵裂。三出复叶或兼具单叶,稀全部为单叶。叶柄长3~12 cm。小叶革质,顶生小叶近棱状倒卵圆形,长4~12.5 cm,宽3~9 cm,先端急尖,基部渐狭成6~15 mm的短柄,全缘,侧生小叶斜卵形,先端急尖,基部内面楔形,外面截形或圆形,上面绿色,下面淡绿色,干时常变为红褐色,比顶生小叶略大,无小叶柄。

总状花序长 6~12 cm,雄花与雌花同序或异序,同序时,雄花生于基部。花梗细,长 2~5 cm。苞片长卵形,膜质,先端渐尖。萼片花瓣状,长圆形,长 0.5~1 cm,顶端钝。花瓣小,圆形,蜜腺性。雄蕊花丝仅为花药一半或更短,药隔先端略突出。退化雄蕊,先端较突出,不开裂。雌蕊多数,螺旋状生于卵状突起的花托上,子房瓶形,花柱线形,柱头斜。退化雌蕊线形。浆果近球形,直径约 1 cm,成熟时黑蓝色,小果柄长 0.6~1.2 cm。种子卵球形,基部截形。种皮黑色、光亮、平滑。种脐显著。花期 4~5 月,果期 6~9 月。

生长环境 常见于山坡灌丛、疏林和林缘。

药用价值 入药部位:干燥藤茎。秋、冬季采收,除去侧枝,截段干燥。除去杂质,洗净润透,切厚片干燥。性味:味苦,性平。药用功效:清热解毒,活血,祛风止痛。药用主治:肠痈腹痛,热毒疮疡,经闭,痛经,跌打肿痛,风湿痹痛。

串果藤

学名 *Sinofranchetia chinensis*(Franch.)Hemsl.

别称 串藤、鹰串果藤。

科属 木通科串果藤属。

形态特征 落叶木质藤本,全株无毛。幼枝被白粉。冬芽大,有覆瓦状排列的鳞片数至多枚。叶具羽状 3 小叶,通常密集与花序同自芽鳞片中抽出。叶柄长 10~20 cm。托叶小,早落。小叶纸质,顶生小叶菱状倒卵形,长 9~15 cm,宽 7~12 cm,先端渐尖,基部楔形,侧生小叶较小,基部略偏斜,上面暗绿色,下面苍白灰绿色。侧脉每边 6~7 条。小叶柄顶生的长 1~3 cm,侧生的极短。

总状花序长而纤细,下垂,长 15~30 cm,基部为芽鳞片所包托。花稍密集着生于花序总轴上。花梗长 2~3 mm。雄花:萼片 6 枚,绿白色,有紫色条纹,倒卵形。蜜腺状花瓣肉质,近倒心形。雄蕊花丝肉质,离生,花药略短于花丝,药隔不突出。退化心皮小。雌花:萼片与雄花的相似,长约 2.5 mm。花瓣很小。退化雄蕊与雄蕊形状相似但较小。心皮椭圆形或倒卵状长圆形,比花瓣长,无花柱,柱头不明显,胚珠多数。成熟心皮浆果状,椭圆形,淡紫蓝色,长约 2 cm,直径 1.5 cm,种子多数,卵圆形,压扁,种皮灰黑色。花期 5~6 月,果期 9~10 月。

生长环境 生长于海拔 900~2 500 m 的山沟密林、林缘或灌丛中。

药用价值 入药部位:串果藤的藤茎。性味:味苦,性寒。药用功效:利水通淋,通经下乳。药用主治:膀胱湿热、小便短赤、淋沥涩痛,或心火上炎、口舌生疮、心烦尿赤。

小檗科

秦岭小檗

学名 *Berberis circumserrata*(Schneid.)Schneid.

科属　小檗科小檗属。

形态特征　落叶灌木,高可达 1 m。老枝黄色或黄褐色,具稀疏黑色疣点,具条棱,节间 1.5～4 cm。茎刺三分叉,长 1.5～3 cm。叶薄纸质,倒卵状长圆形或倒卵形,偶有近圆形,长 1.5～3.5 cm,宽 5～25 mm,先端圆形,基部渐狭,具短柄,边缘密生 15～40 整齐刺齿。上面暗绿色,背面灰白色,被白粉,两面网脉明显突起。

花黄色,2～5 朵簇生。花梗长 1.5～3 cm,无毛。萼片 2 轮,外萼片长圆状椭圆形,长 7～8 mm,内萼片倒卵状长圆形,长 9～10 mm,宽 6～7 mm。花瓣倒卵形,长 7～7.5 mm,先端全缘,基部略呈爪,具 2 枚分离腺体。雄蕊药隔先端圆钝或平截。胚珠通常 6～7 枚。浆果椭圆形或长圆形,红色,长 1.3～1.5 cm,具宿存花柱,不被白粉。花期 5 月,果期 7～9 月。

生长环境　中国特有植物,生长于海拔 1 450～3 300 m 的山坡、林缘、灌丛中、沟边。

药用价值　根皮含小檗碱,为苦味健胃剂,也有解毒、抗菌、消炎功效。

首阳小檗

学名　*Berberis dielsiana* Fedde

别称　黄檗刺。

科属　小檗科小檗属。

形态特征　落叶灌木,高 1～3 m。老枝灰褐色,具棱槽,疏生疣点,幼枝紫红色。茎刺单一,圆柱形,长 3～15 mm,幼枝刺长达 2.5 cm。叶薄纸质,椭圆形或椭圆状披针形,长 4～9 cm,宽 1～2 cm,先端渐尖或急尖,基部渐狭,上面暗绿色,中脉扁平,侧脉不显,背面初时灰色,微被白粉,后呈绿色,中脉微隆起,侧脉微显,两面无网脉,无毛,叶缘平展,每边具 8～20 刺齿,幼枝叶全缘。叶柄长约 1 cm。

总状花序,具 6～20 朵花,长 5～6 cm,包括总梗长 4～15 mm,偶有簇生花 1 至数朵,无毛。花梗长 3～5 mm,无毛。花黄色。小苞片披针形,红色,长 2～2.5 mm。萼片 2 轮,外萼片长圆状卵形,先端急尖,内萼片倒卵形,长 4～4.5 mm。花瓣椭圆形,长 5～5.5 mm,先端缺裂,基部具分离腺体。雄蕊药隔不延伸,先端平截。胚珠 2 枚。浆果长圆形,红色,长 8～9 mm,直径 4～5 mm,顶端不具宿存花柱,不被白粉。花期 4～5 月,果期 8～9 月。

生长环境　中国特有植物,生长于海拔 600～2 300 m 的山坡、山谷灌丛中、山沟溪旁或林中。

药用价值　入药部位:根。药用功效:清热,退火,抗菌。

川鄂小檗

学名　*Berberis henryana* Schneid.

科属　小檗科小檗属。

形态特征　落叶灌木,高 2～3 m。老枝灰黄色或暗褐色,幼枝红色,近圆柱形,具不明显条棱。茎刺单生或三分叉,与枝同色,长 1～3 cm,有时缺如。叶坚纸质,椭圆形或倒卵状椭圆形,长 1.5～3 cm,偶长达 6 cm,宽 8～18 mm,偶宽达 3 cm,先端圆钝,基部楔形,上面暗绿色,中脉微凹陷,侧脉和网脉微显,背面灰绿色,常微被白粉,中脉隆起,侧脉和网脉显著,两面无毛,叶缘平展,每边具 10 ~ 20 不明显的细刺齿。叶柄长 4 ~ 15 mm。

总状花序,具 10 ~ 20 朵花,长 2 ~ 6 cm,包括总梗长 1 ~ 2 cm。花梗长 5 ~ 10 mm,无毛。花黄色。小苞片披针形,先端渐尖。萼片 2 轮,外萼片长圆状倒卵形,长 2.5 ~ 3.5 mm,内萼片倒卵形,长 5 ~ 6 mm。花瓣长圆状倒卵形,长 5 ~ 6 mm,宽 4 ~ 5 mm,先端锐裂,基部具分离腺体。雄蕊长 3.5 ~ 4.5 mm,药隔不延伸,先端平截。胚珠 2 枚。浆果椭圆形,长 9 mm,红色,顶端具短宿存花柱,不被白粉。花期 5 ~ 6 月,果期 7 ~ 9 月。

生长环境 中国特有植物,生长于海拔 1 000 ~ 2 500 m 的山坡灌丛中、林缘、林下或草地。

药用价值 入药部位:根皮。药用功效:清热泻火,解毒。药用主治:喉痛,目赤红肿。

细叶小檗

学名 *Berberis poiretii* Schneid.

别称 三颗针、针雀、酸狗奶子。

科属 小檗科小檗属。

形态特征 落叶灌木,高 1 ~ 2 m。老枝灰黄色,幼枝紫褐色,生黑色疣点,具条棱。茎刺缺如或单一,有时 3 分叉,长 4 ~ 9 mm。叶纸质,倒披针形至狭倒披针形,偶披针状匙形,长 1.5 ~ 4 cm,宽 5 ~ 10 mm,先端渐尖或急尖,具小尖头,基部渐狭,上面深绿色,中脉凹陷,背面淡绿色或灰绿色,中脉隆起,侧脉和网脉明显,两面无毛,叶缘平展,全缘,偶中上部边缘具数枚细小刺齿。近无柄。

穗状总状花序,具 8 ~ 15 朵花,长 3 ~ 6 cm,包括总梗长 1 ~ 2 cm,常下垂。花梗长 3 ~ 6 mm,无毛。花黄色。苞片条形,长 2 ~ 3 mm。小苞片披针形。萼片 2 轮,外萼片椭圆形或长圆状卵形,内萼片长圆状椭圆形。花瓣倒卵形或椭圆形,先端锐裂,基部微部缩,略呈爪,具分离腺体。雄蕊药隔先端不延伸,平截。胚珠通常单生,有时 2 枚。浆果长圆形,红色,长约 9 mm,顶端无宿存花柱,不被白粉。花期 5 ~ 6 月,果期 7 ~ 9 月。

生长环境 生长于海拔 600 ~ 2 300 m 的山地灌丛、砾质地、草原化荒漠、河岸或林下。

药用价值 入药部位:根、根皮。性味:味苦,性寒。药用功效:清热解毒,健胃。药用主治:吐泻,消化不良,痢疾,咳嗽,胆囊炎,目赤,口疮,无名肿毒,湿疹,烧、烫伤,高血压症。

日本小檗

学名 *Berberis thunbergii* DC.

别称 刺檗、红叶小檗、目木。

科属 小檗科小檗属。

形态特征 落叶灌木,高约 1 m,多分枝。枝条开展,具细条棱,幼枝淡红带绿色,无毛,老枝暗红色。茎刺单一,偶 3 分叉,长 5 ~ 15 mm。节间长 1 ~ 1.5 cm。叶薄纸质,倒卵形、匙形或菱状卵形,长 1 ~ 2 cm,宽 5 ~ 12 mm,先端骤尖或钝圆,基部狭而呈楔形,全缘,上面绿色,背面灰绿色,中脉微隆起,两面网脉不显,无毛。叶柄长 2 ~ 8 mm。

花 2 ~ 5 朵组成具总梗的伞形花序。花梗长 5 ~ 10 mm,无毛。花黄色,花瓣长圆状倒卵形,长 5.5 ~ 6 mm,宽 3 ~ 4 mm,先端微凹,基部略呈爪状,具 2 枚近靠的腺体。雄蕊长 3 ~ 3.5 mm,药隔不延伸,顶端平截。子房含胚珠 1 ~ 2 枚,无珠柄。浆果椭圆形,长约 8 mm,直径约 4 mm,亮鲜红色,无宿存花柱。种子 1 ~ 2 枚,棕褐色。花期 4 ~ 6 月,果期 7 ~ 10 月。

生长环境 生长于海拔 1 000 m 左右的林缘或疏林空地,常栽培于庭园中或路旁作绿化或绿篱用。喜阳,耐半阴。耐旱,不耐水涝,初植幼苗根部不宜过湿。

药用价值 入药部位:根、茎、叶。药用功效:清热燥湿,泻火解毒,民间用其枝叶煎水洗治眼病,内服可治结膜炎。根皮作苦味健胃药。根和茎内含小檗碱,可供提取黄连素的原料。药用主治:眼疾。

南天竹

学名 *Nandina domestica* Thunb.
别称 南天竺、红杷子、天烛子。
科属 小檗科南天竹属。
形态特征 常绿小灌木。茎常丛生而少分枝,高 1 ~ 3 m,光滑无毛,幼枝常为红色,老后呈灰色。叶互生,集生于茎的上部,三回羽状复叶,长 30 ~ 50 cm。二至三回羽片对生。小叶薄革质,椭圆形或椭圆状披针形,长 2 ~ 10 cm,宽 0.5 ~ 2 cm,顶端渐尖,基部楔形,全缘,上面深绿色,冬季变红色,背面叶脉隆起,两面无毛。近无柄。

圆锥花序直立,长 20 ~ 35 cm。花小,白色,具芳香,直径 6 ~ 7 mm。萼片多轮,外轮萼片卵状三角形,向内各轮渐大,最内轮萼片卵状长圆形,长 2 ~ 4 mm。花瓣长圆形,长约 4.2 mm,先端圆钝。雄蕊 6 枚,花丝短,花药纵裂。子房 1 室,具 1 ~ 3 枚胚珠。果柄长 4 ~ 8 mm。浆果球形,直径 5 ~ 8 mm,熟时鲜红色,稀橙红色。种子扁圆形。花期 3 ~ 6 月,果期 5 ~ 11 月。

生长环境 喜温暖及湿润的环境,耐阴、耐寒,易养护。喜肥,可多施磷、钾肥。盆栽植株观赏几年后,枝叶老化脱落,可整形修剪,一般主茎留 15 cm 左右,4 月修剪,秋后可恢复高度,且树冠丰满。野生于疏林及灌木丛中,也多栽于庭园,强光下叶色变红。适宜在湿润、肥沃、排水良好的沙壤土上生长。

药用价值 入药部位:根、茎及果。根、茎全年可采,切片晒干。秋冬摘果晒干。栽培品于栽后 2 ~ 3 年可以采果;3 ~ 4 年后挖根。根茎性味:味苦,性寒。药用功效:根茎清热除湿,通经活络。药用主治:根茎用于感冒发热,眼结膜炎,肺热咳嗽,湿热黄疸,急性胃肠炎,尿路感染,跌打损伤。果性味:味苦,性平。药用功效:止咳平喘。药用主治:咳嗽,哮喘,百日咳。

十大功劳

学名 *Mahonia fortunei* (Lindl.) Fedde
别称 老鼠刺、猫刺叶、黄天竹。
科属 小檗科十大功劳属。
形态特征 灌木,高 0.5 ~ 2 m。叶倒卵形至倒卵状披针形,长 10 ~ 28 cm,宽 8 ~ 18 cm,

具2~5对小叶,最下一对小叶外形与往上小叶相似,距叶柄基部2~9 cm,上面暗绿至深绿色,叶脉不显,背面淡黄色,偶稍苍白色,叶脉隆起,叶轴粗,节间1.5~4 cm,往上渐短。小叶无柄或近无柄,狭披针形至狭椭圆形,长4.5~14 cm,宽0.9~2.5 cm,基部楔形,边缘每边具5~10刺齿,先端急尖或渐尖。

总状花序4~10个簇生,长3~7 cm。芽鳞披针形至三角状卵形,长5~10 mm,宽3~5 mm。花梗长2~2.5 mm。苞片卵形,急尖。花黄色。外萼片卵形或三角状卵形,中萼片长圆状椭圆形,长3.8~5 mm,宽2~3 mm,内萼片长圆状椭圆形,长4~5.5 mm,宽2.1~2.5 mm。花瓣长圆形,长3.5~4 mm,基部腺体明显,先端微缺裂,裂片急尖。雄蕊药隔不延伸,顶端平截。子房无花柱,胚珠2枚。浆果球形,紫黑色,被白粉。花期7~9月,果期9~11月。

生长环境 生长于海拔350~2 000 m的山坡沟谷林中、灌丛中、路边或河边。对土壤要求不严,适宜在疏松肥沃、排水良好的沙质壤土上生长,具有较强的分蘖和侧芽萌发能力。暖温带植物,具有较强的抗寒能力,不耐暑热。喜温暖湿润的气候,性强健,耐阴,忌烈日暴晒,有一定的耐寒性,也比较抗干旱。喜排水良好的酸性腐殖土,极不耐碱,怕水涝。

药用价值 药用功效:清热补虚,止咳化痰。药用主治:肺痨咯血,骨蒸潮热,头晕耳鸣,腰酸腿软,心烦,目赤。

防己科

千金藤

学名 *Stephania japonica*(Thunb.)Miers.

别称 小青藤、金钱钓乌龟、粉防己、公老鼠藤。

科属 防己科千金藤属。

形态特征 多年生落叶藤本,长可达5 m。全株无毛。根圆柱状,外皮暗褐色,内面黄白色。老茎木质化,小枝纤细,有直条纹。叶互生。叶柄长5~10 cm,盾状着生。叶片阔卵形或卵圆形,长4~8 cm,宽3~7 cm,先端钝或微缺,基部近圆形或近平截,全缘,上面绿色,有光泽,下面粉白色,两面无毛,掌状脉7~9条。

花小,单性,雌雄异株。雄株为复伞形聚伞花序,总花序梗通常短于叶柄,小聚伞花序近无梗,团集于假伞梗的末端,假伞梗挺直。雄花:萼片排成2轮,卵形或倒卵形。花瓣3。雄蕊6,花丝合生成柱状。雌株也为复伞形聚伞花序,总花序梗通常短于叶柄,小聚伞花序和花均近无梗,紧密团集于假伞梗的端部。雌花:萼片3。花瓣3。子房卵形,花柱深裂,外弯。核果近球形,红色,直径约6 mm,内果皮背部高耸的小横肋状雕纹,每行通常10颗,胎座迹通常不穿孔。花期6~7月,果期8~9月。

生长环境 生长于山坡路边、沟边、草丛或山地丘陵地灌木丛中。

药用价值 入药部位:根、茎叶。7~8月采收茎叶晒干。9~10月挖根,洗净晒干。性味:味苦、辛,性寒。药用功效:清热解毒,祛风止痛,利水消肿。药用主治:咽喉肿痛,痈肿疮疖,毒蛇咬伤,风湿痹痛,胃痛,脚气水肿。

白药子

学名 *Stephaniace pharantha* Hayata.

别称 白药、白药根、山乌龟。

科属 防己科千金藤属。

形态特征 多年生落叶藤本,块根肥厚,椭圆形或呈不规则块状,长3~10 cm,直径2~9 cm。老茎基部稍木质化,有细沟纹,略带紫色。叶互生。叶柄长4~10 cm,盾状着生。叶片圆三角形,或扁圆形,长5~9 cm,宽与长近相等或宽大于长。先端钝圆,常具小突尖,基部微凹或平截,全缘或微呈波状,上面绿色,下面粉白色,两面无毛,掌状脉5~9条,纸质。

花小,单性,雌雄异株。雄株为复头状聚伞花序,腋生,总花序梗长1~2 cm,花序梗顶端有盘状花托,约有20朵花。雄花:萼片6枚,排成2轮。花瓣淡绿色,内面有2个大腺体。雄蕊6枚,花丝合生呈柱状,花药环生呈圆盘状。雌株为单头状聚伞花序,腋生,总花梗较短,顶端有盘状花托。雌花:花被左右对称。花萼生于花的一侧。花瓣2。子房球形。核果紫红色,球形,果梗短,肉质,内果皮直径4~5 mm,背部有4行小横肋状雕纹,每行有17~20颗,胎座迹不穿孔。花期6~7月,果期8~9月。

生长环境 生长于肥沃湿润的草丛、山坡路旁阴处或灌木林中,亦生长于石灰质石山上。

药用价值 入药部位:块根。全年或秋末冬初采挖,除去须根、泥土,洗净切片晒干。性味:味苦、辛,性凉。药用功效:清热解毒,祛风止痛,凉血止血。药用主治:咽喉肿痛,热毒痈肿,风湿痹痛,腹痛。

木防己

学名 *Cocculus orbiculatus*(L.)DC.

别称 土木香、牛木香、金锁匙。

科属 防己科木防己属。

形态特征 木质藤本。小枝被茸毛至疏柔毛,或有时近无毛,有条纹。叶片纸质至近革质,形状变异极大,自线状披针形至阔卵状近圆形、狭椭圆形至近圆形、倒披针形至倒心形,有时卵状心形,顶端短尖或钝而有小凸尖,有时微缺或2裂,边全缘或3裂,有时掌状5裂,长通常3~8 cm,很少超过10 cm,宽不等,两面被密柔毛至疏柔毛,有时除下面中脉外两面近无毛。掌状脉3条,在下面微凸起。叶柄长1~3 cm,很少超过5 cm,被稍密的白色柔毛。

聚伞花序少花,腋生,或排成多花,狭窄聚伞圆锥花序,顶生或腋生,长可达10 cm,被柔毛。雄花:小苞片紧贴花萼,被柔毛。萼片6枚,外轮卵形或椭圆状卵形,内轮阔椭圆形至近圆形,有时阔倒卵形,长2.5 mm。花瓣6枚,下部边缘内折,抱着花丝,顶端2裂,裂片叉开,渐尖或短尖。雄蕊6枚,比花瓣短。雌花:萼片和花瓣与雄花相同。退化雄蕊6枚,微小。心皮无毛。核果近球形,红色至紫红色。果核骨质,径5~6 mm,背部有小横肋状雕纹。

生长环境 生长于灌丛、村边、林缘处。

药用价值 入药部位:根。春、秋两季采挖,以秋季采收质量较好,挖取根部,除去茎、叶、芦头,洗净晒干。除去杂质,水浸洗净润透,切厚片晒干。性味:味苦、辛,性寒。药用功效:祛风除湿,通经活络,解毒消肿。药用主治:风湿痹痛,水肿,小便淋痛,闭经,跌打损伤,咽喉肿痛,疮疡肿毒,湿疹,毒蛇咬伤。

连香树科

连香树

学名 *Cercidiphyllu m japonicu m* Sieb. et Zucc.

别称 五君树、山白果。

科属 连香树科连香树属。

形态特征 落叶大乔木,高 10 ~ 20 m,少数达 40 m。树皮灰色或棕灰色。小枝无毛,短枝在长枝上对生。芽鳞片褐色。叶:生短枝上的近圆形、宽卵形或心形,生长枝上的椭圆形或三角形,长 4 ~ 7 cm,宽 3.5 ~ 6 cm,先端圆钝或急尖,基部心形或截形,边缘有圆钝锯齿,先端具腺体,两面无毛,下面灰绿色带粉霜,掌状脉 7 条直达边缘。叶柄长 1 ~ 2.5 cm,无毛。

雄花常 4 朵丛生,近无梗。苞片在花期红色,膜质,卵形。花丝长 4 ~ 6 mm,花药长 3 ~ 4 mm。雌花 2 ~ 6 朵,丛生。花柱长 1 ~ 1.5 cm,上端为柱头面。蓇葖果 2 ~ 4 个,荚果状,长 10 ~ 18 mm,褐色或黑色,微弯曲,先端渐细,有宿存花柱。果梗长 4 ~ 7 mm。种子数个,扁平四角形,长 2 ~ 2.5 mm,褐色,先端有透明翅,长 3 ~ 4 mm。花期 4 月,果期 8 月。

生长环境 生在海拔 650 ~ 2 700 m 的山谷边缘或林中开阔地的杂木林中,适生条件为年平均气温 10 ~ 20 ℃,年降水量 500 ~ 2 000 mm,土壤为棕壤和红黄壤,pH 值 5.4 ~ 6.1。耐阴性较强,幼树须长在林下弱光处,成年树要有一定的光照条件。深根性、抗风、耐湿,生长缓慢,结实稀少,萌蘖性强。

药用价值 入药部位:果实。性味:味苦,性平。药用主治:惊风,抽搐,肢冷。

木兰科

鹅掌楸

学名 *Liriodendron chinensis*(Hemsl.)Sarg.

别称 马褂木、双飘树。

科属 木兰科鹅掌楸属。

形态特征 落叶大乔木,高可达 40 m,胸径 1 m 以上,小枝灰色或灰褐色。叶马褂状,长 4 ~ 12 cm,近基部每边具 1 侧裂片,先端具浅裂,下面苍白色,叶柄长 4 ~ 8 cm。

花杯状,花被片 9,外轮绿色,萼片状,向外弯垂,内两轮 6 片、直立,花瓣状、倒卵形,长 3 ~ 4 cm,绿色,具黄色纵条纹,花药长 10 ~ 16 mm,花丝长 5 ~ 6 mm,花期时雌蕊群超出花被之上,心皮黄绿色。聚合果长 7 ~ 9 cm,具翅的小坚果长约 6 mm,顶端钝或钝尖,具种子 1 ~ 2 颗。花期 5 月,果期 9 ~ 10 月。

生长环境 中国特有的珍稀植物,生长于海拔 900 ~ 1 000 m 的山地林中或林缘,呈星散分布,也有组成小片纯林。喜光及温和湿润气候,有一定的耐寒性,喜深厚肥沃、适湿而排水良好的酸性或微酸性土壤,在干旱土地上生长不良,忌低湿水涝。

药用价值 入药部位:根和树皮。夏、秋采树皮切丝,秋采根,切片晒干。性味:味辛,性温。药用功效:祛风除湿,止咳,强筋骨。药用主治:风湿关节痛,肌肉痿软,风寒咳嗽。

厚朴

学名 *Magnolia officinalis* Rehd. et Wils.

别称 川朴、紫油厚朴。

科属 木兰科木兰属。

形态特征 落叶乔木,高可达 20 m。树皮厚,褐色,不开裂。小枝粗壮,淡黄色或灰黄色,幼时有绢毛。顶芽大,狭卵状圆锥形,无毛。叶大,近革质,7 ~ 9 片聚生于枝端,长圆状倒卵形,长 22 ~ 45 cm,宽 10 ~ 24 cm,先端具短急尖或圆钝,基部楔形,全缘而微波状,上面绿色无毛,下面灰绿色,被灰色柔毛,有白粉。叶柄粗壮,长 2.5 ~ 4 cm,托叶痕长为叶柄的 2/3。

花白色,径 10 ~ 15 cm,芳香。花梗粗短,被长柔毛,离花被片下 1 cm 处具苞片脱落痕,花被片 9 ~ 12 片,厚肉质,外轮 3 片淡绿色,长圆状倒卵形,长 8 ~ 10 cm,宽 4 ~ 5 cm,盛开时常向外反卷,内两轮白色,倒卵状匙形,长 8 ~ 8.5 cm,宽 3 ~ 4.5 cm,基部具爪,最内轮 7 ~ 8.5 cm,花盛开时中内轮直立。雄蕊约 72 枚,长 2 ~ 3 cm,花药长 1.2 ~ 1.5 cm,内向开裂,花丝长 4 ~ 12 mm,红色。雌蕊群椭圆状卵圆形,长 2.5 ~ 3 cm。聚合果长圆状卵圆形,长 9 ~ 15 cm。蓇葖具长 3 ~ 4 mm 的喙。种子三角状倒卵形,长约 1 cm。花期 5 ~ 6 月,果期 8 ~ 10 月。

生长环境 喜光树种,生长于海拔 300 ~ 1 500 m 的山地林间,幼龄期需荫蔽。喜凉爽、湿润、多云雾、相对湿度大的气候环境。在土层深厚、肥沃、疏松、腐殖质丰富、排水良好的微酸性或中性土壤上生长较好。常混生于落叶阔叶林内,或生于常绿阔叶林缘。

药用价值 入药部位:干燥干皮、根皮及枝皮。刮去粗皮,洗净润透,切丝干燥。性味:味苦、辛,性温。药用功效:燥湿消痰,下气除满。药用主治:湿滞伤中,脘痞吐泻,食积气滞,腹胀便秘,痰饮喘咳。

凹叶厚朴

学名 *Magnolia officinalis* subsp. biloba (Rehd. et Wils.) Cheng et Law

科属 木兰科木兰属。

形态特征 落叶乔木,高可达 20 m。树皮厚,褐色,不开裂。小枝粗壮,淡黄色或灰黄色,幼时有绢毛。顶芽大,狭卵状圆锥形,无毛。叶大,近革质,7~9 片聚生于枝端,长圆状倒卵形,长 22~45 cm,宽 10~24 cm,先端凹缺,成 2 钝圆的浅裂片,基部楔形,全缘而微波状,上面绿色,无毛,下面灰绿色,被灰色柔毛,有白粉。叶柄粗壮,长 2.5~4 cm,托叶痕长为叶柄的 2/3。

花白色,径 10~15 cm,芳香。花梗粗短,被长柔毛,离花被片下 1 cm 处具包片脱落痕,花被片 9~12 片,厚肉质,外轮 3 片淡绿色,长圆状倒卵形,长 8~10 cm,宽 4~5 cm,盛开时常向外反卷,内两轮白色,倒卵状匙形,长 8~8.5 cm,宽 3~4.5 cm,基部具爪,最内轮 7~8.5 cm,花盛开时中内轮直立。雄蕊约 72 枚,长 2~3 cm,花药长 1.2~1.5 cm,内向开裂,花丝长 4~12 mm,红色。雌蕊群椭圆状卵圆形,长 2.5~3 cm。聚合果长圆状卵圆形,长 9~15 cm。蓇葖具长 3~4 mm 的喙。种子三角状倒卵形,长约 1 cm。通常叶较小而狭窄,侧脉较少,呈狭倒卵形,聚合果顶端较狭尖。叶先端凹缺成 2 钝圆浅裂是与厚朴唯一明显的区别特征。花大单朵顶生,直径 10~15 cm,白色芳香,与叶同时开放。花期 5~6 月,果期 8~10 月。

生长环境 生长于海拔 300~1 500 m 的林中,中性偏阴,喜凉爽湿润气候及肥沃、排水良好的酸性土壤,畏酷暑和干热。

药用价值 入药部位:树皮、根皮、花、种子及芽,以树皮为主。药用功效:化湿导滞,行气平喘,化食消痰,祛风镇痛。种子有明目益气功效。芽作妇科药用。

玉兰

学名 *Magnolia denudata* Desr.

别称 白玉兰、木兰、玉兰花。

科属 木兰科玉兰亚属。

形态特征 落叶乔木,高可达 25 m,胸径 1 m,枝广展形成宽阔的树冠。树皮深灰色,粗糙开裂。小枝稍粗壮,灰褐色。冬芽及花梗密被淡灰黄色长绢毛。叶纸质,倒卵形、宽倒卵形或倒卵状椭圆形,基部徒长枝叶椭圆形,长 10~15 cm,宽 6~10 cm,先端宽圆、平截或稍凹,具短突尖,中部以下渐狭成楔形,叶上深绿色,嫩时被柔毛,后仅中脉及侧脉留有柔毛,下面淡绿色,沿脉上被柔毛,侧脉每边 8~10 条,网脉明显。叶柄长 1~2.5 cm,被柔毛,上面具狭纵沟。托叶痕为叶柄长的 1/4~1/3。

花蕾卵圆形,花先叶开放,直立,芳香,直径 10~16 cm。花梗显著膨大,密被淡黄色长绢毛。花被片 9 片,白色,基部常带粉红色,近相似,长圆状倒卵形,长 6~8 cm,宽 2.5~4.5 cm。雄蕊长 7~12 mm,花药长 6~7 mm,侧向开裂。药隔宽约 5 mm,顶端伸出成短尖头。雌蕊群淡绿色,无毛,圆柱形,长 2~2.5 cm。雌蕊狭卵形,具长锥尖花柱。聚合果圆柱形,长 12~15 cm,直径 3.5~5 cm。蓇葖厚木质,褐色,具白色皮孔。种子心形,侧扁,外种皮红色,内种皮黑色。花期 2~3 月,果期 8~9 月。

生长环境 生长于海拔 500~1 000 m 的林中,喜光,较耐寒,可露地越冬。喜干燥,忌低湿,栽植地渍水易烂根。喜肥沃、排水良好而带微酸性的沙质土壤,在弱碱性的土壤上亦可生长,花对有害气体的抗性较强。

药用价值 入药部位:花。性味:味辛,性温。药用功效:祛风散寒通窍,宣肺通鼻。药用主治:头痛,血瘀型痛经,鼻塞,急慢性鼻窦炎,过敏性鼻炎。

紫玉兰

学名 *Magnolia liliflora* Desr.

别称 木兰、辛夷、木笔。

科属 木兰科木兰属。

形态特征 落叶灌木,高可达 3 m,常丛生,树皮灰褐色,小枝绿紫色或淡褐紫色。叶椭圆状倒卵形或倒卵形,长 8~18 cm,宽 3~10 cm,先端急尖或渐尖,基部渐狭沿叶柄下延至托叶痕,上面深绿色,幼嫩时疏生短柔毛,下面灰绿色,沿脉有短柔毛。侧脉每边 8~10 条,叶柄长 8~20 mm,托叶痕约为叶柄长之半。

花蕾卵圆形,被淡黄色绢毛。花叶同时开放,瓶形,直立于粗壮、被毛的花梗上,稍有香气。花被片 9~12 片,外轮 3 片萼片状,紫绿色,披针形长 2~3.5 cm,常早落,内两轮肉质,外面紫色或紫红色,内面带白色,花瓣状,椭圆状倒卵形,长 8~10 cm,宽 3~4.5 cm。雄蕊紫红色,长 8~10 mm,花药长约 7 mm,侧向开裂,药隔伸出成短尖头。雌蕊群长约 1.5 cm,淡紫色,无毛。聚合果深紫褐色,变褐色,圆柱形,长 7~10 cm。成熟蓇葖近圆球形,顶端具短喙。花期 3~4 月,果期 8~9 月。

生长环境 中国特有植物,生长于海拔 300~1 600 m 的山坡林缘。喜温暖湿润和阳光充足环境,较耐寒,但不耐旱和盐碱,怕水淹,适宜肥沃、排水好的沙壤土。

药用价值 入药部位:干燥花蕾。除去杂质,取净花蕾,用清炒法,炒至茸毛呈微黑色为度,筛去灰屑。性味:味辛,性温。药用功效:发散风寒,通鼻窍。药用主治:风寒感冒,鼻塞,鼻渊。

望春玉兰

学名 *Magnolia biondii* Pamp.

别称 望春花、迎春树。

科属 木兰科木兰属。

形态特征 落叶乔木,高可达 12 m,胸径达 1 m。树皮淡灰色,光滑。小枝细长,灰绿色,直径 3~4 mm,无毛。顶芽卵圆形或宽卵圆形,长 1.7~3 cm,密被淡黄色展开长柔毛。叶椭圆状披针形、卵状披针形、狭倒卵或卵形,长 10~18 cm,宽 3.5~6.5 cm,先端急尖,或短渐尖,基部阔楔形,或圆钝,边缘干膜质,下延至叶柄,上面暗绿色,下面浅绿色,初被平伏棉毛,后无毛。侧脉每边 10~15 条。叶柄长 1~2 cm,托叶痕为叶柄长的 1/5 ~ 1/3。

花先叶开放,直径 6 ~ 8 cm,芳香。花梗顶端膨大,长约 1 cm,具 3 苞片脱落痕。花被片 9 片,外轮 3 片紫红色,近狭倒卵状条形,长约 1 cm,中内两轮近匙形,白色,外面基部常紫红色,长 4 ~ 5 cm,宽 1.3 ~ 2.5 cm,内轮的较狭小。雄蕊长 8 ~ 10 mm,花药长 4 ~ 5 mm,花丝长 3 ~ 4 mm,紫色。雌蕊群长 1.5 ~ 2 cm。聚合果圆柱形,长 8 ~ 14 cm,常因部分不育而扭曲。果梗长约 1 cm,径约 7 mm,残留长绢毛。蓇葖浅褐色,近圆形、侧扁,具凸起瘤点。种子心形,外种皮鲜红色,内种皮深黑色,顶端凹陷,具 V 形槽,中部凸起,腹部具深沟,末端短尖不明显。花期 3 月,果期 9 月。

生长环境 生长于海拔 600 ~ 2 100 m 的林间,古时多在亭、台、楼、阁前栽植。

药用价值 花蕾称"辛夷",我国传统的珍贵中药材,能散风寒、通肺窍,有收敛、降压、镇痛、杀菌等功效,对治疗头痛、感冒、鼻炎、肺炎、支气管炎等有特殊疗效。

五味子科

五味子

学名 *Schisandra chinensis*(Turcz.)Baill.

别称 玄及、会及、五梅子。

科属 五味子科五味子属。

形态特征 落叶木质藤本,除幼叶背面被柔毛及芽鳞具缘毛外余无毛。幼枝红褐色,老枝灰褐色,常起皱纹,片状剥落。叶膜质,宽椭圆形、卵形、倒卵形或近圆形,长 5 ~ 10 cm,宽 3 ~ 5 cm,先端急尖,基部楔形,上部边缘具胼胝质的疏浅锯齿,近基部全缘。侧脉每边 3 ~ 7 条,网脉纤细不明显。叶柄长 1 ~ 4 cm,两侧叶基下延成极狭的翅。

雄花:花梗长 5 ~ 25 mm,中部以下具狭卵形、长 4 ~ 8 mm 的苞片,花被片粉白色或粉红色,6 ~ 9 片,长圆形或椭圆状长圆形,长 6 ~ 11 mm,外面的较狭小。雄蕊长约 2 mm,花药长约 1.5 mm,无花丝或外 3 枚雄蕊具极短花丝,药隔凹入或稍凸出钝尖头。雄蕊仅 5 枚,互相靠贴,直立排列于柱状花托顶端,形成近倒卵圆形的雄蕊群。雌花:花梗长 17 ~ 38 mm,花被片和雄花相似。雌蕊群近卵圆形,长 2 ~ 4 mm,心皮 17 ~ 40,子房卵圆形或卵状椭圆体形,柱头鸡冠状,下端下延 1 ~ 3 mm 的附属体。聚合果长 1.5 ~ 8.5 cm,聚合果柄长 1.5 ~ 6.5 cm。小浆果红色,近球形或倒卵圆形,径 6 ~ 8 mm,果皮具不明显腺点。种子 1 ~ 2 粒,肾形,淡褐色,种皮光滑,种脐明显凹入成 U 形。花期 5 ~ 7 月,果期 7 ~ 10 月。

生长环境 生长于海拔 1 200 ~ 1 700 m 的沟谷、溪旁、山坡。喜微酸性腐殖土,野生植株缠绕在其他林木中生长,耐旱性较差。适宜在肥沃、排水好、湿度均衡的土壤上生长。

药用价值 入药部位:干燥成熟果实。秋季果实成熟时采摘,晒干或蒸后晒干,除去果梗和杂质。用时捣碎。性味:味酸、甘,性温。药用功效:收敛固涩,益气生津,补肾宁心。药用主治:久咳虚喘,梦遗滑精,遗尿尿频,久泻不止,自汗盗汗,津伤口渴,内热消渴。

华中五味子

学名 *Schisandra sphenanthera* Rehd. et Wils.

别称 南五味子、番茄、红铃子。

科属 五味子科五味子属。

形态特征 落叶木质藤本,全株无毛,很少在叶背脉上有稀疏细柔毛。冬芽、芽鳞具长缘毛,先端无硬尖,小枝红褐色,距状短枝或伸长,具颇密而凸起的皮孔。

叶纸质,倒卵形、宽倒卵形,或倒卵状长椭圆形,有时圆形,很少椭圆形,长 5 ~ 11 cm,宽 3 ~ 7 cm,先端短急尖或渐尖,基部楔形或阔楔形,干膜质边缘至叶柄成狭翅,上面深绿色,下面淡灰绿色,有白色点,1/2 ~ 2/3 以上边缘具疏离、胼胝质齿尖的波状齿,上面中脉稍凹入,侧脉每边 4 ~ 5 条,网脉致密,干时两面不明显凸起。叶柄红色,长 1 ~ 3 cm。

花生于近基部叶腋,花梗纤细,长 2 ~ 4.5 cm,基部具 3 ~ 4 mm 的膜质苞片,花被片 5 ~ 9 片,橙黄色,近相似,椭圆形或长圆状倒卵形,中轮的长 6 ~ 12 mm,具缘毛,背面有腺点。雄花:雄蕊群倒卵圆形。花托圆柱形,顶端伸长,无盾状附属物。雄蕊 11 ~ 19 枚,基部的长 1.6 ~ 2.5 mm,药室内侧向开裂,药隔倒卵形,两药室向外倾斜,顶端分开,基部近邻接,花丝上部 1 ~ 4 枚雄蕊与花托顶贴生,无花丝。雌花:雌蕊群卵球形,直径 5 ~ 5.5 mm,雌蕊 30 ~ 60 枚,子房近镰刀状椭圆形,长 2 ~ 2.5 mm,柱头冠狭窄,下延成不规则的附属体。聚合果果托长 6 ~ 17 cm,聚合果果梗长 3 ~ 10 cm,成熟小浆果红色,长 8 ~ 12 mm,具短柄。种子长圆体形或肾形,种脐斜"V"字形,长约为种子宽的 1/3。种皮褐色光滑,或仅背面微皱。花期 4 ~ 7 月,果期 7 ~ 9 月。

生长环境 喜阴凉湿润气候,耐寒,不耐水浸,需适度荫蔽,幼苗期尤忌烈日照射。以疏松、肥沃、富含腐殖质的壤土栽培为宜。

药用价值 入药部位:茎藤、根。性味:味辛、酸,性温。药用功效:养血消瘀,理气化湿。

南五味子

学名 *Kadsura longipedunculata* Finet et Gagnep.

别称 红木香、紫金藤、紫荆皮。

科属 五味子科五味子属。

形态特征 藤本植物,各部无毛。叶长圆状披针形、倒卵状披针形或卵状长圆形,长 5 ~ 13 cm,宽 2 ~ 6 cm,先端渐尖或尖,基部狭楔形或宽楔形,边有疏齿,侧脉每边 5 ~ 7 条。上面具淡褐色透明腺点,叶柄长 0.6 ~ 2.5 cm。

花单生于叶腋,雌雄异株。雄花:花被片白色或淡黄色,8 ~ 17 片,中轮最大 1 片,椭圆形,长 8 ~ 13 mm,宽 4 ~ 10 mm。花托椭圆体形,顶端伸长圆柱状,不凸出雄蕊群外。雄蕊群球形,直径 8 ~ 9 mm,具雄蕊 30 ~ 70 枚。雄蕊药隔与花丝连成扁四方形,药隔顶端横长圆形,药室几与雄蕊等长,花丝极短。花梗长 0.7~4.5 cm。雌花:花被片与雄花相似,雌蕊群椭圆体形或球形,直径约 10 mm,具雌蕊 40~60 枚。子房宽卵圆形,花柱具盾状心形的柱头冠,胚珠叠生于腹缝线上。花梗长 3~13 cm。聚合果球形,径 1.5~3.5 cm。小浆果倒卵圆形,长 8~14 mm,外果皮薄革质,干时显出种子。种子肾形或肾状椭圆体形,长 4~6 mm,宽 3~5 mm。花期 6~9 月,果期 9~12 月。

生长环境 生长于海拔 1 000 m 的山区杂木林中、林缘或山沟的灌木丛中,缠绕在其他林木上生长。喜温暖湿润气候,适应性强,对土壤要求不严,喜微酸性腐殖土。其耐旱性较差,自然条件下,在肥沃、排水好、湿度均衡适宜的土壤中发育较好。

药用价值 入药部位:干燥成熟果实。秋季果实成熟时采摘,除去果梗和杂质晒干。性味:味酸、甘,性温。药用功效:收敛固涩,益气生津,补肾宁心。药用主治:久咳虚喘,梦遗滑精,遗尿尿频,久泻不止,自汗盗汗,津伤口渴,内热消渴,心悸失眠。

蜡梅科

蜡梅

学名 *Chimonanthus praecox*(Linn.)Link

别称 金梅、腊梅、蜡花。

科属 蜡梅科蜡梅属。

形态特征 落叶灌木,高可达 4 m。幼枝四方形,老枝近圆柱形,灰褐色,无毛或被疏微毛,有皮孔。鳞芽通常着生第二年生枝条叶腋内,芽鳞片近圆形,覆瓦状排列,外面被短柔毛。叶纸质至近革质,卵圆形、椭圆形、宽椭圆形至卵状椭圆形,有时长圆状披针形,长 5~25 cm,宽 2~8 cm,顶端尖至渐尖,有时具尾尖,基部急尖至圆形,除叶背脉上被疏微毛外无毛。

花着生于第二年生枝条叶腋内,先花后叶,芳香,直径 2~4 cm。花被片圆形、长圆形、倒卵形、椭圆形或匙形,长 5~20 mm,宽 5~15 mm,无毛,内部花被片比外部花被片短,基部有爪。雄蕊长 4 mm,花丝比花药长或等长,花药向内弯,无毛,药隔顶端短尖,退化雄蕊长 3 mm。心皮基部被疏硬毛,花柱长达子房 3 倍,基部被毛。果托近木质化,坛状或倒卵状椭圆形,长 2~5 cm,直径 1~2.5 cm,口部收缩,并具有钻状披针形的被毛附生物。花期 11 月至翌年 3 月,果期 4~11 月。

生长环境 喜阳光,耐阴、耐寒、耐旱,忌渍水。怕风,较耐寒,花期遇 -10 ℃低温时花朵受冻害。生长于土层深厚、肥沃、疏松、排水良好的微酸性沙质壤土上,在盐碱地上生长不良。耐旱性较强,怕涝,不宜在低洼地栽培。树体生长势强,分枝旺盛,根茎部易生萌蘖,耐修剪,易整形。

药用价值 入药部位:花蕾、根。花蕾药用功效:解暑生津,开胃散郁,止咳。药用主治:暑热头晕,呕吐,气郁胃闷,麻疹,百日咳。外用治烫火伤、中耳炎。根药用功效:祛风,解毒,止血。药用主治:风寒感冒,腰肌劳损,风湿关节炎。根皮外用治刀伤出血。

樟科

樟

学名 *Cinnamomum camphora*（L.）PresL.

别称 香樟、芳樟、油樟。

科属 樟科樟属。

形态特征 常绿大乔木,高可达 30 m,直径可达 3 m,树冠广卵形。枝、叶及木材均有樟脑气味。树皮黄褐色,有不规则的纵裂。

顶芽广卵形或圆球形,鳞片宽卵形或近圆形,外面略被绢状毛。枝条圆柱形,淡褐色,无毛。叶互生,卵状椭圆形,长 6~12 cm,宽 2.5~5.5 cm,先端急尖,基部宽楔形至近圆形,边缘全缘,软骨质,有时呈微波状,上面绿色或黄绿色,有光泽,下面黄绿色或灰绿色,晦暗,两面无毛或下面幼时略被微柔毛,具离基三出脉,有时过渡到基部具不显的 5 脉,中脉两面明显,上部每边有侧脉 1~3~5 条。基生侧脉向叶缘一侧有少数支脉,侧脉及支脉脉腋上面明显隆起,下面有明显腺窝,窝内常被柔毛。叶柄纤细,长 2~3 cm,腹凹背凸,无毛。

圆锥花序腋生,长 3.5~7 cm,具梗,总梗长 2.5~4.5 cm,与各级序轴均无毛或被灰白至黄褐色微柔毛,被毛时往往在节上尤为明显。花绿白或带黄色,长约 3 mm。花梗无毛。花被外面无毛或被微柔毛,内面密被短柔毛,花被筒倒锥形,花被裂片椭圆形。能育雄蕊 9 枚,花丝被短柔毛。退化雄蕊位于最内轮,箭头形,被短柔毛。子房球形,无毛。果卵球形或近球形,紫黑色。果托杯状,顶端截平,基部具纵向沟纹。花期 4~5 月,果期 8~11 月。

生长环境 生长于山坡或沟谷中,喜湿润土壤、腐殖质黑土或微酸性沙质壤土。

药用价值 入药部位:根、木材、树皮、叶及果实。根、木材、树皮全年可采,洗净阴干。叶随时可采。秋季采果实晒干。性味:味辛,性微温。药用功效:祛风散寒,理气活血,止痛止痒。药用主治:根、木材用于治疗感冒头痛、风湿骨痛、跌打损伤、克山病。皮、叶用于治疗吐泻、胃痛、风湿痹痛、下肢溃疡、皮肤瘙痒。熏烟可驱杀蚊子。果用于治疗胃腹冷痛、食滞、腹胀、胃肠炎。

黑壳楠

学名 *Lindera megaphylla* Hemsl.

别称 岩柴、八角香、花兰、猪屎楠、鸡屎楠、大楠木、枇杷楠。

科属 樟科山胡椒属。

形态特征 常绿乔木,高 3~15m,胸径达 35 cm 以上,树皮灰黑色。枝条圆柱形,粗壮,紫黑色,无毛,散布有木栓质凸起的近圆形纵裂皮孔。顶芽大,卵形,长 1.5 cm,芽鳞外面被白色微柔毛。叶互生,倒披针形至倒卵状长圆形,有时长卵形,长 10~23 cm,先端急尖或渐尖,基部渐狭,革质,上面深绿色,有光泽,下面淡绿苍白色,两面无毛。羽状脉,侧脉每边

15~21条。叶柄长1.5~3 cm,无毛。

伞形花序多花,雄的多达16朵,雌的12朵,通常着生于叶腋长3.5 mm具顶芽的短枝上,两侧各1朵,具总梗。雄花序总梗长1~1.5 cm,雌花序总梗长6 mm,两者均密被黄褐色或有时近锈色微柔毛,内面无毛。雄花黄绿色,具梗。花梗长约6 mm,密被黄褐色柔毛。花被片椭圆形,外面仅下部或背部略被黄褐色小柔毛,内轮略短。花丝被疏柔毛,第三轮的基部有2个长达2 mm具柄的三角漏斗形腺体。退化雌蕊无毛。子房卵形,花柱纤细,柱头不明显。雌花黄绿色,花梗密被黄褐色柔毛。花被片线状匙形,外面仅下部或略沿脊部被黄褐色柔毛,内面无毛。退化雄蕊线形或棍棒形,基部具髯毛,第三轮的中部有2个具柄三角漏斗形腺体。子房卵形,无毛,花柱极纤细,长4.5 mm,柱头盾形,具乳突。果椭圆形至卵形,长约1.8 cm,宽约1.3 cm,成熟时紫黑色,无毛,果梗长1.5 cm,向上渐粗壮,粗糙,散布有明显栓皮质皮孔。宿存果托杯状,长约8 mm,直径达1.5 cm,全缘,略成微波状。花期2~4月,果期9~12月。

生长环境 生长于海拔1 600~2 000 m的山坡和谷地常绿阔叶林中。

药用价值 入药部位:根、树皮或枝。四季均可采收,晒干或鲜用。性味:味辛,微苦,性温。药用功效:祛风除湿,温中行气,消肿止痛。药用主治:风湿痹痛,肢体麻木疼痛,脘腹冷痛,疝气疼痛,咽喉肿痛。

三桠乌药

学名 *Lauraceae. obtusiloba* Bl.

别称 甘橿、红叶甘橿、山姜。

科属 樟科山胡椒属。

形态特征 落叶乔木或灌木,高3~10m。树皮黑棕色。小枝黄绿色,当年枝条较平滑,有纵纹,老枝渐多木栓质皮孔、褐斑及纵裂。芽卵形,先端渐尖。外鳞片3片,革质,黄褐色,无毛,椭圆形,先端尖,长0.6~0.9 cm,宽0.6~0.7 cm。内鳞片有淡棕黄色厚绢毛。有时为混合芽,内有叶芽及花芽。叶互生,近圆形至扁圆形,长5.5~10 cm,宽4.8~10.8 cm,先端急尖,全缘或3裂,常明显3裂,基部近圆形或心形,有时宽楔形,上面深绿,下面绿苍白色,有时带红色,被棕黄色柔毛或近无毛。三出脉,偶有五出脉,网脉明显。叶柄长1.5~2.8 cm,被黄白色柔毛。

花序在腋生混合芽,混合芽椭圆形,先端急尖。外面的2片芽鳞革质,棕黄色,有皱纹,无毛,内面鳞片近革质,被贴服微柔毛。花芽内有无总梗花序5~6,混合芽内有花芽1~2。总苞片4,长椭圆形,膜质,外面被长柔毛,内面无毛,内有花5朵。雄花花被片6片,长椭圆形,外被长柔毛,内面无毛。能育雄蕊9枚,花丝无毛,第三轮的基部着生2个具长柄宽肾形具角突的腺体,第二轮的基部有时也有1个腺体。退化雌蕊长椭圆形,无毛,花柱、柱头不分,成一小凸尖。雌花花被片6片,长椭圆形,内轮略短,外面背脊部被长柔毛,内面无毛,退化雄蕊条片形,基部有2个具长柄腺体,其柄基部与退化雄蕊基部合生。子房椭圆形,无毛,花柱短,花未开放时沿子房向下弯曲。果椭圆形,长0.8 cm,成熟红色,后变紫黑色,干时黑褐色。花期3~4月,果期8~9月。

生长环境 生长于海拔2 000~3 000 m的山谷、密林灌丛中。

药用价值 入药部位:树皮。性味:味辛,性温。药用功效:温中行气,活血散瘀。药用主治:心腹疼痛,跌打损伤,瘀血肿痛,疮毒。

虎耳草科

小花溲疏

学名　*Deutzia parviflora* Bunge

别称　喇叭枝、溲疏、多花溲疏。

科属　虎耳草科溲疏属。

形态特征　灌木,高约 2 m。老枝灰褐色或灰色,表皮片状脱落。花枝长 3~8 cm,具 4~6 叶,褐色,被星状毛。叶纸质、卵形、椭圆状卵形或卵状披针形,长 3~6 cm,宽 2~4.5 cm,先端急尖或短渐尖,基部阔楔形或圆形,边缘具细锯齿,上面疏被 5 辐线星状毛,下面被大小不等 6~12 辐线星状毛,有时具中央长辐线或仅中脉两侧有中央长辐线。叶柄长 3~8 mm,疏被星状毛。

伞房花序直径 2~5 cm,多花。花序梗被长柔毛和星状毛。花蕾球形或倒卵形。花冠直径 8~15 cm。花梗长 2~12 mm。萼筒杯状,密被星状毛,裂片三角形,较萼筒短,先端钝。花瓣白色,阔倒卵形或近圆形,长 3~7 mm,宽 3~5 mm,先端圆,基部急收狭,两面均被毛,花蕾覆瓦状排列。外轮雄蕊长 4~4.5 mm,花丝钻形或近截形,内轮雄蕊长 3~4 mm,花丝钻形或具齿,齿长不达花药,花药球形,具柄。花柱较雄蕊稍短。蒴果球形。花期 5~6 月,果期 8~10 月。

生长环境　生长于海拔 1 000~1 500 m 的阔叶林缘或灌丛中,喜深厚肥沃的沙质壤土,在轻黏土上也可正常生长,盐碱土上生长不良。喜湿润环境,除栽植时要浇好头三水外,在整个生长期内要保持土壤湿润。喜光,稍耐阴,可配置在树林边缘的散射光处。

药用价值　入药部位:树皮。性味:味辛,微温。药用功效:发汗解表,宣肺止咳。药用主治:感冒,用治外感风寒。

大花溲疏

学名　*Deutzia grandiflora* Bunge

别称　华北溲疏。

科属　虎耳草科溲疏属。

形态特征　灌木,高约 2 m。老枝紫褐色或灰褐色,无毛,表皮片状脱落。花枝开始极短,以后延长达 4 cm,具 2~4 片叶,黄褐色,被具中央长辐线星状毛。叶纸质、卵状菱形或椭圆状卵形,长 2~5.5 cm,宽 1~3.5 cm,先端急尖,基部楔形或阔楔形,边缘具大小相间或不整齐锯齿,上面被 4~6 辐线星状毛,下面灰白色,被 7~11 辐线星状毛,毛稍紧贴,沿叶脉具中央长辐线,侧脉每边 5~6 条。叶柄被星状毛。

聚伞花序长和直径均 1~3 cm,具花 2~3 朵。花蕾长圆形。花冠直径 2~2.5 cm。花梗被星状毛。萼筒浅杯状,密被灰黄色星状毛,有时具中央长辐线,裂片线状披针形,较萼筒长,被毛较稀疏。花瓣白色,长圆形或倒卵状长圆形,长约 1.5 cm,先端圆形,中部以下收狭,外面被星状毛,花蕾时内向镊合状排列。外轮雄蕊长 6~7 mm,花丝先端 2 齿,齿平展或下弯成钩状,花药卵状长圆形,具短柄,内轮雄蕊较短,形状与外轮相同。花柱约与外轮雄蕊等长。蒴果半球形,直径 4~5 mm,被星状毛,具宿存萼裂片外弯。花期 4~6 月,果期 9~11 月。

生长环境 生长于海拔 800~1 600 m 的山坡、山谷和路旁灌丛中,喜光,稍耐阴,耐寒,耐旱,对土壤要求不严,忌低洼积水。

药用价值 药用功效:清热利尿,补肾截疟,解毒,接骨。药用主治:感冒发热,小便不利,夜尿,疟疾,疥疮,骨折。

绣球

学名 *Hydrangea macrophylla* (Thunb.) Ser.

别称 八仙花、粉团花、草绣球。

科属 虎耳草科绣球属。

形态特征 灌木,高 1~4 m。茎常于基部发出多数放射枝而形成一圆形灌丛。枝圆柱形,粗壮,紫灰色至淡灰色,无毛,具少数长形皮孔。叶纸质或近革质,倒卵形或阔椭圆形,长 6~15 cm,宽 4~11.5 cm,先端骤尖,具短尖头,基部钝圆或阔楔形,边缘于基部以上具粗齿,两面无毛或仅下面中脉两侧被稀疏卷曲短柔毛,脉腋间常具少许髯毛。侧脉 6~8 对,直,向上斜举或上部近边缘处微弯拱,上面平坦,下面微凸,小脉网状,两面明显。叶柄粗壮,长 1~3.5 cm,无毛。

伞房状聚伞花序近球形,直径 8~20 cm,具短的总花梗,分枝粗壮,近等长,密被紧贴短柔毛,花密集,多数不育。不育花萼片 4,阔卵形、近圆形或卵形,长 1.4~2.4 cm,宽 1~2.4 cm,粉红色、淡蓝色或白色。孕性花极少数,具 2~4 mm 长的花梗。萼筒倒圆锥状,与花梗疏被卷曲短柔毛,萼齿卵状三角形。花瓣长圆形,长 3~3.5 mm。雄蕊 10 枚,近等长,不突出或稍突出,花药长圆形。子房大半下位,花柱结果时长约 1.5 mm,柱头稍扩大,半环状。蒴果未成熟,长陀螺状,连花柱长约 4.5 mm,顶端突出部分长约 1 mm,约等于蒴果长度的1/3。种子未熟。花期 6~8 月。

生长环境 生长于海拔 380~1 700 m 的山谷溪或山顶疏林中,以疏松、肥沃和排水良好的沙质壤土为宜。喜温暖、湿润和半阴环境。生长适宜温度为 18~28 ℃,冬季温度不低于 5 ℃。

药用价值 入药部位:根、叶、花。春、夏季采收。性味:苦微辛,性寒。药用主治:疟疾,心热惊悸,烦躁。

腊莲绣球

学名 *Hydrangea strigosa* Rehder

科属 虎耳草科绣球属。

形态特征 灌木,高 2~3 m。小枝圆柱状,或稍呈四棱形,被有白色平贴硬毛,老时灰褐色。单叶对生,披针形、椭圆状披针形或例卵形,长 8~20 cm,宽 2~3 cm,渐尖,边缘具细锯齿,基部楔形或圆形,上面绿色,下面灰色,两面均具平贴硬毛。

聚伞花序顶生,花梗密被平贴硬毛。花异型。外缘为不育花,萼片 4,花瓣状,白色或紫色,阔卵圆形,顶端有锯齿,径 2~4 cm。中央为孕性花,白色,萼筒与子房合生,被稀疏平贴硬毛,萼裂三角形,花瓣 5,长卵形,镊合状排列,雄蕊 1,子房下位,花柱 2,柱头头状。蒴果半球状,顶端截平,有棱脊,种子细小,两端有翅,黄褐色。花期 8 月,果期 9 月。

生长环境 生长于低山区的溪沟边及树林边。

药用价值 性味:味辛酸,性凉。药用主治:涤痰结,散肿毒,疗项瘿瘤,截疟。

草绣球

学名 *Cardiandra moellendorffii*（Hance）Migo

别称 人心药、八仙花。

科属 虎耳草科草绣球属。

形态特征 灌木,高 0.4~1 m。茎单生,干后淡褐色,稍具纵条纹。叶通常单片、分散互生于茎上,纸质,椭圆形或倒长卵形,长 6~13 cm,宽 3~6 cm,先端渐尖或短渐尖,具短尖头,基部沿叶柄两侧下延成楔形,边缘有粗长牙齿状锯齿,上面被短糙伏毛,下面疏被短柔毛或仅脉上有疏毛。侧脉 7~9 对,弯拱,下面微凸,小脉纤细,稀疏网状,下面明显。叶柄长 1~3 cm,茎上部的渐短或几乎无柄。

伞房状聚伞花序顶生,苞片和小苞片线形或狭披针形,宿存。不育花萼片 2~3,较小,近等大,阔卵形至近圆形,长 5~15 mm,先端圆或略尖,基部近截平,膜质,白色或粉红色。孕性花萼筒杯状,萼齿阔卵形,先端钝。花瓣阔椭圆形至近圆形,长 2.5~3 mm,淡红色或白色。雄蕊 15~25 枚,稍短于花瓣。子房近下位,3 室,花柱结果时长约 1 mm。蒴果近球形或卵球形,不连花柱长 3~3.5 mm,宽 2.5~3 mm。种子棕褐色,长圆形或椭圆形,扁平,连翅两端的翅颜色较深,与种子同色,不透明。花期 7~8 月,果期 9~10 月。

生长环境 生长于林下或水沟旁阴湿处,喜半阴和湿润的环境,以肥沃的沙土为宜。

药用价值 药用功效:祛瘀消肿。药用主治:跌打损伤。

冰川茶藨子

学名 *Ribes glaciale* Wall.

别称 冰川茶藨。

科属 虎耳草科茶藨子属。

形态特征 落叶灌木,高 2~3 m。小枝深褐灰色或棕灰色,皮长条状剥落,嫩枝红褐色,无毛或微具短柔毛,无刺。芽长圆形,长 4~7 mm,先端急尖,鳞片数枚,草质,褐红色,外面无毛。叶长卵圆形,稀近圆形,长 3~5 cm,宽 2~4 cm,基部圆形或近截形,上面无毛或疏生腺毛。下面无毛或沿叶脉微具短柔毛,掌状 3~5 裂,顶生裂片三角状长卵圆形,先端长渐尖,比侧生裂片长 2~3 倍,侧生裂片卵圆形,先端急尖,边缘具粗大单锯齿,有时混生少数重锯齿。叶柄长 1~2 cm,浅红色,无毛,稀疏生腺毛。

花单性,雌雄异株,组成直立总状花序。雄花序长 2~5 cm,具花 10~30 朵。雌花序短,长 1~3 cm,具花 4~10 朵。花序轴和花梗具短柔毛与短腺毛。花梗长 2~4 mm。苞片卵状披针形或长圆状披针形,长 3~5 mm,先端急尖或微钝,边缘有短腺毛,具单脉。花萼近辐状,褐红色,外面无毛。萼筒浅杯形,宽大于长。萼片卵圆形或舌形,先端圆钝或微尖,直立。花瓣近扇形或楔状匙形,短于萼片,先端圆钝。雄蕊稍长于花瓣或几与花瓣近等长,花丝红色,花药圆形,紫红色或紫褐色。雌花的雄蕊退化,花药无花粉。子房倒卵状长圆形,无柔毛,稀微具腺毛,雄花中子房退化。花柱先端 2 裂。果实近球形或倒卵状球形,红色,无毛。花期 4~6 月,果期 7~9 月。

生长环境 生长于海拔 900~3 000 m 的山坡或山谷丛林及林缘或岩石上。

药用价值 叶:用于烧、烫伤,漆疮,胃痛。茎皮、果实:清热燥湿,健胃。

海桐花科

崖花海桐

学名 *Pittosporum sahnianum* Gowda

别称 崖花子、海金子。

科属 海桐花科海桐花属。

形态特征 乔木,高 1~6 m。小枝近轮生,细,无毛。叶薄革质,全倒卵形至倒披针形,长 5~10 cm,宽 1.7~3.5 cm,无毛。叶柄 5~10 mm。花序伞形,有 1~12 朵花,无毛。花淡黄白色。花梗长 1~2 cm。萼片卵形。花瓣长 8~10 mm。雄蕊 5 枚,有时与花瓣近等长,有时长为花瓣之半。子房密生短毛。蒴果近椭圆球形,长约 1.5 cm,裂为 3 片,果皮薄。种子暗红色。

生长环境 生长于山谷或山坡林中。

药用价值 入药部位:根、叶和种子。药用功效:根能祛风活络、散瘀止痛。叶能解毒、止血。种子能涩肠、固精。

海桐

学名 *Pittosporum tobira*(Thunb.)Ait.

别称 海桐花、山矾、七里香。

科属 海桐花科海桐花属。

形态特征 常绿灌木或小乔木,高可达 6 m,嫩枝被褐色柔毛,有皮孔。叶聚生于枝顶,二年生,革质,嫩时上下两面有柔毛,以后变秃净,倒卵形或倒卵状披针形,长 4~9 cm,宽 1.5~4 cm,上面深绿色,发亮,干后暗晦无光,先端圆形或钝,常微凹入或为微心形,基部窄楔形,侧脉 6~8 对,在靠近边缘处相结合,有时因侧脉间的支脉较明显而呈多脉状,网脉稍明显,网眼细小,全缘,干后反卷,叶柄长达 2 cm。

伞形花序或伞房状伞形花序,顶生或近顶生,密被黄褐色柔毛,花梗长 1~2 cm。苞片披针形,长 4~5 mm。小苞片均被褐毛。花白色,有芳香,后变黄色。萼片卵形,长 3~4 mm,被柔毛。花瓣倒披针形,长 1~1.2 cm,离生。雄蕊 2 型,退化雄蕊的花丝长 2~3 mm,花药近于不育。正常雄蕊的花丝长 5~6 mm,花药长圆形,长 2 mm,黄色。子房长卵形,密被柔毛,侧膜胎座 3 个,胚珠多数,2 列着生于胎座中段。蒴果圆球形,有棱或呈三角形,直径 12 mm,多少有毛,子房裂开,果片木质,内侧黄褐色,有光泽,具横格。种子多数,多角形,红色,种柄有黏液。花期 3~5 月,果期 9~10 月。

生长环境 对气候的适应性较强,耐寒冷,亦颇耐暑热。对土壤的适应性强,在黏土、沙土及轻盐碱土上均能正常生长。对光照的适应能力亦较强,较耐荫蔽,亦颇耐烈日,以半阴地生长为宜。喜温暖湿润气候和肥沃润湿土壤,耐轻微盐碱,能抗风防潮。

药用价值 入药部位:根、叶和种子。药用功效:根能祛风活络、散瘀止痛。叶能解毒、止血。种子能涩肠、固精。

棱果海桐

学名 *Pittosporum trigonocarpum* Lévl.

别称 瘦鱼蓼、鸡骨头。

科属 海桐花科海桐花属。

形态特征 常绿灌木,嫩枝无毛,嫩芽有短柔毛,老枝灰色,有皮孔。叶簇生于枝顶,二年生,革质,倒卵形或矩圆倒披针形,长 7~14 cm,宽 2.5~4 cm,先端急短尖,基部窄楔形,上面绿色、发亮,干后褐绿色,下面浅褐色,无毛。侧脉约 6 对,与网脉在上下两面均不明显,边缘平展,叶柄长约 1 cm。

伞形花序 3~5 枝顶生,花多数。花梗长 1~2.5 cm,纤细,无毛。萼片卵形,长 2 mm,有睫毛。花瓣长 1.2 cm,分离或部分联合。雄蕊长 8 mm,雌蕊与雄蕊等长,子房有柔毛,侧膜胎座 3 个,胚珠 9~15 个。蒴果常单生,椭圆形,干后三角形或圆形,长 2.7 cm,有毛,子房柄短,长不超过 2 mm,宿存花柱长 3 mm,果梗长约 1 cm,有柔毛,3 片裂开,果片薄,革质,表面粗糙,每片有种子 3~5 个。种子红色,长 5~6 cm,种柄长 2 mm,压扁,散生于纵长的胎座上。

生长环境 常见生长于海拔 500~1 600 m 的山坡林中、林缘、灌丛中。

药用价值 入药部位:根皮。药用主治:多年哮喘。

金缕梅科

枫香树

学名 *Liquidambar formosana* Hance

别称 枫香。

科属 金缕梅科枫香树属。

形态特征 落叶乔木,高可达 30m,胸径最大可达 1 m,树皮灰褐色,方块状剥落。小枝干后灰色,被柔毛,略有皮孔。芽体卵形,长约 1 cm,略被微毛,鳞状苞片敷有树脂,干后棕黑色,有光泽。叶薄革质,阔卵形,掌状 3 裂,中央裂片较长,先端尾状渐尖。两侧裂片平展。基部心形。上面绿色,干后灰绿色,不发亮。下面有短柔毛,或变秃净,仅在脉腋间有毛。掌状脉 3~5 条,在上下两面均显著,网脉明显可见。边缘有锯齿,齿尖有腺状突。叶柄长达 11 cm,常有短柔毛。托叶线形,游离,或略与叶柄连生,长 1~1.4 cm,红褐色,被毛,早落。

雄性短穗状花序常多个排成总状,雄蕊多数,花丝不等长,花药比花丝略短。雌性头状花序有花 24~43 朵,花序柄长 3~6 cm,偶有皮孔,无腺体。萼齿 4~7 个,针形,长 4~8 mm,子房下半部藏在头状花序轴内,上半部游离,有柔毛,花柱长 6~10 mm,先端常卷曲。头状果序圆球形,木质,直径 3~4 cm。蒴果下半部藏于花序轴内,有宿存花柱及针刺状萼齿。种子多数,褐色,多角形或有窄翅。

生长环境 喜温暖湿润气候,喜光,幼树稍耐阴,耐干旱瘠薄土壤,不耐水涝。生长于平地、村落附近及低山的次生林中。在湿润、肥沃而深厚的红黄壤土上生长良好,深根性,主根粗长,抗风力强,不耐移植及修剪。种子有隔年发芽的习性,不耐寒,不耐盐碱及干旱。

药用价值 入药部位:根、叶及果实。树脂性味:味辛、苦,性平。药用功效:祛风活血,解毒止痛,止血,生肌。根性味:味辛、苦,性平。药用功效:解毒消肿,祛风止痛。皮性味:味辛,性平。药用功效:除湿止泻,祛风止痒。叶性味:味辛、苦,性平。药用功效:行气止痛,解毒,止血。

金缕梅

学名 *Hamamelis mollis* Oliver

别称 木里香、牛踏果。

科属 金缕梅科金缕梅属。

形态特征 落叶灌木或小乔木,高可达 8 m。嫩枝有星状茸毛。老枝秃净。芽体长卵形,有灰黄色茸毛。叶纸质或薄革质,阔倒卵圆形,长 8~15 cm,宽 6~10 cm,先端短急尖,基部不等侧心形,上面稍粗糙,有稀疏星状毛,不发亮,下面密生灰色星状茸毛。侧脉 6~8 对,最下面 1 对侧脉有明显的第二次侧脉,在上面很显著,在下面突起。边缘有波状钝齿。叶柄长 6~10 mm,被茸毛,托叶早落。

头状或短穗状花序腋生,有花数朵,无花梗,苞片卵形,花序柄短,长不到 5 mm。萼筒短,与子房合生,萼齿卵形,宿存,均被星状茸毛。花瓣带状,长约 1.5 cm,黄白色。雄蕊 4枚,花药与花丝几等长。退化雄蕊 4 枚,先端平截。子房有茸毛,花柱长 1~1.5 mm。蒴果卵圆形,长 1.2 cm,宽 1 cm,密被黄褐色星状茸毛,萼筒长约为蒴果的 1/3。种子椭圆形,长约 8 mm,黑色,发亮。花期 5 月。

生长环境 生长于海拔 600~1 600 m 的山坡、溪谷、阔叶林缘、灌丛中。耐寒力较强,在 −15 ℃能露地生长。喜光但幼年阶段较耐阴,能在半阴条件下生长。对土壤要求不严,在酸性、中性土壤上都能生长,尤以肥沃、湿润、疏松,且排水好的沙质土为宜。

药用价值　性味:味甘,性平。药用功效:益气。药用主治:劳伤乏力。

蜡瓣花

学名　*Corylopsis sinensis* Hemsl.

别称　连核梅、连合子。

科属　金缕梅科蜡瓣花属。

形态特征　灌木,嫩枝有柔毛,老枝秃净,有皮孔。芽体椭圆形,外面有柔毛。叶薄革质,倒卵圆形或倒卵形,有时为长倒卵形,长5~9 cm,宽3~6 cm。先端急短尖或略钝,基部不等侧心形。上面秃净无毛,或仅在中肋有毛,下面有灰褐色星状柔毛。侧脉7~8对,最下一对侧脉靠近基部,第二次分支侧脉不强烈。边缘有锯齿,齿尖刺毛状。叶柄长约1 cm,有星毛。托叶窄矩形,长约2 cm,略有毛。

总状花序长3~4 cm。花序柄长约1.5 cm,被毛,花序轴长1.5~2.5 cm,有长茸毛。总苞状鳞片卵圆形,长约1 cm,外面有柔毛,内面有长丝毛。苞片卵形,长5 mm,外面有毛。小苞片矩圆形,长3 mm。萼筒有星状茸毛,萼齿卵形,先端略钝,无毛。花瓣匙形,长5~6 mm,宽约4 mm。雄蕊比花瓣略短,长4~5 mm。退化雄蕊2裂,先端尖,与萼齿等长或略超出。子房有星毛,花柱长6~7 mm,基部有毛。果序长4~6 cm。蒴果近圆球形,长7~9 mm,被褐色柔毛。种子黑色,长5 mm。

生长环境　喜光,较耐阴,稍耐寒。喜温暖湿润环境和肥沃、疏松、排水良好、富含腐殖质的酸性或微酸性土壤。

药用价值　入药部位:根皮及叶。

牛鼻栓

学名　*Fortunearia sinensis* Rehd. et Wils.

别称　连合子、木里仙。

科属　金缕梅科牛鼻栓属。

形态特征　落叶小乔木或灌木,高2~5 m。嫩枝有灰褐色柔毛。老枝有稀疏皮孔。单叶互生。叶柄长4~10 mm。托叶早落。叶片膜质,倒卵形或倒卵状椭圆形,长5~16 cm,宽3~9 cm,先端渐尖,基部圆形或钝,稍偏斜,缘具波状锯齿。叶脉深入齿端小尖头,沿主脉和下面有星状毛。

花杂性,两性花和雄花同长于一植株上。雄花序呈短莱荑状,有发育不全的雌蕊。两性花的花序长3~6 cm。苞片及小苞片披针形,有星状毛。萼筒无毛,萼齿5,卵形,先端有毛。花瓣5,钻形,较萼片稍短。雄蕊5枚,花药卵形。子房半下位,2室,花柱2,向外卷曲。蒴果木质,卵圆形,长1.5 cm,有白色皮孔,沿室间2片开裂,每片2浅裂。种子卵圆形,长约1 cm,暗棕色,有光泽。花期4~5月,果期7~8月。

生长环境　生长于山坡杂木林中或岩隙中。

药用价值　入药部位:枝叶、根。枝叶春、夏季采摘晒干;根全年可采,洗净晒干。性味:味苦、涩,性平。药用功效:益气,止血。药用主治:气虚,劳伤乏力,创伤出血。

檵木

学名 *Loropetalum chinensis*（R.Br.）Oliver

别称 百花檵木、继木、桎木。

科属 金缕梅科檵木属。

形态特征 灌木,有时为小乔木,多分枝,小枝有星毛。叶革质,卵形,长2~5 cm,宽1.5~2.5 cm,先端尖锐,基部钝,不等侧,上面略有粗毛或秃净,干后暗绿色,无光泽,下面被星毛,稍带灰白色,侧脉在上面明显,在下面突起,全缘。叶柄有星毛。托叶膜质,三角状披针形。

花簇生,有短花梗,白色,比新叶先开放,或与嫩叶同时开放,花序柄长约1 cm,被毛。苞片线形,萼筒杯状,被星毛,萼齿卵形,花后脱落。花瓣带状,长1~2 cm,先端圆或钝。雄蕊花丝极短,药隔突出成角状。退化雄蕊成鳞片状,与雄蕊互生。子房完全下位,被星毛。花柱极短,垂生于心皮内上角。蒴果卵圆形,先端圆,被褐色星状茸毛,萼筒长为蒴果的2/3。种子圆卵形,长4~5 mm,黑色,发亮。花期3~4月。

生长环境 喜阳植物,也具有较强的耐阴性,生于向阳的丘陵及山地,常用作绿化苗木。

药用价值 入药部位:根、叶、花果。药用功效:解热止血,通经活络,收敛止血,清热解毒,止泻。药用主治:叶用于止血,根及叶用于跌打损伤。

杜仲科

杜仲

学名 *Euco mmia ulmoides* Oliver

别称 杜仲、丝楝树、丝棉皮。

科属 杜仲科杜仲属。

形态特征 落叶乔木,树皮灰褐色,粗糙,内含橡胶,折断拉开有多数细丝。嫩枝有黄褐色毛,不久变秃净,老枝有明显的皮孔。芽体卵圆形,外面发亮,红褐色,有鳞片6~8片,边缘有微毛。

叶椭圆形、卵形或矩圆形,薄革质,长6~15 cm,基部圆形或阔楔形,先端渐尖。上面暗绿色,初时有褐色柔毛,不久变秃净,老叶略有皱纹,下面淡绿,初时有褐毛,以后仅在脉上有毛。侧脉与网脉在上面下陷,在下面稍突起,边缘有锯齿,叶柄长1~2 cm,上面有槽,被散生长毛。

花生于当年枝基部,雄花无花被。花梗无毛。苞片倒卵状匙形,顶端圆形,边缘有睫毛,早落。雄蕊无毛,药隔突出,花粉囊细长,无退化雌蕊。雌花单生,苞片倒卵形,子房无毛,扁而长,先端裂,子房柄极短。翅果扁平,长椭圆形,长3~3.5 cm,宽1~1.3 cm,基部楔形,周围具薄翅。坚果位于中央,稍突起,子房与果梗相接处有关节。种子扁平,线形,两端圆形。早春开花,秋后果实成熟。

生长环境 生长于海拔 300~500 m 的低山、谷地或低坡的疏林中,对土壤适应性强。喜温暖湿润气候和阳光充足的环境,能耐严寒。

药用价值 入药部位:干燥树皮。性味:味甘,性温。药用功效:补益肝肾,强筋壮骨,调理冲任,固经安胎。药用主治:可治疗肾阳虚引起的腰腿痛或酸软无力,阴囊湿痒等病症。

蔷薇科

红柄白鹃梅

学名 *Exochorda giraldii* Hesse

别称 纪氏白鹃梅、白鹃梅、打刀木。

科属 蔷薇科白鹃梅属。

形态特征 落叶灌木,高可达 3~5 m。小枝细弱,开展,圆柱形,无毛,幼时绿色,老时红褐色。冬芽卵形,先端钝,红褐色,边缘微被短柔毛。叶片椭圆形、长椭圆形,稀长倒卵形,长3~4 cm,宽 1.5~3 cm,先端急尖,突尖或圆钝,基部楔形、宽楔形至圆形,稀偏斜,全缘,稀中部以上有钝锯齿,上下两面均无毛或下面被柔毛。叶柄长 1.5~2.5 cm,常红色,无毛,不具托叶。

总状花序,有花 6~10 朵,无毛,花梗短或近于无梗。苞片线状披针形,全缘,两面均无毛。花直径 3~4.5 cm。萼筒浅钟状,内外两面均无毛。萼片短而宽,近半圆形,先端圆钝,全缘。花瓣倒卵形或长圆倒卵形,长 2~2.5 cm,先端圆钝,基部有长爪,白色。雄蕊着生在花盘边缘。心皮花柱分离。蒴果倒圆锥形,无毛。花期 5 月,果期 7~8 月。

生长环境 生长于海拔 1 000~2 000 m 的山坡、灌木林中,喜光,耐旱,稍耐阴,在排水良好、肥沃湿润的土壤上生长旺盛,萌芽力强,耐寒。

药用价值 入药部位:根皮、树皮。性味:味甘,性平。药用功效:通络止痛。药用主治:腰膝及筋骨酸痛。

白鹃梅

学名 *Exochorda racemosa*（Lindl.）Rehd.

别称 白绢梅、金瓜果、茧子花。

科属 蔷薇科白鹃梅属。

形态特征 落叶灌木,高可达 3~5 m,枝条细弱开展。小枝圆柱形,微有棱角,无毛,幼时红褐色,老时褐色。冬芽三角卵形,先端钝,平滑无毛,暗紫红色。叶片椭圆形,长椭圆形至长圆倒卵形,长 3.5~6.5 cm,先端圆钝或急尖,稀有突尖,基部楔形或宽楔形,全缘,稀中部以上有钝锯齿,上下两面均无毛。叶柄短或近于无柄。不具托叶。

顶生总状花序,有花 6~10 朵,无毛。苞片小,宽披针形。花直径 2.5~3.5 cm。萼筒浅钟状,无毛。萼片宽三角形,先端急尖或钝,边缘有尖锐细锯齿,无毛,黄绿色。花瓣倒卵形,长约1.5 cm,先端钝,基部有短爪,白色。雄蕊15~20枚,3~4枚一束着生在花盘边缘,与花瓣对生。蒴果具棱脊,种子有翅。花期5月,果期6~8月。

生长环境 生长于海拔250~500 m的山坡,适应性强,喜光,耐半阴,耐干旱瘠薄土壤。

药用价值 入药部位:根皮、树皮。药用主治:腰骨酸痛。

华空木

学名 *Stephanandra chinensis* Hance

别称 野珠兰。

科属 蔷薇科小米空木属。

形态特征 灌木,小枝细弱,圆柱形,微具柔毛,红褐色。冬芽小,卵形,先端稍钝,红褐色,鳞片边缘微被柔毛。叶片卵形至长椭卵形,长5~7 cm,宽2~3 cm,先端渐尖,稀尾尖,基部近心形、圆形,稀宽楔形,边缘常浅裂并有重锯齿,两面无毛,或下面沿叶脉微具柔毛,侧脉斜出。叶柄近于无毛。托叶线状披针形至椭圆披针形,长6~8 mm,先端渐尖,全缘或有锯齿,两面近于无毛。

顶生疏松的圆锥花序,长5~8 cm,总花梗和花梗均无毛。苞片小,披针形至线状披针形。萼筒杯状,无毛。萼片三角卵形,先端钝,有短尖,全缘。花瓣倒卵形,稀长圆形,先端钝,白色。雄蕊着生在萼筒边缘,较花瓣短约一半。子房外被柔毛,花柱顶生,直立。菁葖果近球形,被稀疏柔毛,具宿存直立的萼片。种子卵球形。花期5月,果期7~8月。

生长环境 生长于海拔1 000~1 500 m的阔叶林边或灌木丛中。

药用价值 入药部位:根。药用主治:治咽喉肿痛。

绣球绣线菊

学名 *Spiraea blumei* G. Don.

别称 珍珠绣球、绣球、珍珠梅。

科属 蔷薇科绣线菊属。

形态特征 灌木,小枝细,开张,稍弯曲,深红褐色或暗灰褐色,无毛。冬芽小,卵形,先端急尖或圆钝,无毛,有数个外露鳞片。叶片菱状卵形至倒卵形,长2~3.5 cm,宽1~1.8 cm,先端圆钝或微尖,基部楔形,边缘自近中部以上有少数圆钝缺刻状锯齿或3~5浅裂,两面无毛,下面浅蓝绿色,基部具有不明显的3脉或羽状脉。

伞形花序有总梗,无毛,具花10~25朵。花梗无毛。苞片披针形,无毛。花萼筒钟状,外面无毛,内面具短柔毛。萼片三角形或卵状三角形,先端急尖或短渐尖,内面疏生短柔毛。花瓣宽倒卵形,先端微凹,白色。雄蕊较花瓣短。花盘由较薄的裂片组成,裂片先端有时微凹。子房无毛或仅在腹部微具短柔毛,花柱短于雄蕊。菁葖果较直立,无毛,花柱位于背部先端,倾斜开展,萼片直立。花期4~6月,果期8~10月。

生长环境 生长于海拔1 800~2 200 m的半阴坡、半阳坡灌丛或林缘。喜光,稍耐阴,耐寒,耐旱,耐盐碱,耐瘠薄,不耐涝。对土壤要求不严,分蘖性强,耐修剪,易管理。

药用价值 入药部位:根、果实。性味:味辛,性微温。药用功效:理气镇痛,去瘀生新、解毒。药用主治:瘀血,腹胀满,带下病,跌打内伤,疮毒。

麻叶绣线菊

学名 *Spiraea cantoniensis* Lour.

别称 麻叶绣球、麻球。

科属 蔷薇科绣线菊属。

形态特征 灌木,高可达 1.5 m。小枝细瘦,圆柱形,呈拱形弯曲,幼时暗红褐色,无毛。冬芽小,卵形,先端尖,无毛,有数枚外露鳞片。叶片菱状披针形至菱状长圆形,长 3~5 cm,宽 1.5~2 cm,先端急尖,基部楔形,边缘自近中部以上有缺刻状锯齿,上面深绿色,下面灰蓝色,两面无毛,有羽状叶脉。叶柄无毛。

伞房花序具多数花朵。花梗无毛。苞片线形,无毛。花萼筒钟状,外面无毛,内面被短柔毛。萼片三角形或卵状三角形,先端急尖或短渐尖,内面微被短柔毛。花瓣近圆形或倒卵形,先端微凹或圆钝,白色。雄蕊稍短于花瓣或几与花瓣等长。花盘由大小不等的近圆形裂片组成,裂片先端有时微凹,排列成圆环形。子房近无毛,花柱短于雄蕊。蓇葖果直立开张,无毛,花柱顶生,常倾斜开展,具直立开张萼片。花期 4~5 月,果期 7~9 月。

生长环境 喜温暖和阳光充足的环境。稍耐寒、耐阴,较耐干旱,忌湿涝。分蘖力强。生长适温 15~24 ℃,冬季能耐-5 ℃低温,以肥沃、疏松和排水良好的沙壤土为宜。

药用价值 入药部位:根、叶、果实。药用功效:清热,凉血,祛瘀,消肿止痛。药用主治:跌打损伤,疥癣。

华北绣线菊

学名 *Spiraea fritschiana* Schneid.

别称 柳叶绣线菊、蚂磺梢。

科属 蔷薇科绣线菊属。

形态特征 灌木,高 1~2 m。枝条粗壮,小枝具明显棱角,有光泽,嫩枝无毛或具稀疏短柔毛,紫褐色至浅褐色。冬芽卵形,先端渐尖或急尖,有数枚外露褐色鳞片,幼时具稀疏短柔毛。叶片卵形、椭圆卵形或椭圆长圆形,先端急尖或渐尖,基部宽楔形,边缘有不整齐重锯齿或单锯齿,上面深绿色,无毛,稀沿叶脉有稀疏短柔毛,下面浅绿色,具短柔毛。叶柄幼时具短柔毛。

复伞房花序顶生于当年生直立新枝上,多花,无毛。苞片披针形或线形,微被短柔毛。花萼筒钟状,内面密被短柔毛。萼片三角形,先端急尖,内面近先端有短柔毛。花瓣卵形,先端圆钝,白色,在芽中呈粉红色。雄蕊长于花瓣。花盘圆环状,裂片先端微凹。子房具短柔毛,花柱短于雄蕊。蓇葖果几直立,开张,无毛或仅沿腹缝有短柔毛,花柱顶生,直立或稍倾斜,常具反折萼片。花期 6 月,果期 7~8 月。

生长环境 生长于海拔 100~1 000 m 的岩石坡地、山谷丛林间,以及土层较薄、土质贫瘠的杂木丛、山坡及山谷中,是耐寒、耐旱及耐瘠薄生长力很强的灌木。

药用价值 入药部位:根、果实。药用功效:清热止咳。药用主治:发热,咳嗽。

光叶绣线菊

学名 *Spiraea japonica* Lf. var. fol-tunei (Planch.) Rehd.

科属 蔷薇科绣线菊属。

形态特征 灌木,高 1~1.5 m。小枝棕红色或棕黄色,细长,开展,有柔毛或脱落近无毛。叶互生,长圆形或长圆状披针形,长 5~11 cm,边缘有尖锐重锯齿。叶柄具短柔毛或无毛。复伞房花序生于当年生直立新枝顶端,花朵密集,花梗被柔毛。苞片披针形至线状披针形。

花粉红色至红色,花萼外面有疏短柔毛,萼筒钟状,萼片卵状三角形,顶端急尖,内面近顶端处有短柔毛。花瓣卵圆形至圆形,顶端钝或微凹,雄蕊多数,远较花瓣长。花盘圆环形,不发达。心皮离生。

蓇葖果半开张,常沿腹缝线开裂,花柱顶生,稍倾斜,萼片常直立。种子小,长圆形。

生长环境 生长于海拔 700~3 000 m 的山坡、田野或杂木林下。

药用价值 药用功效:消肿解毒,去腐生肌。药用主治:慢性骨髓炎,刀伤。

三裂绣线菊

学名 *Spiraea trilobata* L.

别称 三桠绣线菊、团叶绣球、三裂叶绣线菊。

科属 蔷薇科绣线菊属。

形态特征 灌木,高 1~2 m。小枝细瘦,开展,稍呈之字形弯曲,嫩时褐黄色,无毛,老时暗灰褐色。冬芽小,宽卵形,先端钝,无毛,外被数个鳞片。叶片近圆形,长 1.7~3 cm,先端钝,常3裂,基部圆形、楔形或亚心形,边缘自中部以上有少数圆钝锯齿,两面无毛,下面色较浅。

伞形花序具总梗,无毛,有花 15~30 朵。花梗无毛。苞片线形或倒披针形,上部深裂成细裂片。花萼筒钟状,外面无毛,内面有灰白色短柔毛。萼片三角形,先端急尖,内面具稀疏短柔毛。花瓣宽倒卵形,先端常微凹,雄蕊比花瓣短。花盘约有 10 个大小不等的裂片,裂片先端微凹,排列成圆环形。子房被短柔毛,花柱比雄蕊短。蓇葖果开张,仅沿腹缝微具短柔毛或无毛,花柱顶生,稍倾斜,具直立萼片。花期 5~6 月,果期 7~8 月。

生长环境 生长于向阳坡地或灌木丛中,喜光,稍耐阴,耐寒,耐旱,耐盐碱,不耐涝,耐瘠薄,对土壤要求不严,在土壤深厚的腐殖土上生长良好。茎基部的芽萌发力强,耐修剪,易管理。

药用价值 入药部位:叶、果实。药用功效:活血祛瘀,消肿止痛。

珍珠梅

学名 *Sorbaria sorbifolia* (L.) A. Br.

别称 山高粱条子、高楷子、八本条。

科属 蔷薇科珍珠梅属。

形态特征 灌木,高可达 2 m,枝条开展。小枝圆柱形,稍屈曲,无毛或微被短柔毛,初时绿色,老时暗红褐色或暗黄褐色。冬芽卵形,先端圆钝,无毛或顶端微被柔毛,紫褐色,具有数枚互生外露的鳞片。

羽状复叶,叶轴微被短柔毛。小叶对生,相距 2~2.5 cm,披针形至卵状披针形,先端渐尖,稀尾尖,基部近圆形或宽楔形,稀偏斜,边缘有尖锐重锯齿,上下两面无毛或近于无毛,羽状网脉,小叶无柄或近于无柄。托叶叶质,卵状披针形至三角披针形,先端渐尖至急尖,边缘有不规则锯齿或全缘,外面微被短柔毛。

顶生大型密集圆锥花序,分枝近于直立,总花梗和花梗被星状毛或短柔毛,果期逐渐脱落,近于无毛。苞片卵状披针形至线状披针形,先端长渐尖,全缘或有浅齿,上下两面微被柔毛,果期逐渐脱落。萼筒钟状,外面基部微被短柔毛。萼片三角卵形,先端钝或急尖,萼片约与萼筒等长。花瓣长圆形或倒卵形,白色。雄蕊长于花瓣 1.5~2 倍,生在花盘边缘。心皮无毛或稍具柔毛。蓇葖果长圆形,有顶生弯曲花柱,果梗直立。萼片宿存,反折,稀开展。花期 7~8 月,果期 9 月。

生长环境 生长于海拔 250~1 500 m 的山坡疏林中,喜光,亦耐阴,耐寒,对土壤要求不严,适宜在肥沃的沙质壤土上生长,也较耐盐碱土。喜湿润环境,积水易导致植株烂根,缺水则影响植株生长,耐瘠薄,除在栽植时施入适量有机肥外,每年开春适当追施一次氮磷钾复合肥,可使植株生长旺盛,花多花期长。

药用价值 入药部位:茎皮。性味:味苦,性寒。药用主治:活血祛瘀,消肿止痛。

中华绣线梅

学名 *Neillia sinensis* Oliv.

别称 华南梨。

科属 蔷薇科绣线梅属。

形态特征 灌木,高可达 2 m。小枝圆柱形,无毛,幼时紫褐色,老时暗灰褐色。冬芽卵形,先端钝,微被短柔毛或近于无毛,红褐色。叶片卵形至卵状长椭圆形,长 5~11 cm,宽 3~6 cm,先端长渐尖,基部圆形或近心形,稀宽楔形,边缘有重锯齿,常不规则分裂,稀不裂,两面无毛或在下面脉腋有柔毛。叶柄微被毛或近于无毛。托叶线状披针形或卵状披针形,先端渐尖或急尖,全缘,早落。

顶生总状花序,无毛。花萼筒状,外面无毛,内面被短柔毛。萼片三角形,先端尾尖,全缘,花瓣倒卵形,先端圆钝,淡粉色。雄蕊花丝不等长,着生于萼筒边缘,排成不规则的 2 轮。子房顶端有毛,花柱直立。蓇葖果长椭圆形,萼筒宿存,外被疏生长腺毛。花期 5~6 月,果期 8~9 月。

生长环境 生长于海拔 1 000~2 500 m 的山坡丛林、山坡、山谷或沟边杂木林中。

药用价值 入药部位:全株。全年均可采,晒干或鲜用。性味:味辛,性平。药用功效:祛风解表,和中止泻。药用主治:感冒,泄泻。

宝兴栒子

学名 *Cotoneaster moupinensis* Franch.

别称 宝兴栒子、宝头栒子、木坪栒子。

科属 蔷薇科栒子属。

形态特征 落叶灌木,高可达5 m。枝条开张,小枝圆柱形,稍曲折,灰黑色,具显明皮孔,幼时被糙伏毛,以后逐渐脱落。叶片椭圆卵形或菱状卵形,长4~12 cm,宽2~4.5 cm,先端渐尖,基部宽楔形或近圆形,全缘,上面微被稀疏柔毛,具皱纹和泡状隆起,下面沿显明网状脉上被短柔毛。叶柄具短柔毛。托叶早落。

聚伞花序有多数花朵,总花梗和花梗被短柔毛。苞片披针形,有稀疏短柔毛。萼筒钟状,外面具短柔毛,内面无毛。萼片三角形,先端急尖,外面微具短柔毛,内面近无毛。花瓣直立,卵形或近圆形,先端圆钝,粉红色。雄蕊短于花瓣。花柱离生,比雄蕊短。子房顶部有短柔毛。果实近球形或倒卵形,黑色,内具4~5小核。花期6~7月,果期9~10月。

生长环境 生长于疏林边或松林下。

药用价值 入药部位:全株。药用主治:风湿关节痛。

火棘

学名 *Pyracantha fortuneana*(Maxim.)Li.

别称 火把果、救军粮、吉祥果。

科属 蔷薇科火棘属。

形态特征 常绿灌木,高可达3 m。侧枝短,先端成刺状,嫩枝外被锈色短柔毛,老枝暗褐色,无毛。芽小,外被短柔毛。叶片倒卵形或倒卵状长圆形,先端圆钝或微凹,有时具短尖头,基部楔形,下延连于叶柄,边缘有钝锯齿,齿尖向内弯,近基部全缘,两面皆无毛。叶柄短,无毛或嫩时有柔毛。

花集成复伞房花序,花梗和总花梗近于无毛,萼筒钟状,无毛。萼片三角卵形,先端钝。花瓣白色,近圆形,花柱离生,与雄蕊等长,子房上部密生白色柔毛。果实近球形,橘红色或深红色。花期3~5月,果期8~11月。

生长环境 喜强光,耐贫瘠,抗干旱,不耐寒。对土壤要求不严,以排水良好、湿润、疏松的中性或微酸性壤土为宜。

药用价值 入药部位:果实、根、叶。性味:味甘、酸,性平。果药用功效:消积止痢,活血止血。用于消化不良、肠炎、痢疾、小儿疳积、白带、产后腹痛。根药用功效:清热凉血。用于虚痨骨蒸潮热、肝炎、跌打损伤、筋骨疼痛、腰痛、崩漏、白带、月经不调、吐血、便血。叶药用功效:清热解毒。外敷治疮疡肿毒。

野山楂

学名 *Crataegus cuneata* Sieb. et Zucc.

别称 红果子、小叶山楂、南山楂。

科属 蔷薇科山楂属。

形态特征 落叶灌木,高可达 15 m,分枝密,通常具细刺,刺长 5~8 mm。小枝细弱,圆柱形,有棱,幼时被柔毛,一年生枝紫褐色,无毛,老枝灰褐色,散生长圆形皮孔。冬芽三角卵形,先端圆钝,无毛,紫褐色。叶片宽倒卵形至倒卵状长圆形,长 2~6 cm,宽 1~4.5 cm,先端急尖,基部楔形,下延连于叶柄,边缘有不规则重锯齿,顶端常有浅裂片,上面无毛,有光泽,下面具稀疏柔毛,沿叶脉较密,以后脱落,叶脉显著。叶柄两侧有叶翼,托叶大形,草质,镰刀状,边缘有齿。

伞房花序,总花梗和花梗均被柔毛。苞片草质,披针形,条裂或有锯齿,脱落很迟。萼筒钟状,外被长柔毛,萼片三角卵形,约与萼筒等长,先端尾状渐尖,全缘或有齿,内外两面均具柔毛。花瓣近圆形或倒卵形,白色,基部有短爪。花药红色。基部被茸毛。果实近球形或扁球形,直径 1~1.2 cm,红色或黄色,常具有宿存反折萼片,内面两侧平滑。花期 5~6 月,果期 9~11 月。

生长环境 生长于海拔 250~2 000 m 的山谷、湿地或山地灌木丛中。

药用价值 入药部位:茎、叶、果实,果实于 9~11 月可采,茎随时可采,叶春、夏、秋季采收。性味:酸甘,微温。药用功效:健胃消积,收敛止血,散瘀止痛。药用主治:消积散瘀,补脾健胃,行结气,化血块,活血。核化食磨积。治反胃、小儿麻疹、产妇腰痛、妇人崩带、疝气、老人腰痛。

湖北山楂

学名 *Crataegus hupehensis* Sarg.

别称 猴楂子、酸枣、大山枣。

科属 蔷薇科山楂属。

形态特征 乔木或灌木,高可达 3~5 m,枝条开展。刺少,直立,长约 1.5 cm,也常无刺。小枝圆柱形,无毛,紫褐色,有疏生浅褐色皮孔,二年生枝条灰褐色。冬芽三角卵形至卵形,先端急尖,无毛,紫褐色。

叶片卵形至卵状长圆形,长 4~9 cm,宽 4~7 cm,先端短渐尖,基部宽楔形或近圆形,边缘有圆钝锯齿,上半部具浅裂片,裂片卵形,先端短渐尖,无毛或仅下部脉腋有髯毛。叶柄长 3.5~5 cm,无毛。托叶草质,披针形或镰刀形,边缘具腺齿,早落。

伞房花序,直径 3~4 cm,具多花。总花梗和花梗均无毛,花梗长 4~5 mm。苞片膜质,线状披针形,边缘有齿,早落。花直径约 1 cm。萼筒钟状,外面无毛。萼片三角卵形,先端尾状渐尖,全缘,长 3~4 mm,稍短于萼筒,内外两面皆无毛。花瓣卵形。果实近球形,直径 2.5 cm,深红色,有斑点,萼片宿存,反折。两侧平滑。花期 5~6 月,果期 8~9 月。

生长环境 生长于海拔 500~2 000 m 的山坡灌木丛中,对环境要求不严,山坡、岗地都可栽种。抗寒,抗风能力强,一般无冻害。

药用价值 入药部位:果实。性味:味酸、甘,性微温。药用主治:痢疾,产后瘀痛,绦虫病,高血压症,肉食积滞,肝脾肿大,血脂偏高。

山楂

学名 *Crataegus pinnatifida* Bunge

别称 山里果、山里红、酸里红。

科属 蔷薇科山楂属。

形态特征 落叶乔木,树皮粗糙,暗灰色或灰褐色。刺长 1~2 cm,有时无刺。小枝圆柱形,当年生枝紫褐色,无毛或近于无毛,疏生皮孔,老枝灰褐色。冬芽三角卵形,先端圆钝,无毛,紫色。

叶片宽卵形或三角状卵形,稀菱状卵形,长 5~10 cm,宽 4~7.5 cm,先端短渐尖,基部截形至宽楔形,通常两侧有 5 羽状深裂片,裂片卵状披针形或带形,先端短渐尖,边缘有尖锐稀疏不规则重锯齿,上面暗绿色,有光泽,下面沿叶脉有疏生短柔毛或在脉腋有髯毛,侧脉 6~10 对,有的达到裂片先端,有的达到裂片分裂处。叶柄 2~6 cm,无毛。托叶草质,边缘有锯齿。

伞房花序,具多花,总花梗和花梗均被柔毛,花后脱落,减少,花梗苞片膜质,线状披针形,先端渐尖,边缘具腺齿,早落。萼筒钟状,外面密被灰白色柔毛。萼片三角卵形至披针形,先端渐尖,全缘,约与萼筒等长,内外两面均无毛,或在内面顶端有髯毛。花瓣倒卵形或近圆形,白色。雄蕊短于花瓣,花药粉红色。果实近球形或梨形,直径 1~1.5 cm,深红色,有浅色斑点。小核外面稍具棱,内面两侧平滑。萼片脱落很迟,先端留一圆形深洼。花期 5~6月,果期 9~10 月。

生长环境 生长于海拔 100~1 500 m 的山坡林边或灌木丛中,适应性强,喜凉爽、湿润的环境,喜光,也能耐阴,水分过多时,枝叶容易徒长。对土壤要求不严,在土层深厚、质地肥沃、疏松、排水良好的微酸性沙壤土上生长良好。

药用价值 入药部位:干燥成熟果实。性味:味酸、甘,性微温。药用功效:消食健胃,行气散瘀,化浊降脂。药用主治:肉食积滞,胃脘胀满,泻痢腹痛,瘀血经闭,产后瘀阻,心腹刺痛,胸痹心痛,疝气疼痛,高脂血症。

枇杷

学名 *Eriobotrya japonica* (Thunb.) Lindl.

别称 芦橘、金丸、芦枝。

科属 蔷薇科枇杷属。

形态特征 常绿小乔木,高可达 10 m。小枝粗壮,黄褐色,密生锈色或灰棕色茸毛。叶片革质,披针形、倒披针形、倒卵形或椭圆长圆形,长 12~30 cm,宽 3~9 cm,先端急尖或渐尖,基部楔形或渐狭成叶柄,上部边缘有疏锯齿,基部全缘,上面光亮,多皱,下面密生灰棕色茸毛,侧脉 11~21 对。叶柄短或几无柄,有灰棕色茸毛。托叶钻形,长 1~1.5 cm,先端急尖,有毛。

圆锥花序顶生,长 10~19 cm,具多花。总花梗和花梗密生锈色茸毛。花梗长 2~8 mm。苞片钻形,密生锈色茸毛。花萼筒浅杯状,长 4~5 mm,萼片三角卵形,先端急尖,萼筒及萼片外面有锈色茸毛。花瓣白色,长圆形或卵形,基部具爪,有锈色茸毛。雄蕊远短于花瓣,花丝基部扩展。花柱离生,柱头头状,无毛,子房顶端有锈色柔毛。果实球形或长圆形,直径 2~5 cm,黄色或橘黄色,外有锈色柔毛,不久脱落。种子球形或扁球形,直径 1~1.5 cm,褐色,光亮,种皮纸质。花期 10~12 月,果期 5~6 月。

生长环境 喜光,稍耐阴,喜温暖气候和肥沃、湿润、排水良好的土壤,稍耐寒。

药用价值 入药部位:果实。果实成熟不一致,宜分次采收,采黄留青,采熟留生。性味:味甘、酸,性凉。药用功效:润肺,下气,止渴。药用主治:肺燥咳喘,吐逆,烦渴。

石楠

学名 *Photinia serrulata* Lindl.

别称 红树叶、石岩树叶、水红树。

科属 蔷薇科石楠属。

形态特征 常绿灌木或中型乔木,高 3~6 m,有时可达 12 m。枝褐灰色,全体无毛。冬芽卵形,鳞片褐色,无毛。叶片革质,长椭圆形、长倒卵形或倒卵状椭圆形,长 9~22 cm,宽 3~6.5 cm,先端尾尖,基部圆形或宽楔形,边缘有疏生具腺细锯齿,近基部全缘,上面光亮,幼时中脉有茸毛,成熟后两面皆无毛,中脉显著,侧脉 25~30 对。叶柄粗壮,长 2~4 cm,幼时有茸毛,以后无毛。

复伞房花序顶生,直径 10~16 cm。总花梗和花梗无毛,花梗长 3~5 mm。花密生,直径 6~8 mm。萼筒杯状,无毛。萼片阔三角形,先端急尖,无毛。花瓣白色,近圆形,直径 3~4 mm,内外两面皆无毛。雄蕊外轮较花瓣长,内轮较花瓣短,花药带紫色。花柱基部合生,柱头头状,子房顶端有柔毛。果实球形,红色,后成褐紫色,种子卵形,棕色,平滑。花期 6~7 月,果期 10~11 月。

生长环境 生长于海拔 1 000~2 500 m 的杂木林中,喜光,稍耐阴,深根性,对土壤要求不严,以肥沃、湿润、土层深厚、排水良好、微酸性的沙质壤土为宜,能耐短期−15 ℃ 的低温,喜温暖、湿润气候。萌芽力强,耐修剪,对烟尘和有毒气体有一定的抗性。

药用价值 入药部位:根、叶。根秋季采,洗净切片晒干。叶随用随采,或夏季采集晒干。性味:味辛、苦,性平。药用功效:祛风止痛。药用主治:头风头痛,腰膝无力,风湿筋骨疼痛。

中华石楠

学名 *Photinia beauverdiana* Schneid.

别称 假思桃、波氏石楠。

科属 蔷薇科石楠属。

形态特征 落叶灌木或小乔木,高 3~10 m。小枝无毛,紫褐色,有散生灰色皮孔。叶片薄纸质,长圆形、倒卵状长圆形或卵状披针形,长 5~10 cm,宽 2~4.5 cm,先端突渐尖,基部圆形或楔形,边缘有疏生具腺锯齿,上面光亮,无毛,下面中脉疏生柔毛,侧脉 9~14 对。叶柄微有柔毛。

花多数,成复伞房花序,直径 5~7 cm。总花梗和花梗无毛,密生疣点,花梗长 7~15 mm。花萼筒杯状,外面微有毛。萼片三角卵形,花瓣白色,卵形或倒卵形,先端圆钝,无毛。雄蕊花柱基部合生。果实卵形,紫红色,无毛,微有疣点,先端有宿存萼片。果梗长 1~2 cm。花期 5 月,果期 7~8 月。

生长环境 生长于海拔 100~1 700 m 的山坡或山谷林下。

药用价值 入药部位:根、叶。夏、秋季采叶晒干;根全年均可采,洗净切片晒干。性味:味辛、苦,性平。药用功效:行气活血,祛风止痛。药用主治:风湿痹痛,肾虚脚膝酸软,头风头痛,跌打损伤。

小叶石楠

学名 *Photinia parvifolia* (Pritz.) Schneid.

别称 牛筋木、牛李子、山红。

科属 蔷薇科石楠属。

形态特征 落叶灌木,高 1~3 m。枝纤细,小枝红褐色,无毛,有黄色散生皮孔。冬芽卵形,长 3~4 mm,先端急尖。叶片草质,椭圆形、椭圆卵形或菱状卵形,长 4~8 cm,宽 1~3.5 cm,先端渐尖或尾尖,基部宽楔形或近圆形,边缘有具腺尖锐锯齿,上面光亮,初疏生柔毛,以后无毛,下面无毛。叶柄无毛。

花 2~9 朵,成伞形花序,生于侧枝顶端,无总花梗。苞片及小苞片钻形,早落。花梗细,长 1~2.5 cm,无毛,有疣点。花萼筒杯状,无毛。萼片卵形,先端急尖,外面无毛,内面疏生柔毛。花瓣白色,圆形,先端钝,有极短爪,内面基部疏生长柔毛。雄蕊较花瓣短。花柱中部以下合生,较雄蕊稍长,子房顶端密生长柔毛。果实椭圆形或卵形,长 9~12 mm,橘红色或紫色,无毛,有直立宿存萼片,内含 2~3 粒卵形种子。果梗长 1~2.5 cm,密布疣点。花期 4~5 月,果期 7~8 月。

生长环境 生长于海拔 1 000 m 以下的低山丘陵灌丛中。喜光,稍耐阴,深根性,对土壤要求不严,以肥沃、湿润、土层深厚、排水良好、微酸性的沙质壤土为宜,喜温暖、湿润气候。萌芽力强,耐修剪,对烟尘和有毒气体有一定的抗性。

药用价值 入药部位:根。秋、冬季采挖,洗净晒干。性味:味苦,性微寒。药用功效:清热解毒,活血止痛。药用主治:黄疸,乳痈,牙痛。

杜梨

学名 *Pyrus betulifolia* Bunge

别称 棠梨、土梨、海棠梨。

科属 蔷薇科梨属。

形态特征 乔木,高可达 10 m,树冠开展,枝常具刺。小枝嫩时密被灰白色茸毛,二年生枝条具稀疏茸毛或近于无毛,紫褐色。冬芽卵形,先端渐尖,外被灰白色茸毛。叶片菱状卵形至长圆卵形,长4~8 cm,宽2.5~3.5 cm,先端渐尖,基部宽楔形,稀近圆形,边缘有粗锐锯齿,幼叶上下两面均密被灰白色茸毛,成长后脱落,老叶上面无毛而有光泽,下面微被茸毛或近于无毛。叶柄被灰白色茸毛。托叶膜质,线状披针形,两面均被茸毛,早落。

伞形总状花序,有花10~15朵,总花梗和花梗均被灰白色茸毛,花梗长2~2.5 cm。苞片膜质,线形,两面均微被茸毛,早落。花萼筒外密被灰白色茸毛。萼片三角卵形,先端急尖,全缘,内外两面均密被茸毛,花瓣宽卵形,先端圆钝,基部具有短爪,白色。雄蕊花药紫色,长约花瓣之半。花柱基部微具毛。果实近球形,褐色,有淡色斑点,萼片脱落,基部具茸毛果梗。花期4月,果期8~9月。

生长环境　生长于海拔50~1 800 m的平原或山坡阳处,适生性强,喜光,耐寒,耐旱,耐涝,耐瘠薄,在中性土及盐碱土上均能正常生长。

药用价值　入药部位:果实。8~9月果实成熟时采摘,晒干或鲜用。性味:味酸、甘、涩,性寒。药用功效:消食止痢。药用主治:腹泻。

豆梨

学名　*Pyrus calleryana* Decne.

别称　野梨、台湾野梨、山梨。

科属　蔷薇科梨属。

形态特征　乔木,高5~8 m。小枝粗壮,圆柱形,在幼嫩时有茸毛,不久脱落,二年生枝条灰褐色。冬芽三角卵形,先端短渐尖,微具茸毛。叶片宽卵形至卵形,稀长椭卵形,长4~8 cm,先端渐尖,稀短尖,基部圆形至宽楔形,边缘有钝锯齿,两面无毛。叶柄无毛。托叶叶质,线状披针形,无毛。

伞形总状花序,具花6~12朵,总花梗和花梗均无毛,花梗苞片膜质,线状披针形,内面具茸毛。花萼筒无毛。萼片披针形,先端渐尖,全缘,外面无毛,内面具茸毛,边缘较密。花瓣卵形,基部具短爪,白色。雄蕊稍短于花瓣。花柱基部无毛。果球形,黑褐色,有斑点,萼片脱落,有细长果梗。花期4月,果期8~9月。

生长环境　适宜生长于海拔80~1 800 m的温暖潮湿气候,生长于山坡、平原或山谷杂木林中,喜光,稍耐阴,不耐寒,耐干旱、瘠薄,深根性。对土壤要求不严,在碱性土中也能生长。具抗病虫害能力,生长较慢。

药用价值　入药部位:根、叶、枝、皮。性味:味酸、甘、涩,性寒。药用功效:疏肝和胃,缓急止泻。药用主治:根、叶润肺止咳,清热解毒。主治肺燥咳嗽、急性眼结膜炎。果实健胃、止痢。有健胃、消食、止痢、止咳功效。

麻梨

学名　*Pyrus serrulata* Rehd.

别称　麻梨子、黄皮梨。

科属　蔷薇科梨属。

形态特征　乔木,高可达 8~10 m。小枝圆柱形,微带棱角,在幼嫩时具褐色茸毛,以后脱落无毛,二年生枝紫褐色,具稀疏白色皮孔。冬芽肥大,卵形,先端急尖,鳞片内面具有黄褐色茸毛。叶片卵形至长卵形,长 5~11 cm,先端渐尖,基部宽楔形或圆形,边缘有细锐锯齿,齿尖常向内合拢,下面在幼嫩时被褐色茸毛,以后脱落,侧脉 7~13 对,网脉明显。叶柄长 3.5~7.5 cm,嫩时有褐色茸毛,不久脱落。托叶膜质,线状披针形,先端渐尖,内面有褐色茸毛,早落。

　　伞形总状花序,有花 6~11 朵,花梗长 3~5 cm,总花梗和花梗均被褐色绵毛,逐渐脱落。苞片膜质,线状披针形,先端渐尖,边缘有腺齿,内面具褐色绵毛。花萼筒外面有稀疏茸毛。萼片三角卵形,先端渐尖或急尖,边缘具有腺齿,外面具有稀疏茸毛,内面密生茸毛。花瓣宽卵形,先端圆钝,基部具有短爪,白色。雄蕊 20 枚,约短于花瓣之半。花柱和雄蕊近等长,基部具稀疏柔毛。果实近球形或倒卵形,长 1.5~2.2 cm,深褐色,有浅褐色果点,萼片宿存,或有时部分脱落,果梗长 3~4 cm。花期 4 月,果期 6~8 月。

　　生长环境　生长于海拔 100~1 500 m 的灌木丛中或林边,对土壤的适应性强,以土层深厚、土质疏松、透水和保水性能好的沙质壤土为宜,对土壤适应性广,以 pH 值 5.8~7 为宜。

　　药用价值　有生津止咳、润燥化痰、润肠通便的功效,对热病津伤、心烦口渴、肺燥干咳、咽干舌燥、噎嗝反胃、大便干结等病症状有一定的调节功效。还有清热、镇静的功效,对于高血压、心脏病、头晕目眩、失眠多梦等有较好的辅助功效,是肝炎、肾病的保健食品,有较好的保肝、养肝和帮助消化的功效。

秋子梨

　　学名　*Pyrus ussuriensis* Maxim.

　　别称　花盖梨、沙果梨、酸梨。

　　科属　蔷薇科梨属。

　　形态特征　乔木,高可达 15 m,树冠宽广。嫩枝无毛或微具毛,二年生枝条黄灰色至紫褐色,老枝转为黄灰色或黄褐色,具稀疏皮孔。冬芽肥大,卵形,先端钝,鳞片边缘微具毛或近于无毛。叶片卵形至宽卵形,长 5~10 cm,宽 4~6 cm,先端短渐尖,基部圆形或近心形,稀宽楔形,边缘具有带刺芒状尖锐锯齿,上下两面无毛或在幼嫩时被茸毛,不久脱落。叶柄长 2~5 cm,嫩时有茸毛,不久脱落。托叶线状披针形,先端渐尖,边缘具有腺齿,早落。

　　花序密集,有花 5~7 朵,花梗长 2~5 cm,总花梗和花梗在幼嫩时被茸毛,不久脱落。苞片膜质,线状披针形,先端渐尖,全缘。花萼筒外面无毛或微具茸毛。萼片三角披针形,先端渐尖,边缘有腺齿,外面无毛,内面密被茸毛。花瓣倒卵形或广卵形,先端圆钝,基部具短爪,无毛,白色。雄蕊短于花瓣,花药紫色。花柱离生,近基部有稀疏柔毛。果实近球形,黄色,直径 2~6 cm,萼片宿存,基部微下陷,具短果梗,长 1~2 cm。花期 5 月,果期 8~10 月。

　　生长环境　喜光,在年降水量 800~1 000 mm 以上的地区生长良好,果实成熟前雨水过多、光照不足均会降低果实品质。对土壤要求不严,较耐湿涝和盐碱。土壤含盐量低于0.2%,pH 值 5.8~8.5,土壤过于瘠薄时,果实发育受阻,肉质变硬,果汁少而风味差。

　　药用价值　入药部位:果实及叶。秋季果实黄绿时采摘,切片晒干;夏、秋季采收叶,阴干。性味:果实味甘、酸、涩,性凉。叶味微苦,性平。药用功效:清热化痰,燥湿健脾,和胃止呕,止泻,利水,消肿。药用主治:肺热咳嗽,痰多,胸闷胀满,消化不良,呕吐,热泻,水肿,小便不利。

山荆子

学名 *Malus baccata* (L.) Borkh.

别称 林荆子、山定子、山丁子。

科属 蔷薇科苹果属。

形态特征 乔木,高可达 10~14 m,树冠广圆形,幼枝细弱,微屈曲,圆柱形,无毛,红褐色,老枝暗褐色。冬芽卵形,先端渐尖,鳞片边缘微具茸毛,红褐色。叶片椭圆形或卵形,长 3~8 cm,宽 2~3.5 cm,先端渐尖,稀尾状渐尖,基部楔形或圆形,边缘有细锐锯齿,嫩时稍有短柔毛或完全无毛。叶柄长 2~5 cm,幼时有短柔毛及少数腺体,不久即全部脱落,无毛。托叶膜质,披针形,全缘或有腺齿,早落。

伞形花序,具花 4~6 朵,无总梗,集生在小枝顶端,直径 5~7 cm。花梗细长,1.5~4 cm,无毛。苞片膜质,线状披针形,边缘具有腺齿,无毛,早落。花直径 3~3.5 cm。萼筒外面无毛。萼片披针形,先端渐尖,全缘,外面无毛,内面被茸毛,长于萼筒。花瓣倒卵形,长 2~2.5 cm,先端圆钝,基部有短爪,白色。雄蕊 15~20 枚,长短不齐,约等于花瓣之半。花柱基部有长柔毛,较雄蕊长。果实近球形,红色或黄色,柄洼及萼洼稍微陷入,萼片脱落。果梗长 3~4 cm。花期 4~6 月,果期 9~10 月。

生长环境 生长于海拔 50~1 500 m 的山坡杂木林中及山谷阴处灌木丛中,喜光,耐寒性强,耐瘠薄,不耐盐,深根性,寿命长。

药用价值 入药部位:果实。秋季果熟时采摘,切片晾干。药用功效:止泻痢。药用主治:痢疾,吐泻。

垂丝海棠

学名 *Malus halliana* Koehne

别称 垂枝海棠。

科属 蔷薇科苹果属。

形态特征 落叶小乔木,高可达 5 m,树冠疏散,枝开展。小枝细弱,微弯曲,圆柱形,最初有毛,不久脱落,紫色或紫褐色。冬芽卵形,先端渐尖,无毛或仅在鳞片边缘具柔毛,紫色。叶片卵形或椭圆形至长椭卵形,长 3.5~8 cm,宽 2.5~4.5 cm,先端长渐尖,基部楔形至近圆形,锯齿细钝或近全缘,质较厚实,表面有光泽。中脉有时具短柔毛,其余部分均无毛,上面深绿色,有光泽并常带紫晕。叶柄长 5~25 mm,幼时被稀疏柔毛,老时近于无毛。托叶小,膜质,披针形,内面有毛,早落。

伞房花序,花序中常有 1~2 朵花无雌蕊,具花 4~6 朵,花梗细弱,长 2~4 cm,下垂,有稀疏柔毛,紫色。花直径 3~3.5 cm。萼筒外面无毛。萼片三角卵形,长 3~5 mm,先端钝,全缘,外面无毛,内面密被茸毛,与萼筒等长或稍短。花瓣倒卵形,长约 1.5 cm,基部有短爪,粉红色,常在 5 数以上。雄蕊 20~25 枚,花丝长短不齐,约等于花瓣之半。花柱 4 或 5,较雄蕊为长,基部有长茸毛,顶花有时缺少雌蕊。果实梨形或倒卵形,直径 6~8 mm,略带紫色,成熟很迟,萼片脱落。果梗长 2~5 cm。花期 3~4 月,果期 9~10 月。

生长环境 生长于海拔 500~1 200 m 的山坡丛林中或山溪边,喜阳光,不耐阴,也不耐寒,喜温暖湿润环境,适宜生长于阳光充足、背风之处。对土壤要求不严,微酸或微碱性土壤均可生长,以土层深厚、疏松肥沃、排水良好、略带黏质的土壤为宜。

药用价值 性味:味淡、苦,性平。药用功效:调经和血。药用主治:血崩。

鸡麻

学名 *Rhodotypos scandens*(Thunb.)Makino

别称 白棣棠、三角草、山葫芦子。

科属 蔷薇科鸡麻属。

形态特征 落叶灌木,高 0.5~2 m,小枝紫褐色,嫩枝绿色,光滑。叶对生,卵形,长 4~11 cm,宽 3~6 cm,顶端渐尖,基部圆形至微心形,边缘有尖锐重锯齿,上面幼时被疏柔毛,以后脱落无毛,下面被绢状柔毛,老时脱落,仅沿脉被稀疏柔毛。叶柄长 2~5 mm,被疏柔毛。托叶膜质狭带形,被疏柔毛,不久脱落。

单花顶生于新梢上。花直径 3~5 cm。萼片大,卵状椭圆形,顶端急尖,边缘有锐锯齿,外面被稀疏绢状柔毛,副萼片细小,狭带形,比萼片短 4~5 倍。花瓣白色,倒卵形,比萼片长 1/4~1/3 倍。核果黑色或褐色,斜椭圆形,光滑。花期 4~5 月,果期 6~9 月。

生长环境 生长于海拔 100~800 m 的山坡疏林中及山谷林下阴处。喜光,耐半阴,耐寒,怕涝,适宜生长于疏松、肥沃、排水良好的土壤上。

药用价值 入药部位:根、果实。夏、秋季采挖根,洗净切片晒干。6~9 月采果实晒干。性味:味甘,性平。药用功效:补血,益肾。药用主治:血虚肾亏。

木香花

学名 *Rosa banksiae* W.T. Aiton

别称 蜜香、青木香、五香。

科属 蔷薇科蔷薇属。

形态特征 攀缘小灌木,高可达 6 m。小枝圆柱形,无毛,有短小皮刺。老枝上的皮刺较大,坚硬,经栽培后有时枝条无刺。小叶 3~5 片,稀 7 片,连叶柄长 4~6 cm。小叶片椭圆状卵形或长圆披针形,长 2~5 cm,宽 8~18 mm,先端急尖或稍钝,基部近圆形或宽楔形,边缘有紧贴细锯齿,上面无毛,深绿色,下面淡绿色,中脉突起,沿脉有柔毛。小叶柄和叶轴有稀疏柔毛和散生小皮刺。托叶线状披针形,膜质,离生,早落。

花小型,多朵成伞形花序,直径 1.5~2.5 cm。花梗长 2~3 cm,无毛。萼片卵形,先端长渐尖,全缘,萼筒和萼片外面均无毛,内面被白色柔毛。花瓣重瓣至半重瓣,白色,倒卵形,先端圆,基部楔形。心皮多数,花柱离生,密被柔毛,比雄蕊短很多。花期 4~5 月。

生长环境 生长于海拔 500~1 300 m 的溪边、路旁或山坡灌丛中,喜阳光,亦耐半阴,较耐寒,适宜生长于排水良好的肥沃润湿地。在北方大部分地区都能露地越冬,对土壤要求不严,耐干旱,耐瘠薄,栽植在土层深厚疏松、肥沃湿润、排水通畅的土壤上生长良好,不耐水湿,忌积水。

药用价值 入药部位:根、叶。性味:味涩,性平。药用功效:涩肠止泻,解毒,止血。药用主治:腹泻,痢疾,疮疖,月经过多,便血。

小果蔷薇

学名 *Rosa cymosa* Tratt.

别称 山木香、小刺花、小倒钩簕。

科属 蔷薇科蔷薇属。

形态特征 攀缘灌木,高2~5 m。小枝圆柱形,无毛或稍有柔毛,有钩状皮刺。小叶3~5片,稀7片。连叶柄长5~10 cm。小叶片卵状披针形或椭圆形,稀长圆披针形,长2.5~6 cm,宽8~25 mm,先端渐尖,基部近圆形,边缘有紧贴或尖锐细锯齿,两面均无毛,上面亮绿色,下面颜色较淡,中脉突起,沿脉有稀疏长柔毛。小叶柄和叶轴无毛或有柔毛,有稀疏皮刺和腺毛。托叶膜质,离生,线形,早落。

复伞房花序。花直径2~2.5 cm,花梗长约1.5 cm,幼时密被长柔毛,老时逐渐脱落近于无毛。萼片卵形,先端渐尖,常有羽状裂片,外面近无毛,稀有刺毛,内面被稀疏白色茸毛,沿边缘较密。花瓣白色,倒卵形,先端凹,基部楔形。花柱离生,稍伸出花托口外,与雄蕊近等长,密被白色柔毛。果球形,直径4~7 mm,红色至黑褐色,萼片脱落。花期5~6月,果期7~11月。

生长环境 适宜生长于年降水量800~1 500 mm的地区,在湿润、温暖条件下生长发育好。在海拔250~1 300 m的疏林、林缘、草丛可偶见小片群落,适宜的土壤为黄棕壤、红壤,pH值4.5~7.5,生长于向阳山坡、路旁、溪边或丘陵地。

药用价值 根性味:味苦、辛、涩,性温。药用功效:消肿止痛,祛风除湿,止血解毒,补脾固涩。药用主治风湿关节病、跌打损伤、阴挺、脱肛。花性味:味苦、涩,性寒。药用功效:清热化湿,顺气和胃。叶性味:味苦,性平。药用功效:解毒消肿。药用主治:外用于痈疮肿毒,烧、烫伤。

月季花

学名 *Rosa chinensis* Jacq.

别称 月月红、月月花、长春花。

科属 蔷薇科蔷薇属。

形态特征 直立灌木,高1~2 m。小枝粗壮,圆柱形,近无毛,有短粗的钩状皮刺。小叶3~5片,稀7片,连叶柄长5~11 cm,小叶片宽卵形至卵状长圆形,长2.5~6 cm,宽1~3 cm,先端长渐尖或渐尖,基部近圆形或宽楔形,边缘有锐锯齿,两面近无毛,上面暗绿色,常带光泽,下面颜色较浅,顶生小叶片有柄,侧生小叶片近无柄,总叶柄较长,有散生皮刺和腺毛。托叶大部贴生于叶柄,仅顶端分离部分成耳状,边缘常有腺毛。

花几朵集生,稀单生,直径4~5 cm,花梗长2.5~6 cm,近无毛或有腺毛,萼片卵形,先端尾状渐尖,有时呈叶状,边缘常有羽状裂片,稀全缘,外面无毛,内面密被长柔毛。花瓣重瓣至半重瓣,红色、粉红色至白色,倒卵形,先端有凹缺,基部楔形。花柱伸出萼筒口外,约与雄蕊等长。果卵球形或梨形,长 1~2 cm,红色,萼片脱落。花期 4~9 月,果期 6~11 月。

生长环境 对气候、土壤要求不严,以疏松、肥沃、富含有机质、微酸性、排水良好的壤土为宜。喜温暖、日照充足、空气流通的环境。多数品种适宜温度白天为 15~26 ℃,晚上为 10~15 ℃。冬季气温低于 5 ℃ 即进入休眠。夏季温度持续 30 ℃ 以上时,即进入半休眠,植株生长不良,虽能孕蕾,但花小瓣少,色暗淡而无光泽,失去观赏价值。

药用价值 入药部位:干燥花。全年可采收,采摘微开的花,阴干或低温干燥。性味:味甘,性温。药用功效:活血调经,疏肝解郁。药用主治:气滞血瘀,月经不调,痛经,闭经,胸胁胀痛。

野蔷薇

学名 *Rosa multiflora* Thunb.

别称 多花蔷薇。

科属 蔷薇科蔷薇属。

形态特征 攀缘灌木。小枝圆柱形,通常无毛,有短、粗稍弯曲皮束。小叶 5~9 片,连叶柄长 5~10 cm。小叶片倒卵形、长圆形或卵形,长 1.5~5 cm,宽 8~28 mm,先端急尖或圆钝,基部近圆形或楔形,边缘有尖锐单锯齿,稀混有重锯齿,上面无毛,下面有柔毛。小叶柄和叶轴有柔毛或无毛,有散生腺毛。托叶篦齿状,大部贴生于叶柄,边缘有或无腺毛。

花多朵,排成圆锥状花序,花梗长 1.5~2.5 cm,无毛或有腺毛,有时基部有篦齿状小苞片。花直径 1.5~2 cm,萼片披针形,有时中部具 2 个线形裂片,外面无毛,内面有柔毛。花瓣白色,宽倒卵形,先端微凹,基部楔形。花柱结合成束,无毛,比雄蕊稍长。果近球形,直径 6~8 mm,红褐色或紫褐色,有光泽,无毛,萼片脱落。

生长环境 喜光,耐半阴,耐寒,对土壤要求不严,在黏重土中也可正常生长。耐瘠薄,忌低洼积水。以肥沃、疏松的微酸性土壤较好,喜生长在阳光比较充分的环境中。

药用价值 入药部位:花、果、根、茎。性味:果味酸,性温。根味苦、涩,性寒。药用功效:泻下功效。药用主治:根为收敛药。花治胃痛、胃溃疡。果实利尿、通经。

缫丝花

学名 *Rosa roxburghii* Tratt.

别称 梨、木梨子、刺槟榔根。

科属 蔷薇科蔷薇属。

形态特征 灌木,高 1~2.5 m。树皮灰褐色,成片状剥落。小枝圆柱形,斜向上升,有基部稍扁而成对皮刺。小叶 9~15 片,连叶柄长 5~11 cm,小叶片椭圆形或长圆形,稀倒卵形,长 1~2 cm,宽 6~12 mm,先端急尖或圆钝,基部宽楔形,边缘有细锐锯齿,两面无毛,下面叶脉突起,网脉明显,叶轴和叶柄有散生小刺。托叶大部贴生于叶柄,离生部分呈钻形,有腺毛。

花单生或 2~3 朵生于短枝顶端。花直径 5~6 cm。花梗短。小苞片 2~3 枚,卵形,边缘有腺毛。萼片通常宽卵形,先端渐尖,有羽状裂片,内面密被茸毛,外面密被针刺。花瓣重瓣至半重瓣,淡红色或粉红色,微香,倒卵形,外轮花瓣大,内轮较小。雄蕊多数着生在杯状萼筒边缘。心皮多数,着生在花托底部。花柱离生,被毛,不外伸,短于雄蕊。果扁球形,直径 3~4 cm,绿红色,外面密生针刺。萼片宿存,直立。花期 5~7 月,果期 8~10 月。

生长环境 喜温暖湿润和阳光充足环境,较耐寒,稍耐阴,对土壤要求不严,以肥沃的沙壤土为宜。

药用价值 入药部位:果实、根。果实药用功效:解暑,消食。药用主治:用于中暑,食滞,痢疾。根药用功效:消食健胃,收敛止泻。药用主治:食积腹胀,痢疾,泄泻,自汗盗汗,遗精,带下病,月经过多,痔疮出血。

玫瑰

学名 *Rosa rugosa* Thunb.

别称 徘徊花、刺玫花。

科属 蔷薇科蔷薇属。

形态特征 直立灌木,高可达 2 m。茎粗壮,丛生。小枝密被茸毛,并有针刺和腺毛,有直立或弯曲、淡黄色的皮刺,皮刺外被茸毛。小叶 5~9 片,连叶柄长 5~13 cm。小叶片椭圆形或椭圆状倒卵形,长 1.5~4.5 cm,宽 1~2.5 cm,先端急尖或圆钝,基部圆形或宽楔形,边缘有尖锐锯齿,上面深绿色,无毛,叶脉下陷,有褶皱,下面灰绿色,中脉突起,网脉明显,密被茸毛和腺毛,有时腺毛不明显。叶柄和叶轴密被茸毛和腺毛。托叶大部贴生于叶柄,离生部分卵形,边缘有带腺锯齿,下面被茸毛。

花单生于叶腋,或数朵簇生,苞片卵形,边缘有腺毛,外被茸毛。花梗长 5~22 mm,密被茸毛和腺毛。花直径 4~5.5 cm。萼片卵状披针形,先端尾状渐尖,常有羽状裂片而扩展成叶状,上面有稀疏柔毛,下面密被柔毛和腺毛。花瓣倒卵形,重瓣至半重瓣,芳香,紫红色至白色。花柱离生,被毛,稍伸出萼筒口外,比雄蕊短很多。果扁球形,直径 2~2.5 cm,砖红色,肉质平滑,萼片宿存。花期 5~6 月,果期 8~9 月。

生长环境 喜阳光充足,耐寒、耐旱,喜排水良好、疏松肥沃的壤土或轻壤土,在黏壤土上生长不良,开花不佳。阳性植物,日照充分则花色浓,香味亦浓,生长季节日照少于 8 h 则徒长而不开花。

药用价值 入药部位:初开的花朵及根。药用功效:理气、活血、收敛。药用主治:月经不调,跌打损伤,肝气胃痛,乳痈肿痛。

棣棠花

学名 *Kerria japonica* (L.) DC.

别称 棣棠、地棠、蜂棠花。

科属 蔷薇科棣棠花属。

形态特征 落叶灌木,高 1~2 m,小枝绿色,圆柱形,无毛,常拱垂,嫩枝有棱角。叶互生,三角状卵形或卵圆形,顶端长渐尖,基部圆形、截形或微心形,边缘有尖锐重锯齿,两面绿色,上面无毛或有稀疏柔毛,下面沿脉或脉腋有柔毛。叶柄长 5~10 mm,无毛。托叶膜质,带状披针形,有缘毛,早落。

单花,着生在当年生侧枝顶端,花梗无毛。花直径 2.5~6 cm。萼片卵状椭圆形,顶端急尖,有小尖头,全缘,无毛,果实宿存。花瓣黄色,宽椭圆形,顶端下凹,比萼片长 1~4 倍。瘦果倒卵形至半球形,褐色或黑褐色,表面无毛,有皱褶。花期 4~6 月,果期 6~8 月。

生长环境 喜温暖湿润和半阴环境,耐寒性较差,对土壤要求不严,以肥沃、疏松的沙壤土为宜。

药用价值 入药部位:花。性味:味微苦、涩,性平。药用功效:化痰止咳,利湿消肿,解毒。药用主治:咳嗽,风湿痹痛,产后劳伤痛,水肿,小便不利,消化不良,痈疽肿毒,湿疹,荨麻疹。

重瓣棣棠花

学名 *Kerria japonica* (L.) DC. f. pleniflora (Witte) Rehd.

科属 蔷薇科棣棠花属。

形态特征 落叶灌木,高 1~2 m,稀达 3 m。小枝绿色,圆柱形,无毛,常拱垂,嫩枝有棱角。叶互生,三角状卵形或卵圆形,顶端长渐尖,基部圆形、截形或微心形,边缘有尖锐重锯齿,两面绿色,上面无毛或有稀疏柔毛,下面沿脉或脉腋有柔毛。叶柄长 5~10 mm,无毛。托叶膜质,带状披针形,有缘毛,早落。

单花,着生在当年生侧枝顶端,花梗无毛。花直径 2.5~6 cm。萼片卵状椭圆形,顶端急尖,有小尖头,全缘,无毛,果实宿存。花瓣黄色,宽椭圆形,顶端下凹,比萼片长 1~4 倍。瘦果倒卵形至半球形,褐色或黑褐色,表面无毛,有皱褶。花期 4~6 月,果期 6~8 月。

生长环境 生长于海拔 200~3 000 m 的山坡灌丛中,喜温暖湿润和半阴环境,耐寒性较差,对土壤要求不严,以肥沃、疏松的沙壤土生长较好。

药用价值 入药部位:枝叶、花。性味:微苦、涩,平。药用功效:止咳化痰,健脾,祛风,清热解毒。药用主治:肺热咳嗽,消化不良,风湿痹痛,痈疽肿毒,隐疹,湿疹。

茅莓

学名 *Rubus parvifolius* L.

别称 国公、红梅消、三月泡。

科属 蔷薇科悬钩子属。

形态特征 灌木,高 1~2 m,枝呈弓形弯曲,被柔毛和稀疏钩状皮刺。小叶 3 片,在新枝上偶有 5 片,菱状圆形或倒卵形,长 2.5~6 cm,宽 2~6 cm,顶端圆钝或急尖,基部圆形或宽楔形,上面伏生疏柔毛,下面密被灰白色茸毛,边缘有不整齐粗锯齿或缺刻状粗重锯齿,常具浅裂片。叶柄长 2.5~5 cm,顶生小叶柄长 1~2 cm,被柔毛和稀疏小刺。托叶线形,具柔毛。

伞房花序顶生或腋生,稀顶生花序成短总状,具花数朵至多朵,被柔毛和细刺。花梗长 0.5~1.5 cm,具柔毛和稀疏小皮刺。苞片线形,有柔毛。花直径约 1 cm。花萼外密被柔毛和疏密不等针刺。萼片卵状披针形或披针形,顶端渐尖,有时条裂,在花果时均直立开展。花瓣卵圆形或长圆形,粉红至紫红色,基部具爪。雄蕊花丝白色,稍短于花瓣。子房具柔毛。果实卵球形,直径1~1.5 cm,红色,无毛或具稀疏柔毛。核有浅皱纹。花期5~6月,果期7~8月。

生长环境 生长于海拔400~2 600 m的山坡杂木林下、向阳山谷、路旁或荒野,喜温暖气候,耐热,耐寒。对土壤要求不严,一般土壤均可种植。

药用价值 入药部位:茎、叶。性味:味苦、涩,性凉。药用功效:散瘀,止痛,解毒,杀虫。药用主治:吐血,跌打刀伤,产后瘀滞腹痛,痢疾,痔疮,疥疮。

高粱泡

学名 *Rubus lambertianus* Ser.

别称 十月苗、寒泡刺。

科属 蔷薇科悬钩子属。

形态特征 半落叶藤状灌木,高可达3 m。枝幼时有细柔毛或近无毛,有微弯小皮刺。单叶宽卵形,稀长圆状卵形,长5~10 cm,宽1~8 cm,顶端渐尖,基部心形,上面疏生柔毛或沿叶脉有柔毛,下面被疏柔毛,沿叶脉毛较密,中脉上常疏生小皮刺,边缘明显3~5裂或呈波状,有细锯齿。叶柄长2~4 cm,具细柔毛或近无毛,有稀疏小皮刺。托叶离生,线状深裂,有细柔毛或近无毛,常脱落。

圆锥花序顶生,生于枝上部叶腋内的花序常近总状,有时仅数朵花簇生于叶腋。总花梗、花梗和花萼均被细柔毛。花梗长0.5~1 cm。苞片与托叶相似。萼片卵状披针形,顶端渐尖、全缘,外面边缘和内面均被白色短柔毛,仅在内萼片边缘具灰白色茸毛。花瓣倒卵形,白色,无毛,稍短于萼片。雄蕊多数,稍短于花瓣,花丝宽扁。雌蕊15~20枚,通常无毛。果实小,近球形,由小核果组成,无毛,熟时红色。核较小,有明显皱纹。花期7~8月,果期9~11月。

生长环境 生长于低海拔山坡、山谷或路旁灌木丛中阴湿处或生长于林缘及草坪。在光照条件好、土质肥沃、土壤潮湿但不低洼积水的向阳坡地生长良好。

药用价值 入药部位:根、叶。性味:味甘、苦,性平。药用功效:清热散瘀,止血。

白叶莓

学名 *Rubus innominatus* S. Moore

别称 白叶悬钩子、刺泡。

科属 蔷薇科悬钩子属。

形态特征 灌木,高1~3 m。枝拱曲,褐色或红褐色,小枝密被茸毛状柔毛,疏生钩状皮刺。小叶常3片,稀于不孕枝上具5片小叶,长4~10 cm,宽2.5~5 cm,顶端急尖至短渐尖,顶生小叶卵形或近圆形,稀卵状披针形,基部圆形至浅心形,边缘常3裂或缺刻状浅裂,侧生小叶斜卵状披针形或斜椭圆形,基部楔形至圆形,上面疏生平贴柔毛或近无毛,下面密被灰白色茸毛,沿叶脉混生柔毛,边缘有不整齐粗锯齿或缺刻状粗重锯齿。叶柄长2~4 cm,顶生小叶柄长 1~2 cm,侧生小叶近无柄,与叶轴均密被茸毛状柔毛。托叶线形,被柔毛。

总状或圆锥状花序,顶生或腋生,腋生花序常为短总状。总花梗和花梗均密被黄灰色或灰色茸毛状长柔毛和腺毛。花梗苞片线状披针形,被茸毛状柔毛。花直径 6~10 mm。花萼外面密被黄灰色或灰色茸毛状长柔毛和腺毛。萼片卵形,顶端急尖,内萼片边缘具灰白色茸毛,在花果时均直立。花瓣倒卵形或近圆形,紫红色,边啮蚀状,基部具爪,稍长于萼片。雄蕊稍短于花瓣。花柱无毛。子房稍具柔毛。果实近球形,直径约 1 cm,橘红色,初期被疏柔毛,成熟时无毛。核具细皱纹。花期 5~6 月,果期 7~8 月。

生长环境 生长于海拔 400~2 500 m 的山坡疏林、灌丛中或山谷河溪旁。

药用价值 入药部位:根。药用主治:风寒咳嗽。

山莓

学名 *Rubus corchorifolius* L. f.

别称 三月泡、四月泡、山抛子。

科属 蔷薇科悬钩子属。

形态特征 直立灌木,高 1~3 m。枝具皮刺,幼时被柔毛。单叶,卵形至卵状披针形,长 5~12 cm,宽 2.5~5 cm,顶端渐尖,基部微心形,有时近截形或近圆形,上面色较浅,沿叶脉有细柔毛,下面色稍深,幼时密被细柔毛,逐渐脱落至老时近无毛,沿中脉疏生小皮刺,边缘不分裂,通常不育枝上的叶裂,有不规则锐锯齿或重锯齿,基部具脉。叶柄长 1~2 cm,疏生小皮刺,幼时密生细柔毛。托叶线状披针形,具柔毛。

花单生或少数生于短枝上。花梗长 0.6~2 cm,具细柔毛。花直径可达 3 cm。花萼外密被细柔毛,无刺。萼片卵形或三角状卵形,顶端急尖至短渐尖。花瓣长圆形或椭圆形,白色,顶端圆钝,长于萼片。雄蕊多数,花丝宽扁。雌蕊多数,子房有柔毛。果实由很多小核果组成,近球形或卵球形,直径 1~1.2 cm,红色,密被细柔毛。核具皱纹。花期 2~3 月,果期 4~6 月。

生长环境 多生于海拔 200~2 200 m 的向阳山坡、溪边、山谷、荒地和疏密灌丛中潮湿处,刚开垦的生荒地,只要有山莓营养繁殖体,即以根蘖芽成苗,系荒地的一种先锋植物,耐贫瘠,适应性强,阳性植物。在林缘、山谷阳坡生长,有阳叶、阴叶之分。

药用价值 入药部位:根、叶。秋季挖根,洗净切片晒干。自春至秋可采叶,洗净切碎晒干。性味:根苦、涩,性平。叶苦,性凉。药用功效:活血止血,祛风利湿。药用主治:根用于治疗吐血、便血、肠炎、痢疾、风湿关节痛、跌打损伤、月经不调、白带。叶消肿解毒,外用治痈疖肿毒。

多腺悬钩子

学名 *Rubus phoenicolasius* Maxim.

科属 蔷薇科悬钩子属。

形态特征 灌木,高 1~3 m。枝初直立后蔓生,密生红褐色刺毛、腺毛和稀疏皮刺。小叶卵形、宽卵形或菱形,稀椭圆形,长 4~8 cm,宽 2~5 cm,顶端急尖至渐尖,基部圆形至近心形,上面或仅沿叶脉有伏柔毛,下面密被灰白色茸毛,沿叶脉有刺毛、腺毛和稀疏小针刺,边缘具不整齐粗锯齿,常有缺刻,顶生小叶常浅裂。叶柄长 3~6 cm,小叶柄长 2~3 cm,侧生小叶近无柄,均被柔毛、红褐色刺毛、腺毛和稀疏皮刺。托叶线形,具柔毛和腺毛,花较少数,形成短总状花序,顶生或部分腋生。

总花梗和花梗密被柔毛、刺毛和腺毛。花梗长。苞片披针形。具柔毛和腺毛。花萼外面密被柔毛、刺毛和腺毛。萼片披针形,顶端尾尖。长 1~1.5 cm,在花果期均直立开展。花瓣直立,倒卵状匙形或近圆形,紫红色,基部具爪并有柔毛。雄蕊稍短于花柱。花柱比雄蕊稍长,子房无毛或微具柔毛。果实半球形,直径约 1 cm,红色无毛,核有明显皱纹与洼穴。花期 5~6 月,果期 7~8 月。

生长环境 生长于林下、路旁或山沟谷底。

药用价值 入药部位:根、叶。药用功效:祛风除湿,补肾壮阳。药用主治:风湿痛,可用于治疗肾虚、阳痿、月经不调。

覆盆子

学名 *Rubus idaeus* L.

别称 复盆子、茸毛悬钩子、覆盆莓。

科属 蔷薇科悬钩子属。

形态特征 灌木,高 1~2 m。枝褐色或红褐色,幼时被茸毛状短柔毛,疏生皮刺。小叶 3~7 片,花枝上有时具 3 片小叶,不孕枝上常 5~7 片小叶,长卵形或椭圆形,顶生小叶常卵形,有时浅裂,长 3~8 cm,宽 1.5~4.5 cm,顶端短渐尖,基部圆形,顶生小叶基部近心形,上面无毛或疏生柔毛,下面密被灰白色茸毛,边缘有不规则粗锯齿或重锯齿。叶柄长 3~6 cm,顶生小叶柄长约 1 cm,均被茸毛状短柔毛和稀疏小刺。托叶线形,具短柔毛。

花生于侧枝顶端成短总状花序或少花腋生,总花梗和花梗均密被茸毛状短柔毛和疏密不等的针刺。花梗长 1~2 cm。苞片线形,具短柔毛。花直径 1~1.5 cm。花萼外面密被茸毛状短柔毛和疏密不等的针刺。萼片卵状披针形,顶端尾尖,外面边缘具灰白色茸毛,在花果时均直立。花瓣匙形,被短柔毛或无毛,白色,基部有宽爪。花丝宽扁,长于花柱。花柱基部和子房密被灰白色茸毛。果实近球形,多汁液,直径 1~1.4 cm,红色或橙黄色,密被短茸毛。核具明显洼孔。花期 5~6 月,果期 8~9 月。

生长环境 生长于海拔 500~2 000 m 的山区的溪旁、山坡灌丛、林边及乱石堆中,在荒坡中生长茂盛,喜温暖湿润,要求光照良好的散射光,对土壤要求不严,适应性强,以土壤肥沃、微酸性土壤、中性沙壤土较好。

药用价值 入药部位:干燥果实。性味:味甘、酸,性温。药用功效:益肾固精缩尿,养肝明目。药用主治:遗精滑精,遗尿尿频,阳痿早泄,目暗昏花。

李

学名 *Prunus salicina* Lindl.

别称 李子、嘉庆子、玉皇李。

科属 蔷薇科李属。

形态特征 落叶乔木,高9~12 m。树冠广圆形,树皮灰褐色,起伏不平。老枝紫褐色或红褐色,无毛;小枝黄红色,无毛。冬芽卵圆形,红紫色,有数枚覆瓦状排列鳞片,通常无毛,稀鳞片边缘有极稀疏毛。

叶片长圆倒卵形、长椭圆形,稀长圆卵形,长6~8 cm,宽3~5 cm,先端渐尖、急尖或短尾尖,基部楔形,边缘有圆钝重锯齿,常混有单锯齿,幼时齿尖带腺,上面深绿色,有光泽,侧脉6~10对,不达到叶片边缘,与主脉成45°角,两面均无毛,有时下面沿主脉有稀疏柔毛或脉腋有髯毛。托叶膜质,线形,先端渐尖,边缘有腺,早落。叶柄长1~2 cm,通常无毛,顶端有腺体或无,有时在叶片基部边缘有腺体。

花通常3朵并生。花梗1~2 cm,通常无毛。花直径1.5~2.2 cm。萼筒钟状。萼片长圆卵形,先端急尖或圆钝,边有疏齿,与萼筒近等长,萼筒和萼片外面均无毛,内面在萼筒基部被疏柔毛。花瓣白色,长圆倒卵形,先端啮蚀状,基部楔形,有明显带紫色脉纹,具短爪,着生在萼筒边缘,比萼筒长2~3倍。雄蕊多数,花丝长短不等,排成不规则轮,比花瓣短。雌蕊柱头盘状,花柱比雄蕊稍长。核果球形、卵球形或近圆锥形,直径3.5~5 cm,黄色或红色,有时为绿色或紫色,梗凹陷入,顶端尖,基部有纵沟,外被蜡粉。核卵圆形或长圆形,有皱纹。花期4月,果期7~8月。

生长环境 生长于海拔400~2 600 m的山坡灌丛中、山谷疏林中或水边、沟底、路旁。对气候的适应性强,土壤只要土层较深,不耐积水,排水不良,常致使烂根、生长不良或易发生各种病害。宜在土质疏松、土壤透气、排水良好、土层深和地下水位较低的地方种植。

药用价值 入药部位:根、种仁。性味:根味苦,性寒。种仁味苦,性平。根药用功效:清热解毒,利湿,止痛。药用主治:牙痛,消渴,痢疾,白带。种仁药用功效:活血祛瘀,滑肠,利水。药用主治:跌打损伤,瘀血作痛,大便燥结,浮肿。

杏

学名 *Armeniaca vulgaris* Lam.

别称 杏子。

科属 蔷薇科杏属。

形态特征 乔木,高5~8 m。树冠圆形、扁圆形或长圆形。树皮灰褐色,纵裂。多年生枝浅褐色,皮孔大而横生,一年生枝浅红褐色,有光泽,无毛,具多数小皮孔。叶片宽卵形或圆卵形,长5~9 cm,宽4~8 cm,先端急尖至短渐尖,基部圆形至近心形,叶边有圆钝锯齿,两面无毛或下面脉腋间具柔毛。叶柄长2~3.5 cm,无毛,基部常具1~6腺体。

花单生,直径2~3 cm,先于叶开放。花梗短,被短柔毛。花萼紫绿色。萼筒圆筒形,外面基部被短柔毛。萼片卵形至卵状长圆形,先端急尖或圆钝,花后反折。花瓣圆形至倒卵形,白色或带红色,具短爪。雄蕊稍短于花瓣。子房被短柔毛,花柱长或几与雄蕊等长,下部具柔毛。果实球形,稀倒卵形,直径2.5 cm以上,白色、黄色至黄红色,常具红晕,微被短柔毛。果肉多汁,成熟时不开裂。核卵形或椭圆形,两侧扁平,顶端圆钝,基部对称,稀不对称,表面粗糙或平滑,腹棱较圆,常稍钝,背棱较直,腹面具龙骨状棱。花期3~4月,果期6~7月。

生长环境 阳性树种,适应性强,深根性,喜光,耐旱,抗寒,抗风。

药用价值 入药部位:种仁。性味:味苦,性微温。药用功效:降气止咳平喘,润肠通便。

药用主治:咳嗽气喘,胸满痰多,血虚津枯,肠燥便秘。

梅

学名 *Armeniaca mume* Sieb.

别称 梅树、梅花。

科属 蔷薇科杏属。

形态特征 小乔木,稀灌木,高4~10 m。树皮浅灰色或带绿色,平滑。小枝绿色,光滑无毛。叶片卵形或椭圆形,长4~8 cm,宽2.5~5 cm,先端尾尖,基部宽楔形至圆形,叶边常具小锐锯齿,灰绿色,幼嫩时两面被短柔毛,成长时逐渐脱落,或仅下面脉腋间具短柔毛。叶柄长1~2 cm,幼时具毛,老时脱落,常有腺体。

花单生或有时2朵同生于1芽内,直径2~2.5 cm,香味浓,先于叶开放。花梗短,常无毛。花萼通常红褐色,但有些品种的花萼为绿色或绿紫色。萼筒宽钟形,无毛或有时被短柔毛。萼片卵形或近圆形,先端圆钝。花瓣倒卵形,白色至粉红色。雄蕊短或稍长于花瓣。子房密被柔毛,花柱短或稍长于雄蕊。果实近球形,直径2~3 cm,黄色或绿白色,被柔毛,味酸。果肉与核粘贴。核椭圆形,顶端圆形有小突尖头,基部渐狭成楔形,两侧微扁,腹棱稍钝,腹面和背棱上均有明显纵沟,表面具蜂窝状孔穴。花期冬春季,果期5~6月。

生长环境 生长于海拔500~2 500 m的山坡、山谷或疏林,适应性强,深根性,喜光,耐旱,抗寒。

药用价值 入药部位:花、叶、根和种仁。性味:味微酸、涩,性平。药用功效:开郁和中,化痰,解毒。药用主治:郁闷心烦,肝胃气痛,梅核气,瘰疬疮毒。

山桃

学名 *Amygdalus davidiana* (Carrière) de Vos. ex Henry

别称 花桃。

科属 蔷薇科桃属。

形态特征 乔木,高可达10 m。树冠开展,树皮暗紫色,光滑。小枝细长,直立,幼时无毛,老时褐色。叶片卵状披针形,长5~13 cm,先端渐尖,基部楔形,两面无毛,叶边具细锐锯齿。叶柄长1~2 cm,无毛,常具腺体。

花单生,先于叶开放,直径2~3 cm。花梗极短或几无梗。花萼无毛。萼筒钟形。萼片卵形至卵状长圆形,紫色,先端圆钝。花瓣倒卵形或近圆形,粉红色,先端圆钝,稀微凹。雄蕊多数,几与花瓣等长或稍短。子房被柔毛,花柱长于雄蕊或近等长。果实近球形,直径2.5~3.5 cm,淡黄色,外面密被短柔毛,果梗短而深入果洼。果肉薄而干,不可食,成熟时不开裂。核球形或近球形,两侧不压扁,顶端圆钝,基部截形,表面具纵、横沟纹和孔穴,与果肉分离。花期3~4月,果期7~8月。

生长环境 生长于海拔800~3 200 m的山坡、山谷沟底或疏林及灌丛内,喜光,耐寒,对土壤适应性强,耐干旱、瘠薄,怕涝。

药用价值 入药部位:种子、根、茎、皮、叶、花、桃树胶。种子性味:味苦、甘,性平。药用功效:活血,润燥滑肠。药用主治:跌打损伤,瘀血肿痛。根、茎性味:皮味苦,性平。药用功效:清热利湿,活血止痛,截虐杀虫。药用主治:风湿性关节炎,腰痛,跌打损伤。

桃

学名 *Amygdalus persica* L.

科属 蔷薇科桃属。

形态特征 乔木,高3~8 m。树冠宽广而平展。树皮暗红褐色,老时粗糙呈鳞片状。小枝细长,无毛,有光泽,绿色,向阳处转变成红色,具大量小皮孔。冬芽圆锥形,顶端钝,外被短柔毛,常2~3个簇生,中间为叶芽,两侧为花芽。叶片长圆披针形、椭圆披针形或倒卵状披针形,长7~15 cm,宽2~3.5 cm,先端渐尖,基部宽楔形,上面无毛,下面在脉腋间具少数短柔毛或无毛,叶边具细锯齿或粗锯齿,齿端具腺体或无腺体。叶柄粗壮,长1~2 cm,常具数枚腺体,有时无腺体。

花单生,先于叶开放,直径2.5~3.5 cm。花梗极短或几无梗。萼筒钟形,被短柔毛,稀几无毛,绿色,具红色斑点。萼片卵形至长圆形,顶端圆钝,外被短柔毛。花瓣长圆状椭圆形至宽倒卵形,粉红色,罕为白色。雄蕊花药绯红色。花柱几与雄蕊等长或稍短。子房被短柔毛。果实形状和大小均有变异,卵形、宽椭圆形或扁圆形,直径5~7 cm,长几与宽相等,色泽变化由淡绿白色至橙黄色,常在向阳面具红晕,外面密被短柔毛,稀无毛,腹缝明显,果梗短而深入果洼。果肉白色、浅绿白色、黄色、橙黄色或红色,多汁有香味,甜或酸甜。核大,离核或黏核,椭圆形或近圆形,两侧扁平,顶端渐尖,表面具纵、横沟纹和孔穴。种仁味苦,稀味甜。花期3~4月,果实成熟期因品种而异。

生长环境 对自然环境适应性强,对土壤要求不严,一般土质都能生长。

药用价值 入药部位:叶、花、树胶或种子。药用主治:叶、花或树胶治疗疮疖脓肿、蛔虫作痛、腹胀。种子治疗血瘀经闭、症瘕蓄血、跌打损伤、肠燥便秘。

榆叶梅

学名 *Amygdalus trilobal*(Lindl.)Ricker

别称 榆梅、小桃红、榆叶弯枝。

科属 蔷薇科桃属。

形态特征 灌木,稀小乔木,高2~3 m。枝条开展,具多数短小枝。短枝上的叶常簇生,一年生枝上的叶互生。叶片宽椭圆形至倒卵形,长2~6 cm,宽1.5~3 cm,先端短渐尖,常裂,基部宽楔形,上面具疏柔毛或无毛,下面被短柔毛,叶边具粗锯齿或重锯齿。叶柄被短柔毛。

花先于叶开放,直径2~3 cm。花梗萼筒宽钟形,无毛或幼时微具毛。萼片卵形或卵状披针形,无毛,近先端疏生小锯齿。花瓣近圆形或宽倒卵形,长6~10 mm,先端圆钝,有时微凹,粉红色。雄蕊短于花瓣。子房密被短柔毛,花柱稍长于雄蕊。果实近球形,顶端具短小尖头,红色,外被短柔毛。果梗长5~10 mm。果肉薄,成熟时开裂。核近球形,具厚硬壳,两侧几不压扁,顶端圆钝,表面具不整齐的网纹。花期4~5月,果期5~7月。

生长环境 喜光,稍耐阴,耐寒,能在-35 ℃下越冬。对土壤要求不严,以中性至微碱性的肥沃土壤为宜。根系发达,耐旱力强,不耐涝。生长于低、中海拔的坡地或沟旁乔、灌木林下或林缘。

药用价值 入药部位:种子、枝条。药用主治:种子可润燥、滑肠、下气、利水。枝条治黄疸、小便不利。

毛樱桃

学名 *Cerasus tomentosa*(Thunb.)Wall.

别称 山樱桃、梅桃、山豆子。

科属 蔷薇科樱属。

形态特征 灌木,通常高 0.3~1 m,稀呈小乔木状,高可达 2~3 m。小枝紫褐色或灰褐色,嫩枝密被茸毛到无毛。冬芽卵形,疏被短柔毛或无毛。叶片卵状椭圆形或倒卵状椭圆形,长 2~7 cm,宽 1~3.5 cm,先端急尖或渐尖,基部楔形,边有急尖或粗锐锯齿,上面暗绿色或深绿色,被疏柔毛,下面灰绿色,密被灰色茸毛或以后变为稀疏,侧脉 4~7 对。叶柄被茸毛或脱落稀疏。托叶线形,被长柔毛。

花单生或 2 朵簇生,花叶同开,近先叶开放或先叶开放。花近无梗。萼筒管状或杯状,外被短柔毛或无毛,萼片三角卵形,先端圆钝或急尖,内外两面内被短柔毛或无毛。花瓣白色或粉红色,倒卵形,先端圆钝。雄蕊短于花瓣。花柱伸出与雄蕊近等长或稍长。子房全部被毛或仅顶端或基部被毛。核果近球形,红色,直径 0.5~1.2 cm。核表面除棱脊两侧有纵沟外,无棱纹。花期 4~5 月,果期 6~9 月。

生长环境 生长于海拔 100~3 200 m 的山坡林中、林缘、灌丛中或草地上,喜光,喜温,喜湿,喜肥,适合在年均气温 10~12 ℃、年降水量 600~700 mm 的气候条件下生长。以土质疏松、土层深厚的沙壤土为宜。适宜在土层深厚、土质疏松、透气性好、保水力较强的沙壤土或砾质壤土上栽培。对盐渍化的程度反应很敏感,适宜的土壤 pH 值为 5.6~7。树形优美,花朵娇小,果实艳丽,是集观花、观果、观形为一体的园林观赏植物。

药用价值 性味:味甘,性温。药用功效:补中益气,健脾祛湿。药用主治:病后体虚、倦怠少食、风湿腰痛、四肢不灵、贫血,外用可治冻疮、汗斑。

欧李

学名 *Cerasus humilis*(Bge.)Sok.

别称 钙果、高钙果、乌拉奈。

科属 蔷薇科樱属。

形态特征 灌木,高 0.4~1.5 m。小枝灰褐色或棕褐色,被短柔毛。冬芽卵形,疏被短柔毛或几无毛。叶片倒卵状长椭圆形或倒卵状披针形,长 2.5~5 cm,中部以上最宽,先端急尖或短渐尖,基部楔形,边有单锯齿或重锯齿,上面深绿色,无毛,下面浅绿色,无毛或被稀疏短柔毛,侧脉叶柄无毛或被稀疏短柔毛。托叶线形,边有腺体。

花单生或 2~3 朵簇生,花叶同开。花梗长,被稀疏短柔毛。萼筒长宽近相等,外面被稀疏柔毛,萼片三角卵圆形,先端急尖或圆钝。花瓣白色或粉红色,长圆形或倒卵形。雄蕊花柱与雄蕊近等长，无毛。核果成熟后近球形，红色或紫红色，直径 1.5~1.8 cm。核表面除背部两侧外无棱纹。花期 4~5 月，果期 6~10 月。

生长环境　生长于海拔 100~1 800 m 的阳坡沙地、山地灌丛中，叶片小而厚，虽然气孔密度大，但气孔小，水分散失少。在干旱季节地上部分生长速度减缓，土壤植株基部产生多量基生芽，一旦遇到降雨时基生芽可形成地下茎在土壤中伸长，形成根状茎或萌出地表形成新的植株。

药用价值　入药部位：种仁。夏、秋季采收成熟果实，除去果肉及核壳，取出种子干燥。性味：味辛、苦、甘，性平。药用功效：润肠通便，利水消肿。药用主治：肠燥便秘，小便不利，腹满喘促，脚气，浮肿。

郁李

学名　*Cerasus japonica*（Thunb.）Lois.

别称　寿李、小桃红、赤李子。

科属　蔷薇科樱属。

形态特征　灌木，高 1~1.5 m。小枝灰褐色，嫩枝绿色或绿褐色，无毛。冬芽卵形，无毛。叶片卵形或卵状披针形，长 3~7 cm，宽 1.5~2.5 cm，先端渐尖，基部圆形，边有缺刻状尖锐重锯齿，上面深绿色，无毛，下面淡绿色，无毛或脉上有稀疏柔毛，侧脉 5~8 对。叶柄无毛或被稀疏柔毛。托叶线形，边有腺齿。

花簇生，花叶同开或先叶开放。花梗无毛或被疏柔毛。萼筒陀螺形，长宽近相等，萼片椭圆形，比萼筒略长，先端圆钝，边有细齿。花瓣白色或粉红色，倒卵状椭圆形。雄蕊花柱与雄蕊近等长，无毛。核果近球形，深红色，直径约 1 cm。核表面光滑。花期 5 月，果期 7~8 月。

生长环境　生长于海拔 100~200 m 的山坡林下、灌丛中，喜阳光充足和温暖湿润的环境，树体健壮，适应性强，耐热耐旱，耐潮湿和烟尘，根系发达，耐寒。在中性、肥沃疏松的沙壤土上生长较好，对微酸性土壤也能适应。桃红色宝石般的花蕾，深红色的果实，是园林中重要的观花、观果树种。宜丛植于草坪、山石旁、林缘、建筑物前，或与棣棠、迎春及其他花木配植。

药用价值　入药部位：种仁。性味：味辛、苦、甘，性平。药用功效：润燥滑肠，下气，利水。药用主治：津枯肠燥，食积气滞，腹胀便秘，水肿，脚气，小便淋痛。

豆科

合欢

学名　*Albizia julibrissin* Durazz.

别称　马缨花、绒花树、合昏。

科属　豆科合欢属。

形态特征　落叶乔木，高可达 16 m。树干灰黑色。嫩枝、花序和叶轴被茸毛或短柔毛。

托叶线状披针形,较小叶小,早落。二回羽状复叶,互生。总叶柄长 3~5 cm,总花柄近基部及最顶对羽片着生处各有 1 枚腺体。羽片 4~12 对,小叶线形至长圆形,向上偏斜,先端有小尖头,有缘毛,有时在下面或仅中脉上有短柔毛。中脉紧靠上边缘。

头状花序在枝顶排成圆锥状花序。花粉红色。花萼管状。花冠裂片三角形,花萼、花冠外均被短柔毛。雄蕊多数,基部合生,花丝细长。子房上位,花柱与花丝等长,柱头圆柱形。荚果带状,长 9~15 cm,嫩荚有柔毛,老荚无毛。花期 6~7 月,果期 8~10 月。

生长环境 喜温暖湿润和阳光充足环境,对气候和土壤适应性强,宜在排水良好、肥沃土壤上生长,也耐瘠薄土壤和干旱气候,不耐水涝。对二氧化硫、氯化氢有较强的抗性,树形姿势优美,叶形雅致,盛夏绒花满树,有色有香,适于厂矿、街道绿化,是行道树、庭荫树、"四旁"绿化和庭园点缀的观赏佳树。

药用价值 入药部位:皮。性味:味甘,性平。药用主治:肺痈,跌打损伤,中风挛缩,小儿撮口风。

山槐

学名 *Albizia kalkora*(Roxb.)Prain

别称 山合欢、夜合欢。

科属 豆科合欢属。

形态特征 落叶小乔木,通常高 3~8 m。枝条暗褐色,被短柔毛,有显著皮孔。二回羽状复叶,羽片 2~4 对、小叶 5~14 对,长圆形或长圆状卵形,长 1.8~3.5 cm,先端圆钝而有细尖头,基部不等侧,两面均被短柔毛,中脉稍偏于上侧。

头状花序,2~7 枚生于叶腋,或于枝顶排成圆锥花序。花初白色,后变黄,具明显的小花梗。花萼管状齿裂。花冠长,中部以下连合呈管状,裂片披针形,花萼、花冠均密被长柔毛。雄蕊长 2.5~3.5 cm,基部连合呈管状。荚果带状,长 7~17 cm,宽 1.5~3 cm,深棕色,嫩荚密被短柔毛,老时无毛。种子 4~12 颗,倒卵形。花期 6~7 月,果期 8~10 月。

生长环境 喜光,根系较发达,对土壤要求不严,适宜在海拔为 1 100~2 500 m 的红壤、紫色土、冲积土上生长,在贫薄的山地也能适应,但生长较慢,在土壤肥沃且稍湿润的阔叶林内、林缘及溪流附近或山坡灌木丛中生长较快。

药用价值 入药部位:根、茎皮。药用功效:补气活血,消肿止痛。

紫荆

学名 *Cercis chinensis* Bunge

别称 裸枝树、紫珠。

科属 豆科紫荆属。

形态特征 丛生或单生灌木,高 2~5 m。树皮和小枝灰白色。叶纸质,近圆形或三角状圆形,长 5~10 cm,宽与长相若或略短于长,先端急尖,基部浅至深心形,两面通常无毛,嫩叶绿色,仅叶柄略带紫色,叶缘膜质透明,新鲜时明显可见。

花紫红色或粉红色,2~10 余朵成束,簇生于老枝和主干上,尤以主干上花束较多,越到上部幼嫩枝条花越少,通常先于叶开放,但嫩枝或幼株上的花则与叶同时开放,花长 1~1.3 cm。花梗长 3~9 mm。龙骨瓣基部具深紫色斑纹。子房嫩绿色,花蕾时光亮无毛,后期则密被短柔毛。荚果扁狭长形,绿色,长 4~8 cm,先端急尖或短渐尖,喙细而弯曲,基部长渐尖,两侧缝线对称或近对称。种子 2~6 颗,阔长圆形,黑褐色,光亮。花期 3~4 月,果期 8~10 月。

生长环境 较耐寒,喜光,稍耐阴。喜肥沃、排水良好的土壤,不耐湿。萌芽力强,耐修剪。栽于庭院、草坪、岩石及建筑物前,用于小区的园林绿化,具有较好的观赏效果。是家庭和美、骨肉情深的象征。

药用价值 皮性味:味苦,性平。药用功效:活血通经,消肿解毒。药用主治:风寒湿痹,经闭,血气痛,喉痹,淋症,痈肿,癣疥,跌打损伤,蛇虫咬伤。木性味:味苦,性平。药用主治:痛经,瘀血腹痛,淋症。花药用功效:清热凉血,祛风解毒。药用主治:风湿筋骨痛,鼻中疳疮。果药用主治:咳嗽,孕妇心痛。

云实

学名 *Caesalpinia decapetala*(Roth)Alston

别称 马豆、水皂角、天豆。

科属 豆科云实属。

形态特征 藤本,树皮暗红色。枝、叶轴和花序均被柔毛和钩刺。二回羽状复叶长 20~30 cm。羽片 3~10 对,对生,具柄,基部有刺 1 对。小叶 8~12 对,膜质,长圆形,长 10~25 mm,宽 6~12 mm,两端近圆钝,两面均被短柔毛,老时渐无毛。托叶小,斜卵形,先端渐尖,早落。

总状花序顶生,直立,长 15~30 cm,具多花。总花梗多刺。花梗长 3~4 cm,被毛,在花萼下具关节,故花易脱落。萼片长圆形,被短柔毛。花瓣黄色,膜质,圆形或倒卵形,盛开时反卷,基部具短柄。雄蕊与花瓣近等长,花丝基部扁平,下部被绵毛。子房无毛。荚果长圆状舌形,长 6~12 cm,宽 2.5~3 cm,脆革质,栗褐色,无毛,有光泽,沿腹缝线膨胀成狭翅,成熟时沿腹缝线开裂,先端具尖喙。种子 6~9 颗,椭圆状,种皮棕色。花果期 4~10 月。

生长环境 生长于山坡灌丛中及平原、丘陵、河旁等地。阳性树种,喜光,耐半阴,喜温暖、湿润的环境,在肥沃、排水良好的微酸性壤土中生长为宜。耐修剪,适应性强,抗污染。

药用价值 入药部位:种子。秋季果实成熟时采收,种子晒干。性味:味辛,性温。药用功效:解毒除湿,止咳化痰,杀虫。药用主治:痢疾,疟疾,慢性气管炎,小儿疳积,虫积。

皂荚

学名 *Gleditsia sinensis* Lam.

别称 皂荚树、皂角、猪牙皂。

科属 豆科皂荚属。

形态特征 落叶乔木,高可达 30 m。枝灰色至深褐色。刺粗壮,圆柱形,常分枝,多呈圆锥状,长达 16 cm,叶为一回羽状复叶,长 10~18 cm。小叶纸质,卵状披针形至长圆形,长 2~8.5 cm,先端急尖或渐尖,顶端圆钝,具小尖头,基部圆形或楔形,有时稍歪斜,边缘具细锯齿,上面被短柔毛,下面中脉上稍被柔毛。网脉明显,在两面凸起。小叶柄被短柔毛。

花杂性,黄白色,组成总状花序。花序腋生或顶生,长 5~14 cm,被短柔毛。雄花:直径 9~10 mm。花梗长 2~8 mm。花托深棕色,外面被柔毛。萼片4,三角状披针形,长 3 mm,两面被柔毛。花瓣长圆形,被微柔毛。雄蕊 8 枚。退化雌蕊长 2.5 mm。两性花:直径 10~12 mm。花梗长 2~5 mm。萼、花瓣与雄花的相同。荚果带状,长 12~37 cm,宽 2~4 cm,劲直或扭曲,果肉稍厚,两面鼓起,或有的荚果短小,多少呈柱形,长 5~13 cm,宽 1~1.5 cm,弯曲呈新月形,通常称猪牙皂,内无种子。果颈长 1~3.5 cm。果瓣革质,褐棕色或红褐色,常被白色粉霜。种子多颗,长圆形或椭圆形,长 11~13 mm,棕色,光亮。花期 3~5 月,果期 5~12 月。

生长环境 喜光而稍耐阴,喜温暖湿润的气候及深厚、肥沃、适当湿润的土壤,但对土壤要求不严,在石灰质及盐碱甚至黏土或沙土上均能正常生长。生长于山坡林中或谷地、路旁,生长速度慢,寿命很长,属于深根性树种。需要 6~8 年的营养生长才能开花结果,其结实期可长达数百年。

药用价值 入药部位:果实。秋季果实成熟变黑时采摘晒干。性味:味辛、咸,性温。药用功效:祛痰止咳,开窍通闭,杀虫散结。药用主治:痰咳喘满,中风口噤,痰涎壅盛,神昏不语,癫痫,二便不通,痈肿疥癣。

山皂荚

学名 *Gleditsia japonica* Miq.

别称 山皂角、皂荚树、皂角树。

科属 豆科皂荚属。

形态特征 落叶乔木,高可达 25 m。小枝紫褐色或脱皮后呈灰绿色,微有棱,具分散的白色皮孔,光滑无毛。刺略扁,粗壮,紫褐色至棕黑色,常分枝,长 2~15.5 cm。叶为一回或二回羽状复叶,长 11~25 cm。小叶 3~10 对,纸质至厚纸质,卵状长圆形或卵状披针形至长圆形,长 2~7 cm,先端圆钝,有时微凹,基部阔楔形或圆形,微偏斜,全缘或具波状疏圆齿,上面被短柔毛或无毛,微粗糙,有时有光泽,下面基部及中脉被微柔毛,老时毛脱落。网脉不明显。小叶柄极短。

花黄绿色,组成穗状花序。花序腋生或顶生,被短柔毛,雄花序长 8~20 cm,雌花序长 5~16 cm。雄花:直径 5~6 mm。花托深棕色,外面密被褐色短柔毛。萼片 3~4 枚,三角状披针形,两面均被柔毛。花瓣椭圆形,被柔毛。雄蕊 6~8 枚。荚果带形,扁平,长 20~35 cm,宽 2~4 cm,不规则旋扭或弯曲作镰刀状,先端具喙,果颈长 1.5~3.5 cm,果瓣革质,棕色或棕黑色,常具泡状隆起,无毛,有光泽。种子多数,椭圆形,长 9~10 mm,深棕色,光滑。花期 4~6 月,果期 6~11 月。

生长环境 喜光,对土壤适应性较强,在海拔 100~1 000 m 的微酸性土壤及石灰性土壤上均能生长,生长于向阳山坡或谷地、溪边路旁。耐干旱瘠薄,生长缓慢,寿命长。

药用价值 入药部位:种子。药用功效:祛痰,利尿,杀虫。药用主治:治癣通便。

肥皂荚

学名 *Gymnocladus chinensis* Baill.

别称 肉皂角、肥皂树、刺皂。

科属 豆科肥皂荚属。

形态特征 落叶乔木,无刺,高可达 5~12 m。树皮灰褐色,具明显的白色皮孔。当年生小枝被锈色或白色短柔毛,后变光滑无毛。二回偶数羽状复叶长 20~25 cm,无托叶。叶轴具槽,被短柔毛。羽片对生、近对生或互生,5~10 对。小叶互生,8~12 对,几无柄,具钻形的小托叶,小叶片长圆形,长 2.5~5 cm,宽 1~1.5 cm,两端圆钝,先端有时微凹,基部稍斜,两面被绢质柔毛。

总状花序顶生,被短柔毛。花杂性,白色或带紫色,有长梗,下垂。苞片小或消失。花托深凹,被短柔毛。萼片钻形,较花托稍短。花瓣长圆形,先端钝,较萼片稍长,被硬毛。花丝被柔毛。子房无毛,不具柄,有 4 颗胚珠,花柱粗短,柱头头状。荚果长圆形,长 7~10 cm,宽 3~4 cm,扁平或膨胀,无毛,顶端有短喙,有种子 2~4 颗。种子近球形而稍扁,直径约 2 cm,黑色,平滑无毛。8 月间结果。

生长环境 生长于海拔 150~1 500 m 的山坡、山腰、杂木林及岩边、村旁、宅旁和路边等地,寿命和结实期都很长。分布广,适应性强,为深根性树种,对土壤要求不严,喜光,不耐阴,耐干旱,耐酷暑,耐严寒,喜温暖气候,在土壤肥沃的沙质壤土上生长快。

药用价值 入药部位:果实。10 月采收,阴干。性味:味辛,性温。药用功效:涤痰除垢,解毒杀虫。药用主治:咳嗽痰壅,风湿肿痛,痢疾,肠风,便毒,疥癣。

槐

学名 *Sophora japonica* Linn.

别称 国槐、槐树、槐蕊。

科属 豆科槐属。

形态特征 乔木,高可达 25 m。树皮灰褐色,具纵裂纹。当年生枝绿色,无毛。羽状复叶长达 25 cm。叶轴初被疏柔毛,旋即脱净。叶柄基部膨大,包裹着芽。托叶形状多变,有时呈卵形、叶状,有时线形或钻状,早落。小叶 4~7 对,对生或近互生,纸质,卵状披针形或卵状长圆形,长 2.5~6 cm,宽 1.5~3 cm,先端渐尖,具小尖头,基部宽楔形或近圆形,稍偏斜,下面灰白色,初被疏短柔毛,旋变无毛。小托叶 2 片,钻状。

圆锥花序顶生,常呈金字塔形,长达 30 cm。花梗比花萼短。小苞片 2 枚,形似小托叶。花萼浅钟状,长约 4 mm,萼齿 5,近等大,圆形或钝三角形,被灰白色短柔毛,萼管近无毛。花冠白色或淡黄色,旗瓣近圆形,长和宽约 11 mm,具短柄,有紫色脉纹,先端微缺,基部浅心形,翼瓣卵状长圆形,长 10 mm,先端浑圆,基部斜戟形,无皱褶,龙骨瓣阔卵状长圆形,与翼瓣等长,宽达 6 mm。雄蕊近分离,宿存。子房近无毛。荚果串珠状,长 2.5~5 cm 或稍长,径约 10 mm,种子间缢缩不明显,种子排列较紧密,具肉质果皮,成熟后不开裂,具种子 1~6 粒。种子卵球形,淡黄绿色,干后黑褐色。花期 6~7 月,果期 8~10 月。

生长环境　庭院常用的特色树种,其枝叶茂密,绿荫如盖,适宜作庭荫树,在北方多用作行道树。配植于公园、建筑四周、街坊住宅区及草坪。是防风固沙、用材及经济林兼用的树种,是城乡良好的遮阴树和行道树种,对二氧化硫、氯气有较强的抗性。

药用价值　叶药用功效:清肝泻火,凉血解毒,燥湿杀虫。药用主治:小儿惊痫,壮热,肠风,尿血,痔疮,湿疹,疥癣,痈疮疔肿。枝药用功效:散瘀止血,清热燥湿,祛风杀虫。药用主治:崩漏,赤白带下,痔疮,阴囊湿痒,心痛,目赤,疥癣。根药用功效:散瘀消肿,杀虫。药用主治:痔疮,喉痹,蛔虫病。角(果实)药用功效:凉血止血,清肝明目。药用主治:痔疮出血,肠风下血,血痢,崩漏,血淋,血热吐衄,肝热目赤,头晕目眩。

苦参

学名　*Sophora flavescens* Alt.

别称　地槐、好汉枝、山槐子。

科属　豆科槐属。

形态特征　落叶半灌木,高 1.5～3 m。根圆柱状,外皮黄白色。茎直立,多分枝,具纵沟。幼枝被疏毛,后变无毛。奇数羽状复叶,长 20～25 cm,互生。叶片披针形至线状披针形,长 3～4 cm,先端渐尖,基部圆,有短柄,全缘,背面密生平贴柔毛。托叶线形。

总状花序顶生,长 15～20 cm,被短毛,苞片线形。萼钟状,扁平,浅裂。花冠蝶形,淡黄白色。旗瓣匙形,翼瓣无耳,与龙骨瓣等长。雄蕊花丝分离。子房柄被细毛,柱头圆形。荚果线形,先端具长喙,成熟时不开裂,长 5～8 cm。种子间微缢缩,呈不明显的串珠状,疏生短柔毛。种子 3～7 粒,近球形,黑色。花期 6～7 月,果期 7～9 月。

生长环境　生长于沙地或向阳山坡草丛中及溪沟边。对土壤要求不严,一般沙壤土和黏壤土均可生长,为深根性植物。

药用价值　入药部位:干燥根。除去残留根头,洗净浸泡润透,切厚片晒干。性味:味苦,性寒。药用功效:清热燥湿,杀虫,利尿。药用主治:热痢,便血,黄疸尿闭,赤白带下,阴肿阴痒,湿疹,湿疮,皮肤瘙痒,疥癣麻风,外治滴虫性阴道炎。

白刺花

学名　*Sophora davidii*（Franch.）Skeels

别称　苦刺、苦刺花、狼牙刺、铁马胡烧。

科属　豆科槐属。

形态特征　灌木或小乔木,高 1～2 m,枝多开展,小枝初被毛,旋即脱净,不育枝末端明显变成刺,有时分叉。羽状复叶。托叶钻状,部分变成刺,疏被短柔毛,宿存。小叶形态多变,一般为椭圆状卵形或倒卵状长圆形,先端圆或微缺,常具芒尖,基部钝圆形,上面几无毛,下面中脉隆起,疏被长柔毛或近无毛。

总状花序着生于小枝顶端。花萼钟状,稍歪斜,蓝紫色,萼齿不等大,圆三角形,无毛。花冠白色或淡黄色,有时旗瓣稍带红紫色,旗瓣倒卵状长圆形,先端圆形,基部具细长柄,柄与瓣片近等长,反折,翼瓣与旗瓣等长,单侧生,倒卵状长圆形,具锐尖耳,明显具海绵状皱褶,龙骨瓣比翼瓣稍短,镰状倒卵形,具锐三角形耳。雄蕊等长,基部连合不到 1/3。子房比花丝长,密被黄褐色柔毛,花柱变曲,无毛,胚珠多数。荚果非典型串珠状,稍压扁,长 6～8 cm,开裂方式与沙生槐同,表面散生毛或近无毛,有种子 3～5 粒。种子卵球形,深褐色。花期 3～8 月,果期 6～10 月。

生长环境 生长于海拔 2 500 m 以下的河谷沙丘和山坡路边的灌木丛中。

药用价值 入药部位:根、叶、花、果实及种子。根全年可采晒干。叶、果实夏、秋采,分别晒干。3～5 月花未盛开时采花蕾及初放的花鲜用或晒干。性味:根、果、花味苦,性寒。叶味苦,性凉。根药用功效:清热解毒,利湿消肿,凉血止血。药用主治:痢疾,膀胱炎,血尿,水肿,喉炎,衄血。叶药用功效:凉血,解毒,杀虫功效。药用主治:衄血,便血,疗疮肿毒,疥癣,烫伤。药用功效:清热解毒,凉血消肿。花药用主治:痈肿疮毒。药用功效:理气消积,抗癌。果药用主治:消化不良,胃痛,腹痛,表皮癌和白血病。

苦豆子

学名 *Sophora alopecuroides* L.

别称 苦豆根、苦甘草。

科属 豆科槐属。

形态特征 木质化灌木,高约 1 m,枝被白色或淡灰白色长柔毛或贴伏柔毛。羽状复叶。叶柄长 1～2 cm。托叶着生于小叶柄的侧面,钻状,常早落。小叶对生或近互生,纸质,披针状长圆形或椭圆状长圆形,先端钝圆或急尖,常具小尖头,基部宽楔形或圆形,上面被疏柔毛,下面毛被较密,中脉上面常凹陷,下面隆起,侧脉不明显。

总状花序顶生。花多数,密生。花梗苞片似托叶,脱落。花萼斜钟状,萼齿明显,不等大,三角状卵形。花冠白色或淡黄色,旗瓣形状多变,通常为长圆状倒披针形,先端圆或微缺,或明显呈倒心形,基部渐狭或骤狭成柄,翼瓣常单侧生,稀近双侧生,卵状长圆形,具三角形耳,皱褶明显,龙骨瓣与翼瓣相似,先端明显具突尖,背部明显呈龙骨状盖叠,柄纤细,长约为瓣片的 1/2,具三角形耳,下垂。雄蕊花丝不同程度连合,有时近两体雄蕊,连合部分疏被极短毛,子房密被白色近贴伏柔毛,柱头圆点状,被稀少柔毛。荚果串珠状,长 8～13 cm,具多数种子。种子卵球形,稍扁,褐色或黄褐色。花期 5～6 月,果期 8～10 月。

生长环境 生长于沙质土壤中,耐沙埋、抗风蚀,具有良好的沙生特点,水分活动频繁,植物根系伸展得深而广,在结构紧密的土壤内,因其水分上下移动不畅,植物根系较浅。

药用价值 入药部位:种子。秋季果实成熟时采收晒干。性味:味苦,性寒。药用功效:清热燥湿,止痛,杀虫。药用主治:痢疾,胃痛,白带过多,湿疹,疮疖,顽癣。

光叶马鞍树

学名 *Maackia tenuifolia*（Hemsl.）hand.－mazz.

科属 豆科马鞍树属。

形态特征 灌木或小乔木,高 2～7 m。树皮灰色。小枝幼时绿色,有紫褐色斑点,被淡褐色柔毛,在芽和叶柄基部的膨大部分最密,后变为棕紫色,无毛或有疏毛。芽密被褐色柔毛。奇数羽状复叶,长 12~16.5 cm。叶轴有灰白色疏毛,在叶轴顶端小叶处延长 2.4~3 cm 生顶小叶。小叶顶生,倒卵形、菱形或椭圆形,长达 10 cm,宽 6 cm,先端长渐尖,基部楔形或圆形,侧小叶对生,椭圆形或长椭圆状卵形,长 4~9.5 cm,先端渐尖,基部楔形,幼时上面有疏毛,下面在叶缘和中脉密被短柔毛,后变无毛,或仅中脉有柔毛,叶脉两面隆起,细脉明显。无叶柄。

总状花序顶生,长 6~10.5 cm。花稀疏,大型。花梗纤细。花萼圆筒形,萼齿短,边缘有灰色短毛。花冠绿白色。雌蕊密被淡黄褐色短柔毛,具柄。荚果线形,长 5.5~10 cm,微弯成镰状,压扁,果颈无翅,褐色,密被长柔毛。种子肾形,压扁,种皮淡红色。花期 4~5 月,果期 8~9 月。

生长环境 生长于山坡溪边林内。

药用价值 入药部位:根、叶。药用功效:回阳救逆。药用主治:手脚冰凉,口吐白沫。

香槐

学名 *Cladrastis wilsonii* Takeda

科属 豆科香槐属。

形态特征 落叶乔木,高 4~10 m。树皮灰褐色。散布圆形皮孔。叶互生,奇数羽状复叶。小叶 7~11 片,小叶片卵状椭圆形、卵状长椭圆形或长椭圆形,长 5~11 cm,宽 2.5~4 cm,先端短渐尖或骤尖,基部宽楔形至近圆形,上面深绿色,无毛,下面苍绿色,沿主脉上被浅棕褐色柔毛。

圆锥花序疏松,顶生及腋生。花长 1.5~2 cm。花萼钟状,先端具齿裂,裂齿三角形,密生黄棕色短柔毛。蝶形花冠,白色。雄蕊长短不等,近分离。子房线形,具短柄,表面密被浅棕褐色绢状柔毛,花柱向上弯,柱头狭尖。荚果条形,扁平,长 3.5~8 cm,密生毛。种子肾状椭圆形,光滑。花期 6~7 月,果期 9~10 月。

生长环境 生长于海拔 1 000 m 的山坡杂木林缘、疏林中或村落。

药用价值 入药部位:根、果实。根全年均可采挖,洗净切片鲜用。9~10 月采收成熟的果实晒干。性味:味苦,性平。药用功效:祛风止痛。药用主治:关节疼痛。

苏木蓝

学名 *Indigofera carlesii* Craib.

别称 山豆根、木蓝叉。

科属 豆科木蓝属。

形态特征 灌木,高可达 1.5 m。茎直立,幼枝疏被白色丁字毛。叶互生,叶柄长 1.5~3.5 cm。托叶线状披针形,长 0.7~1 cm,早落。奇数羽状复叶长 7~20 cm。小叶 3~9 片,坚纸质,椭圆形或卵状椭圆形,长 2~5 cm,宽 1~3 cm,先端钝圆,基部圆钝或阔楔形,两面密被白色丁字毛。

总状花序长 10~20 cm,总花梗长约 1.5 cm。苞片卵形,长 2~4 mm,早落。花萼杯状,长 4~4.5 mm,外被白色丁字毛,萼齿披针形。蝶形花,花冠粉红色或玫瑰红色,旗瓣近椭圆形,长 1.3~1.5 cm,先端圆形,翼瓣边缘有睫毛,龙骨瓣与翼瓣等长。雄蕊 10 枚,二体,花药卵形。两端有髯毛。子房无毛。荚果线状圆柱形,长 4~6 cm,果瓣开裂后旋卷,内果皮具紫色斑点。花期 4~6 月,果期 8~10 月。

生长环境　生长于海拔 500~1 000 m 的山坡路旁及丘陵灌丛中。

药用价值　入药部位:根。秋季采收,切段晒干。性味:味微苦,性平。药用功效:清肺,敛汗,止血。药用主治:咳嗽,自汗,外伤出血。

马棘

学名　*Indigofera pseudotinctoria* Matsum.

别称　一味药。

科属　豆科木蓝属。

形态特征　小灌木,高 1~3 m。多分枝。枝细长,幼枝灰褐色,明显有棱,被丁字毛。羽状复叶长 3.5~6 cm。叶柄长 1~1.5 cm,被平贴丁字毛,叶轴上面扁平。托叶小,狭三角形,早落。小叶 3~5 对,对生,椭圆形、倒卵形或倒卵状椭圆形,长 1~2.5 cm,宽 0.5~1.1 cm,先端圆或微凹,有小尖头,基部阔楔形或近圆形,两面有白色丁字毛,有时上面毛脱落。小叶柄长约 1 mm。小托叶微小,钻形或不明显。

总状花序,花开后较复叶长,长 3~11 cm,花密集。总花梗短于叶柄。花梗长约 1 mm。花萼钟状,外面有白色和棕色平贴丁字毛,萼筒萼齿不等长,与萼筒近等长或略长。花冠淡红色或紫红色,旗瓣倒阔卵形,长 4.5~6.5 mm,先端螺壳状,基部有瓣柄,外面有丁字毛,翼瓣基部有耳状附属物,龙骨瓣近等长,基部具耳。花药圆球形,子房有毛。荚果线状圆柱形,长 2.5~4 cm,顶端渐尖,幼时密生短丁字毛,种子间有横膈,仅在横隔上有紫红色斑点。果梗下弯。种子椭圆形。花期 5~8 月,果期 9~10 月。

生长环境　生长于溪边、泥土上、灌丛中。

药用价值　入药部位:根或地上部分。8~9 月离地面 10 cm 处,割下地上部分晒干。根在秋后采收,切段晒干或鲜用。性味:味苦、涩,性平。药用功效:清热解表,散瘀消积。药用主治:风热感冒,肺热咳嗽,烧烫伤,疔疮,毒蛇咬伤,瘰疬,跌打损伤,食积腹胀。

华东木蓝

学名　*Indigofera fortunei* Craib.

别称　福氏木蓝。

科属　豆科木蓝属。

形态特征　灌木,高可达 1 m。茎直立,灰褐色或灰色,分枝有棱。无毛。羽状复叶长 10~150 cm。叶柄长 1.5~4 cm,叶轴上面具浅槽,叶轴和小柄均无毛。托叶线状披针形,长 3.5~4 mm,早落。小叶 3~7 对,对生,间有互生,卵形、阔卵形、卵状椭圆形或卵状披针形,长 1.5~2.5 cm,宽 0.8~2.8 cm,先端钝圆或急尖,微凹,有长约 2 mm 的小尖头,基部圆形或阔楔形,幼时在下面中脉及边缘疏被丁字毛,后脱落变无毛,中脉上面凹入,下面隆起,细脉明显。小托叶钻形,与小叶柄等长或较长。

总状花序长 8~18 cm,总花梗长达 3 cm,常短于叶柄,无毛。苞片卵形,早落。花梗长达 3 mm。花萼斜杯状,外面疏生丁字毛,萼齿三角形,最下萼齿稍长。花冠紫红色或粉红色,旗瓣倒阔卵形,长 10~11.5 mm,宽 6~8.5 mm,先端微凹,外面密生短柔毛,翼瓣长 9~11 mm,瓣柄边缘有睫毛,龙骨瓣长可达 11.5 mm,宽 4~4.5 mm,近边缘及上部有毛,距短。花药阔卵形,顶端有小凸尖,两端有髯毛。子房无毛,有胚珠 10 余粒。荚果褐色,线状圆柱形,长 3~4 cm,无毛,开裂后果瓣旋卷。内果皮具斑点。花期 4~5 月,果期 5~9 月。

生长环境 生长于海拔 200~800 m 的山坡疏林或灌丛中。

药用价值 入药部位:根、叶。春、秋采,洗净切碎晒干。性味:味苦,性寒。药用功效:清热解毒,消肿止痛。药用主治:流行性乙型脑炎,咽喉肿痛,肺炎,蛇咬伤。

紫藤

学名 *Wisteria sinensis*(Sims.)Sweet

别称 朱藤、招藤、招豆藤。

科属 豆科紫藤属。

形态特征 落叶藤本,茎右旋,枝较粗壮,嫩枝被白色柔毛,后秃净。冬芽卵形。奇数羽状复叶长 15~25 cm。托叶线形,早落。小叶 3~6 对,纸质,卵状椭圆形至卵状披针形,上部小叶较大,基部 1 对最小,长 5~8 cm,宽 2~4 cm,先端渐尖至尾尖,基部钝圆或楔形,或歪斜,嫩叶两面被平伏毛,后秃净。小叶柄长 3~4 mm,被柔毛。小托叶刺毛状,长 4~5 mm。

总状花序发自一年生短枝的腋芽或顶芽,长 15~30 cm,径 8~10 cm,花序轴被白色柔毛。苞片披针形,早落。花长 2~2.5 cm,芳香。花梗细,长 2~3 cm。花萼杯状,长 5~6 mm,宽 7~8 mm,密被细绢毛,上方 2 齿甚钝,下方 3 齿卵状三角形。花冠细绢毛,上方 2 齿甚钝,下方 3 齿卵状三角形。花冠紫色,旗瓣圆形,先端略凹陷,花开后反折,基部有 2 胼胝体,翼瓣长圆形,基部圆,龙骨瓣较翼瓣短,阔镰形,子房线形,密被茸毛,花柱无毛,上弯,胚珠 6~8 粒。荚果倒披针形,长 10~15 cm,宽 1.5~2 cm,密被茸毛,悬垂枝上不脱落,有种子 1~3 粒。种子褐色,具光泽,圆形,宽 1.5 cm,扁平。花期 4~5 月,果期 5~8 月。

生长环境 对气候和土壤的适应性强,较耐寒,能耐水湿及瘠薄土壤,喜光,较耐阴。适宜栽培于土层深厚、排水良好、向阳避风的地方。主根深,侧根浅,不耐移栽。生长较快,寿命很长,缠绕能力强,对其他植物有绞杀作用。

药用价值 入药部位:茎或茎皮。夏季采收茎或茎皮晒干。性味:味甘、苦,性微温。药用功效:利水,除痹,杀虫。药用主治:水癥病,浮肿,关节疼痛,肠寄生虫病。

多花紫藤

学名 *Wisteria floribunda*(Willd.)DC.

别称 日本紫藤。

科属 豆科紫藤属。

形态特征 落叶藤本。树皮赤褐色。茎右旋,枝较细柔,分枝密,叶茂盛,初时密被褐色短柔毛,后秃净。羽状复叶长 20~30 cm。托叶线形,早落。小叶 5~9 对,薄纸质,卵状披针形,自下而上等大或逐渐狭短,长4~8 cm,宽1~2.5 cm,先端渐尖,基部钝或歪斜,嫩时两面被平伏毛,后渐秃净。小叶柄干后变黑色,被柔毛。小托叶刺毛状,易脱落。

总状花序生于当年生枝的枝梢,同一枝上的花几同时开放,下部枝的叶先开展,花序长30~90 cm,径5~7 cm,自下而上顺序开花。花序轴密生白色短毛。苞片披针形,早落,花长1.5~2 cm。花梗细,长1.5~2.5 cm。花萼杯状,与花梗同被密绢毛,上方2萼齿甚钝,圆头。花冠紫色至蓝紫色,旗瓣圆形,先端圆,基部略呈心形,翼瓣狭长圆形,基部截平,具小尖角,龙骨瓣较阔,近镰形,先端圆钝。子房线形,密被茸毛,花柱上弯,无毛。荚果倒披针形,长12~19 cm,宽1.5~2 cm,平坦,密被茸毛,有种子3~6粒,荚果宿存枝端。种子紫褐色,具光泽,圆形,径1~1.4 cm。花期4~5月,果期5~7月。

生长环境　喜阳光,略耐阴,耐贫瘠,对土壤的酸碱度适应性也强。有较强的耐旱能力,喜湿润的土壤。

药用价值　入药部位:茎皮、花及种子。药用功效:解毒,止吐泻。药用主治:治疗筋骨疼,防止酒腐变质。多花紫藤皮杀虫止痛,治风痹痛、蛲虫病。

藤萝

学名　*Wisteria villosa* Rehder

别称　朱藤、招藤、招豆藤。

科属　豆科紫藤属。

形态特征　落叶藤本,当年生枝粗壮,密被灰色柔毛,次年秃净。冬芽灰黄色,卵形,长约1 cm,密被灰色柔毛。羽状复叶长15~32 cm。叶柄长2~5 cm。托叶早落。小叶4~5对,纸质,卵状长圆形或椭圆状长圆形,自下而上逐渐缩小,但最下1对并非最大,长5~10 cm,宽2.3~3.5 cm,先端短渐尖至尾尖,基部阔楔形或圆形,上面疏被白色柔毛,下面毛较密,不脱落。小叶柄长3~4 mm。小托叶刺毛状,长5~6 mm,易落,与小叶柄均被伸展长毛。

总状花序生于枝端,下垂,盛花时叶半展开,花序长30~35 cm,径8~10 cm,自下而上逐次开放。苞片卵状椭圆形,长约10 mm。花长2.2~2.5 cm,芳香。花梗直,长1.5~2.5 cm,和苞片均被灰白色长柔毛。花萼浅杯状,堇青色,内外均被茸毛,上方2齿几全连合成阔三角形,两侧萼齿三角形,下方1齿最长,三角形,尖头。花冠堇青色,旗瓣圆形,先端圆钝,基部心形,具瓣柄,翼瓣和龙骨瓣阔长圆形,龙骨瓣先端具1齿状缺刻。子房密被茸毛,花柱短,直角上指,胚珠5粒。荚果倒披针形,长18~24 cm,宽2.5 cm,密被褐色茸毛,种子褐色,圆形,宽约1.5 cm,扁平。花期5月上旬,果期6~7月。

生长环境　生长于山坡灌木丛及路旁。有很强的气候适应能力,较耐寒、喜光,略耐阴。主根深,侧根少,不耐移栽。喜深厚肥沃的沙壤土,有一定耐干旱、瘠薄和水湿的能力。主根深长,侧根稀少,对城市环境适应性强,花穗多在去年短枝和长枝下部腋芽上分化。实生苗最初几年呈灌木状,长出缠绕枝后,能自行缠绕。

药用价值　入药部位:皮、花、种子。皮可解毒、止泻、驱虫。花有解毒、止吐泻功效。种子可治筋骨疼。

葛

学名 *Pueraria lobate*（Willd.）Ohwi

别称 葛藤、甘葛、野葛。

科属 豆科葛属。

形态特征 粗壮藤本，长可达 8 m，全体被黄色长硬毛，茎基部木质，有粗厚的块状根。羽状复叶具 3 片小叶。托叶背着，卵状长圆形，具线条。小托叶线状披针形，与小叶柄等长或较长。小叶三裂，偶尔全缘，顶生小叶宽卵形或斜卵形，长 7~15 cm，宽 5~12 cm，先端长渐尖，侧生小叶斜卵形，稍小，上面被淡黄色、平伏的疏柔毛。下面较密。小叶柄被黄褐色茸毛。

总状花序长 15~30 cm，中部以上有颇密集的花。苞片线状披针形至线形，远比小苞片长，早落。小苞片卵形，长不及 2 mm。花 2~3 朵聚生于花序轴的节上。花萼钟形，长 8~10 mm，被黄褐色柔毛，裂片披针形，渐尖，比萼管略长。花冠长 10~12 mm，紫色，旗瓣倒卵形，基部有 2 耳及一黄色硬痂状附属体，具短瓣柄，翼瓣镰状，较龙骨瓣为狭，基部有线形、向下的耳，龙骨瓣镰状长圆形，基部有极小、急尖的耳。对旗瓣的 1 枚雄蕊仅上部离生。子房线形，被毛。荚果椭圆形，长 5~9 cm，宽 8~11 mm，扁平，被褐色长硬毛。花期 9~10 月，果期 11~12 月。

生长环境 多分布于海拔 1 700 m 以下较温暖潮湿的坡地、沟谷、向阳矮小灌木丛中。适应性较强，以土层深厚、疏松、富含腐殖质的沙质壤土为宜。

药用价值 入药部位：根、茎、叶、花、种子及葛粉，葛根药用价值最高。花药用功效：清凉，解酒，降压。药用主治：下痢，肠风下血。根性味：味甘、辛，性平。药用功效：升阳解肌，透疹止泻，除烦止渴。药用主治：伤寒，温热头痛，烦热消渴，泄泻，痢疾，癍诊不透，高血压，心绞痛，耳聋病症。

刺槐

学名 *Robinia pseudoacacia* Linn.

别称 洋槐、刺儿槐。

科属 豆科刺槐属。

形态特征 落叶乔木，高 10~25 m。树皮灰褐色至黑褐色，浅裂至深纵裂，稀光滑。小枝灰褐色，幼时有棱脊，微被毛，后无毛。具托叶刺，长达 2 cm。冬芽小，被毛。羽状复叶长 10~25 cm。叶轴上面具沟槽。小叶 2~12 对，常对生，椭圆形、长椭圆形或卵形，长 2~5 cm，宽 1.5~2.2 cm，先端圆，微凹，具小尖头，基部圆至阔楔形，全缘，上面绿色，下面灰绿色，幼时被短柔毛，后变无毛。小叶柄长 1~3 mm。小托叶针芒状。

总状花序腋生，长 10~20 cm，下垂，花多数，芳香。苞片早落。花梗长 7~8 mm。花萼斜钟状，长 7~9 mm，萼齿 5，三角形至卵状三角形，密被柔毛。花冠白色，各瓣均具瓣柄，旗瓣近圆形，长 16 mm，宽约 19 mm，先端凹缺，基部圆，反折，内有黄斑，翼瓣斜倒卵形，与旗瓣几等长，长约 16 mm，基部一侧具圆耳，龙骨瓣镰状，三角形，与翼瓣等长或稍短，前缘合生，先端钝尖。雄蕊二体,对旗瓣的 1 枚分离。子房线形,长约 1.2 cm,无毛,花柱钻形,上弯,顶端具毛,柱头顶生。

荚果褐色,或具红褐色斑纹,线状长圆形,长 5~12 cm,宽 1~1.3 cm,扁平,先端上弯,具尖头,果颈短,沿腹缝线具狭翅。花萼宿存,有种子 2~15 粒。种子褐色至黑褐色,微具光泽,有时具斑纹,近肾形,种脐圆形,偏于一端。花期 4~6 月,果期 8~9 月。

生长环境 在年平均气温 8~14 ℃、年降水量 500~900 mm 的地方生长良好。空气湿度较大的地区,其生长快,干形通直。对水分条件很敏感,在地下水位过高、水分过多的地方生长缓慢,易诱发病害,造成植株烂根、枯梢甚至死亡。喜土层深厚、肥沃、疏松、湿润的壤土、沙质壤土、沙土或黏壤土,在中性土、酸性土、含盐量 0.3% 以下的盐碱性土上都可以正常生长,在积水、通气不良的黏土上生长不良。喜光,不耐庇荫,萌芽力和根蘖性都很强。

药用价值 入药部位:花。药用功效:止血。药用主治:大肠下血,咯血,吐血,妇女红崩。

紫穗槐

学名 *Amorpha fruticosa* Linn.

别称 棉槐、椒条、棉条。

科属 豆科紫穗槐属。

形态特征 灌木,叶丛生,高 1~4 m。小枝灰褐色,被疏毛,后变无毛,嫩枝密被短柔毛。叶互生,奇数羽状复叶,长 10~15 cm,有小叶 11~25 片,基部有线形托叶。叶柄长 1~2 cm。小叶卵形或椭圆形,长 1~4 cm,宽 0.6~2.0 cm,先端圆形,锐尖或微凹,有一短而弯曲的尖刺,基部宽楔形或圆形,上面无毛或被疏毛,下面有白色短柔毛,具黑色腺点。

穗状花序常 1 至数个顶生和枝端腋生,长 7~15 cm,密被短柔毛。花有短梗。苞片长 3~4 mm。花萼被疏毛或几无毛,萼齿三角形,较萼筒短。旗瓣心形,紫色,无翼瓣和龙骨瓣。雄蕊 10 枚,下部合生成鞘,上部分裂,包于旗瓣之中,伸出花冠外。荚果下垂,微弯曲,顶端具小尖,棕褐色,表面有凸起的疣状腺点。花、果期 5~10 月。

生长环境 喜干冷气候,在年均气温 10~16 ℃、年降水量 500~700 mm 的地区生长较好。耐寒、耐旱、耐湿、耐盐碱,抗风沙,抗逆性极强,在荒山坡、道路旁、河岸、盐碱地均可生长。系多年生优良绿肥、蜜源植物。

药用价值 入药部位:叶。性味:微苦。药用功效:祛湿消肿。药用主治:痈肿,湿疹,烧、烫伤。

锦鸡儿

学名 *Caragana sinica*（Buc'hoz）Rehd.

别称 黄雀花、土黄豆、粘粘袜。

科属 豆科锦鸡儿属。

形态特征 灌木,高 1~2 m。树皮深褐色。小枝有棱,无毛。托叶三角形,硬化成针刺,长 5~7 mm。叶轴脱落或硬化成针刺,针刺长 7~15 mm。小叶羽状,有时假掌状,上部 1 对常较下部的大,厚革质或硬纸质,倒卵形或长圆状倒卵形,长1~3.5 cm,宽5~15 mm,先端圆形或微缺,具刺尖或无刺尖,基部楔形或宽楔形,上面深绿色,下面淡绿色。

花单生,花梗长约1 cm,中部有关节。花萼钟状,长12~14 mm,宽6~9 mm,基部偏斜。花冠黄色,常带红色,长2.8~3 cm,旗瓣狭倒卵形,具短瓣柄,翼瓣稍长于旗瓣,瓣柄与瓣片近等长,耳短小,龙骨瓣宽钝。子房无毛。荚果圆筒状,长3~3.5 cm。花期4~5月,果期7月。

生长环境 生长于山坡和灌丛,喜光,根系发达,具根瘤,抗旱耐瘠,能在山石缝隙处生长。忌湿涝,萌芽力、萌蘖力均强,能自然播种繁殖。在深厚、肥沃、湿润的沙质壤土上生长更佳。在轻度盐碱土上能正常生长,忌积水,长期积水易造成苗木死亡。

药用价值 入药部位:花。在4~5月花盛开时采摘,晒干或烘干。性味:味甘,性微温。药用功效:健脾益肾,和血祛风,解毒。药用主治:虚劳咳嗽,头晕耳鸣,腰膝酸软,气虚,带下,小儿疳积,痘疹透发不畅,乳痈,痛风,跌打损伤。

红花锦鸡儿

学名 *Caragana rosea* Turcz. ex Maxim.

别称 金雀儿。

科属 豆科锦鸡儿属。

形态特征 灌木,高0.4~1 m,树皮绿褐色或灰褐色,小枝细长,具条棱,托叶在长枝者成细针刺,长3~4 mm,短枝者脱落。叶柄长5~10 mm,脱落或宿存成针刺。叶假掌状。小叶4片,楔状倒卵形,长1~2.5 cm,宽4~12 mm,先端圆钝或微凹,具刺尖,基部楔形,近革质,上面深绿色,下面淡绿色,无毛,有时小叶边缘、小叶柄、小叶下面沿脉被疏柔毛。

花梗单生,长8~18 mm,关节在中部以上,无毛。花萼管状,不扩大或仅下部稍扩大,长7~9 mm,常紫红色,萼齿三角形,渐尖,内侧密被短柔毛。花冠黄色,常紫红色或全部淡红色,凋时变为红色,长20~22 mm,旗瓣长圆状倒卵形,先端凹入,基部渐狭成宽瓣柄,翼瓣长圆状线形,瓣柄较瓣片稍短,耳短齿状,龙骨瓣的瓣柄与瓣片近等长,耳不明显。子房无毛。荚果圆筒形,长3~6 cm,具渐尖头。花期4~6月,果期6~7月。

生长环境 生长于山坡、沟边路旁或灌丛中。

药用价值 入药部位:根部。秋季采挖根部,洗净切片晒干。药用功效:健脾,益肾,通经,利尿药用主治:虚损劳热,咳嗽,淋浊,阳痿,妇女血崩,白带,乳少,子宫脱垂。

黄檀

学名 *Dalbergia hupeana* Hance.

别称 不知春、望水檀、檀树。

科属 豆科黄檀属。

形态特征 乔木,高10~20 m。树皮暗灰色,呈薄片状剥落。幼枝淡绿色,无毛。羽状复叶长15~25 cm。小叶3~5对,近革质,椭圆形至长圆状椭圆形,长3.5~6 cm,宽2.5~4 cm,先端钝或稍凹入,基部圆形或阔楔形,两面无毛,细脉隆起,上面有光泽。

圆锥花序顶生或生于最上部的叶腋间,连总花梗长 15~20 cm,径 10~20 cm,疏被锈色短柔毛。花密集,长 6~7 mm。花梗长约 5 mm,与花萼同疏被锈色柔毛。基生和副萼状小苞片卵形,被柔毛,脱落。花萼钟状,萼齿上方 2 枚阔圆形,近合生,侧方的卵形,最下一枚披针形,长为其余 4 枚之倍。花冠白色或淡紫色,长倍于花萼,各瓣均具柄,旗瓣圆形,先端微缺,翼瓣倒卵形,龙骨瓣关月形,与翼瓣内侧均具耳。雄蕊 10 枚,子房具短柄,除基部与子房柄外,无毛,胚珠 2~3 粒,花柱纤细,柱头小,头状。荚果长圆形或阔舌状,长 4~7 cm,顶端急尖,基部渐狭成果颈,果瓣薄革质,对种子部分有网纹,种子肾形,长 7~14 mm。花期 5~7 月。

生长环境 常见生长于海拔 600~1 400 m 的平原及山区林中或灌丛中,阳性树种,喜光,耐干旱瘠薄,在酸性、中性或石灰性土壤上均能生长。以在深厚、湿润、排水良好的土壤生长较好,忌盐碱地。深根性,萌芽力强。根具根瘤,能固氮,是荒山荒地的先锋造林树种,天然林生长较慢,人工林生长快速。

药用价值 入药部位:根皮。夏、秋季采挖。性味:味辛、苦。药用功效:清热解毒,止血消肿。药用主治:疮疥疔毒,毒蛇咬伤,细菌性痢疾,跌打损伤。

亚麻科

石海椒

学名 *Reinwardtia indica* Dum.

别称 黄亚麻、小王不留行、白骨树。

科属 亚麻科石海椒属。

形态特征 小灌木,高可达 1 m,树皮灰色,无毛,枝干后有纵沟纹。叶纸质,椭圆形或倒卵状椭圆形,长 2~8.8 cm,宽 0.7~3.5 cm,先端急尖或近圆形,有短尖,基部楔形,全缘或有圆齿状锯齿,表面深绿色,背面浅绿色,干后表面灰褐色,背面灰绿色,背面中脉稍凸。叶柄长 8~25 mm。托叶小,早落。

花序顶生或腋生,或单花腋生。花有大有小,直径 1.4~3 cm。萼片分离,披针形,长 9~12 mm,宿存。同一植株上花的花瓣 5 片,黄色,分离,旋转排列,长 1.7~3 cm,宽 1.3 cm,早萎。雄蕊 5,花丝下部两侧扩大成翅状或瓣状,基部合生成环,花药退化雄蕊 5,锥尖状,与雄蕊互生。腺体与雄蕊环合生。子房 3 室,每室有 2 小室,每小室有胚珠 1 枚。花柱 3 枚,长 7~18 mm,下部合生,柱头头状。蒴果球形,每裂瓣有种子 2 粒。种子具膜质翅,翅长稍短于蒴果。花、果期 4~12 月,直至翌年 1 月。

生长环境 生长于海拔 550~2 300 m 的林下、山坡灌丛、路旁和沟坡潮湿处,喜温暖、湿润和阳光充足的气候环境,具有喜光和耐阴的特性。具有一定的耐热和耐旱能力,在土体疏松、排水良好、富含有机质、肥沃的土壤中种植,生长速度较快,是立体绿化的优良材料。

药用价值 入药部位:嫩枝叶。春、夏季采摘嫩枝叶,鲜用或晒干。性味:味甘,性寒。药用功效:清热利尿。药用主治:小便不利,肾炎,黄疸型肝炎。

芸香科

野花椒

学名 *Zanthoxylum simulans* Hance.

别称 花椒、岩椒、叶尔玛。

科属 芸香科花椒属。

形态特征 灌木或小乔木,枝干散生基部宽而扁的锐刺,嫩枝及小叶背面沿中脉或仅中脉基部两侧或有时及侧脉均被短柔毛,或各部均无毛。叶有小叶5~15片。叶轴有狭窄的叶质边缘,腹面呈沟状凹陷。小叶对生,无柄或位于叶轴基部的有甚短的小叶柄,卵形、卵状椭圆形或披针形,长2.5~7 cm,宽1.5~4 cm,两侧略不对称,顶部急尖或短尖,常有凹口,油点多,干后半透明且常微凸起,间有窝状凹陷,叶面常有刚毛状细刺,中脉凹陷,叶缘有疏离而浅的钝裂齿。聚花序顶生,长1~5 cm。花被片5~8片,狭披针形、宽卵形或近于三角形,大小及形状有时不相同,淡黄绿色。雄花的雄蕊5~8枚,花丝及半圆形凸起的退化雌蕊均淡绿色,药隔顶端有一干后暗褐黑色的油点。雌花的花被片为狭长披针形。心皮2~3个,花柱斜向背弯。花期3~5月,果期7~9月。

生长环境 生长于平地、低丘陵或略高的山地疏林或密林下,适宜温暖湿润及土层深厚肥沃的壤土、沙壤土,萌蘖性强,耐寒,耐旱,喜阳光,抗病能力强,隐芽寿命长,故耐强修剪。不耐涝,短期积水可致死亡。

药用价值 入药部位:果实。7~8月采收成熟的果实,除去杂质晒干。性味:味辛,性温。药用功效:温中止痛,杀虫止痒。药用主治:脾胃虚寒,脘腹冷痛,呕吐,泄泻,蛔虫腹痛,湿疹,皮肤瘙痒,阴痒,龋齿疼痛。

花椒

学名 *Zanthoxylum bungeanum* Maxim.

别称 椒、大椒、秦椒。

科属 芸香科花椒属。

形态特征 落叶小乔木,茎干上的刺常早落,枝有短刺,小枝上的刺基部宽而扁且劲直的长三角形,当年生枝被短柔毛。叶有小叶5~13片,叶轴常有甚狭窄的叶翼。小叶对生,无柄,卵形、椭圆形,稀披针形,位于叶轴顶部的较大,近基部的有时圆形,长2~7 cm,宽1~3.5 cm,叶缘有细裂齿,齿缝有油点。其余无或散生肉眼可见的油点,叶背基部中脉两侧有丛毛或小叶两面均被柔毛,中脉在叶面微凹陷,叶背干后常有红褐色斑纹。

花序顶生或生于侧枝之顶,花序轴及花梗密被短柔毛或无毛。花被片6~8片,黄绿色,形状及大小大致相同。雄花的雄蕊5枚或多至8枚。退化雌蕊顶端叉状浅裂。雌花很少有发育雄蕊,有心皮 3 个或 2 个,花柱斜向背弯。果紫红色,单个分果瓣径 4~5 mm,散生微凸起的油点,顶端有甚短的芒尖或无。种子长 3.5~4.5 mm。花期 4~5 月,果期 8~10 月。

生长环境 适宜生长于温暖湿润及土层深厚肥沃的壤土、沙壤土,萌蘖性强,耐寒、耐旱,喜阳光,抗病能力强,隐芽寿命长,耐强修剪,不耐涝。

药用价值 入药部位:干燥成熟果皮。除去果柄等杂质,取净花椒,照清炒法炒至有香气。性味:味辛,性温。药用功效:温中止痛,杀虫止痒。药用主治:脘腹冷痛,呕吐泄泻,虫积腹痛。外用湿疹,阴痒。

竹叶花椒

学名 *Zanthoxylum armatum* DC.

别称 山花椒、狗椒、野花椒。

科属 芸香科花椒属。

形态特征 小乔木或灌木,高 3~5 m 的落叶小乔木。茎枝多锐刺,刺基部宽而扁,红褐色,小枝上的刺劲直,水平抽出,小叶背面中脉上常有小刺,仅叶背基部中脉两侧有丛状柔毛,或嫩枝梢及花序轴均被褐锈色短柔毛。

叶有小叶 3~9 片,翼叶明显,稀仅有痕迹。小叶对生,通常披针形,长 3~12 cm,宽 1~3 cm,两端尖,有时基部宽楔形,干后叶缘略向背卷,叶面稍粗皱。或为椭圆形,长 4~9 cm,宽 2~4.5 cm,顶端中央一片最大,基部一对最小。有时为卵形,叶缘有甚小且疏离的裂齿,或近于全缘,仅在齿缝处或沿小叶边缘有油点。小叶柄甚短或无柄。

花序近腋生或同时生于侧枝之顶,长 2~5 cm,有花约 30 朵以内。花被片 6~8 片,形状与大小相同,雄花的雄蕊 5~6 枚,药隔顶端有一干后变褐黑色油点。不育雌蕊垫状凸起,顶端 2~3 浅裂。雌花有心皮 2~3 个,背部近顶侧各有一油点,花柱向背弯,不育雄蕊短线状。果紫红色,有微凸起少数油点,单个分果瓣径 4~5 mm。种径 3~4 mm,褐黑色。花期 4~5 月,果期 8~10 月。

生长环境 生长于低丘陵坡地至海拔 2 200 m 的山坡,沟谷边疏林、林缘、灌丛中,石灰岩山地亦常见。

药用价值 入药部位:果实。性味:味辛,性温。药用功效:温中止痛,杀虫止痒。药用主治:脘腹冷痛,呕吐泄泻,虫积腹痛,蛔虫病,湿疹瘙痒。

狭叶花椒

学名 *Zanthoxylum stenophyllum* Hemsl.

科属 芸香科花椒属。

形态特征 小乔木或灌木。茎枝灰白色,当年生枝淡紫红色,小枝纤细,多刺,刺劲直且长,或弯钩则短小,小叶背面中脉上常有锐刺。叶有小叶 9~23 片,稀较少。小叶互生,披针形,长 2~11 cm,宽 1~4 cm,或狭长披针形,长 2~3.5 cm,宽 0.4~0.7 cm,或卵形,长 8~16 mm,宽 6~8 mm,顶部长渐尖或短尖,基部楔尖至近于圆,油点不明显,叶缘有锯齿状裂齿,齿缝处有油点,中脉在叶面微凸起或平坦,至少下半段被微柔毛,至结果期变为无毛,叶轴腹面微凹陷呈纵沟状,被毛,网状叶脉在叶片两面均微凸起。小叶柄腹面被挺直的短柔毛。

伞房状聚伞花序顶生,有花稀超过 30 朵。雄花花梗长 2~5 mm。雌花花梗长 6~15 mm,结果时伸长达 30 mm,果梗较短的较粗壮,长的则纤细,粗 0.25~0.5 mm,紫红色,无毛。萼片及花瓣均 4 片。萼片长约 0.5 mm。花瓣长 2.5~3 mm。雄蕊 4 枚,药隔顶端无油点。退化雌蕊浅盆状,花柱短,不分裂。雌花无退化雄蕊,花柱甚短。果梗长 1~3 cm,与分果瓣同色。分果瓣淡紫红色或鲜红色,径 4.5~5 mm,稀较大,顶端的芒尖,油点干后常凹陷。种子径约 4 mm。花期 5~6 月,果期 8~9 月。

生长环境 分布于海拔 1 000~2 200 m 的山地灌木丛中,耐干旱瘠薄,适宜种植于田地、边隙地、荒地、果园四周。

药用价值 入药部位:根皮、树皮。性味:味辛、苦,性平。药用功效:祛风湿,通经络,活血,散瘀。药用主治:风湿骨痛,跌打肿痛。

臭常山

学名 *Orixa japonica* Thunb.

别称 大山羊、大素药、白胡椒。

科属 芸香科臭常山属。

形态特征 灌木或小乔木,高 1~3 m,树皮灰或淡褐灰色,幼嫩部分常被短柔毛,枝、叶有腥臭气味,嫩枝暗紫红色或灰绿色,髓部大,常中空。叶薄纸质,全缘或上半段有细钝裂齿,下半段全缘,大小差异较大,倒卵形或椭圆形,中部或中部以上最宽,两端急尖或基部渐狭尖,嫩叶背面被疏或密长柔毛,叶面中脉及侧脉被短毛,中脉在叶面略凹陷,散生半透明的细油点。叶柄长 3~8 mm。

雄花序长 2~5 cm。花序轴纤细,初时被毛。花梗基部有苞片,苞片阔卵形,两端急尖,内拱,膜质,有中脉,散生油点,萼片甚细小。花瓣比苞片小,狭长圆形,上部较宽。雄蕊比花瓣短,与花瓣互生,插生于明显的花盘基部四周,花盘近正方形,花丝线状,花药广椭圆形。雌花的萼片及花瓣形状与大小均与雄花近似,4 个靠合的心皮球形,花柱短,黏合,柱头头状。成熟分果瓣阔椭圆形,干后暗褐色,径 6~8 mm,每分果瓣由顶端起沿腹及背缝线开裂,内有近圆形的种子 1 粒。花期 4~5 月,果期 9~11 月。

生长环境 生长于海拔 500~1 300 m 的山地、密林、灌丛、路旁或疏林向阳坡地。

药用价值 入药部位:根、茎、叶。根、茎四季可采晒干。叶夏、秋采集,鲜用。性味:味苦、辛,性凉。药用功效:清热利湿,截疟,止痛,安神。药用主治:风热感冒,风湿关节肿痛,胃痛,疟疾,跌打损伤,神经衰弱。

枳

学名 *Poncirus trifoliata*(L.)Raf.

别称 枳实、铁篱寨、臭橘。

科属 芸香科枳属。

形态特征 小乔木,株高1~5 m不等,树冠伞形或圆头形。枝绿色,嫩枝扁,有纵棱,刺长达4 cm,刺尖干枯状,红褐色,基部扁平。叶柄有狭长的翼叶,通常指状3出叶,很少4~5小叶,或杂交种的则除3小叶外尚有2小叶或单小叶同时存在,小叶等长或中间的一片较大,长2~5 cm,宽1~3 cm,对称或两侧不对称,叶缘有细钝裂齿或全缘,嫩叶中脉上有细毛。

花单朵或成对腋生,一般先叶开放,也有先叶后花的,有完全花及不完全花,后者雄蕊发育,雌蕊萎缩,花有大、小二型,花径3.5~8 cm。萼片长5~7 mm。花瓣白色,匙形,长1.5~3 cm。雄蕊通常20枚,花丝不等长。果近圆球形或梨形,大小差异较大,通常纵径3~4.5 cm,横径3.5~6 cm,果顶微凹,有环圈,果皮暗黄色,粗糙,也有无环圈,果皮平滑的,油胞小而密,果心充实,瓤囊6~8瓣,汁胞有短柄,果肉含黏液,微有香橼气味,甚酸且苦,带涩味,有种子20~50粒。种子阔卵形,乳白或乳黄色,有黏液,平滑或间有不明显的细脉纹,长9~12 mm。花期5~6月,果期10~11月。

生长环境 喜光,稍耐阴,喜温暖湿润气候,耐寒力较酸橙强。耐热。对土壤要求不严,中性土、微酸性土均能适应,略耐盐碱,以肥沃、深厚的微酸性黏性壤土为宜。对二氧化硫、氯气抗性强,对氟化氢抗性差。萌发力强,耐修剪。

药用价值 入药部位:果。幼果或未成熟果实,5~6月拾取幼小果实晒干。略大者自中部横切为两半,晒干者称绿衣枳实。未成熟果实,横切为两半,晒干者称绿衣枳壳。性味:味辛、苦,性温。药用功效:疏肝和胃,理气止痛,消积化滞。药用主治:胸肋胀满,脘腹胀痛,乳房结块,疝气疼痛,睾丸肿痛,跌打损伤,食积,便秘,子宫脱垂。

苦木科

臭椿

学名 *Ailanthus altissima*(Mill.)Swingle

别称 臭椿皮、大果臭椿。

科属 苦木科臭椿属。

形态特征 落叶乔木,高可达20 m,树皮平滑而有直纹。嫩枝有髓,幼时被黄色或黄褐色柔毛,后脱落。叶为奇数羽状复叶,长40~60 cm,叶柄长7~13 cm,有小叶13~27片。小叶对生或近对生,纸质,卵状披针形,长7~13 cm,宽2.5~4 cm,先端长渐尖,基部偏斜,截形或稍圆,两侧各具粗锯齿,齿背有腺体,叶面深绿色,背面灰绿色,柔碎后具臭味。

圆锥花序长10~30 cm。花淡绿色,花梗长1~2.5 mm。萼片覆瓦状排列,裂片长0.5~1 mm。花瓣长2~2.5 mm,基部两侧被硬粗毛。雄蕊10枚,花丝基部密被硬粗毛,雄花中的花丝长于花瓣,雌花中的花丝短于花瓣。花药长圆形,心皮5枚,花柱黏合,柱头5裂。翅果长椭圆形,长3~4.5 cm,宽1~1.2 cm。种子位于翅的中间,扁圆形。花期4~5月,果期8~10月。

生长环境 喜光,不耐阴,适应性强,除黏土外,各种土壤和中性、酸性及钙质土都能生长,适宜生长于深厚、肥沃、湿润的沙质土壤。耐寒,耐旱,不耐水湿,长期积水会烂根死亡。在年平均气温 12~15 ℃、年降水量 550~1 200 mm 条件下适宜生长。阳性树种,生长于向阳山坡或灌丛中,村庄房前屋后多栽培,对土壤要求不严,生长快,根系深,萌芽力强。

药用价值　入药部位:树皮、根皮、果实。药用功效:清热燥湿,收涩止带,止泻,止血。

苦木

学名　*Picrasma quassioides*（D.Don）Benn.

别称　土樗子、苦皮树、苦胆木。

科属　苦木科苦木属。

形态特征　落叶灌木或小乔木,树皮灰褐色,平滑,有灰色皮孔及斑纹,小枝绿色至红褐色。叶互生,羽状复叶,小叶卵形或卵状椭圆形,长 4~10 cm,宽 2~4.5 cm,先端锐尖,边缘具不整齐钝锯齿,沿中脉有柔毛。伞房状总状花序腋生,花单性异株。萼片、花瓣、雄蕊及子房心皮绵 4~5 数。核果倒卵形,3~4 个并生,蓝至红色,有宿萼。花期 4~6 月。

生长环境　生长于海拔 2 400 m 以下湿润而肥沃的山地、林缘、溪边、路旁等处,秋叶红黄色,可作为风景树栽培。

药用价值　入药部位:干燥枝及叶。除去杂质,洗净切片晒干。叶喷淋清水,切丝晒干。性味:味苦,性寒。药用功效:清热,祛湿,解毒。药用主治:风热感冒,咽喉肿痛,腹泻下痢,湿疹,疮疖,毒蛇咬伤。

楝科

楝

学名　*Melia azedarach* L.

别称　苦楝、哑巴树。

科属　楝科楝属。

形态特征　落叶乔木,高可达 10 m。树皮灰褐色,纵裂。分枝广展,小枝有叶痕。叶为 2~3 回奇数羽状复叶,长 20~40 cm。小叶对生,卵形、椭圆形至披针形,顶生一片通常略大,长 3~7 cm,宽 2~3 cm,先端短渐尖,基部楔形或宽楔形,多少偏斜,边缘有钝锯齿,幼时被星状毛,后两面均无毛,侧脉每边 12~16 条,广展,向上斜举。

花期很长,有的年份能持续开放一个多月。花朵很小,花瓣白中透紫,在衰败的过程中,逐渐变白,四下弯曲分散。花蕊呈紫色棒状,花蕊头似喇叭口,周围呈紫色,蕊心呈黄色,布满了花粉,随着蕊的成熟,花蕊逐渐中空。受粉后的雌蕊,日后会长出楝树豆来。楝树豆先青后黄,长成后有指头大小,薄薄的软层中间包裹着豆核。

圆锥花序约与叶等长,无毛或幼时被鳞片状短柔毛。花芳香。花萼 5 深裂,裂片卵形或长圆状卵形,先端急尖,外面被微柔毛。花瓣淡紫色,倒卵状匙形,长约 1 cm,两面均被微柔毛,通常外面较密。雄蕊管紫色,无毛或近无毛,长 7~8 mm,有纵细脉,管口有钻形、2~3 齿裂的狭裂片 10 枚,花药 10 枚,着生于裂片内侧,且与裂片互生,长椭圆形,顶端微凸尖。子房近球形,5~6 室,无毛,每室有胚珠 2 颗,花柱细长,柱头头状,顶端具齿,不伸出雄蕊管。核果球形至椭圆形,长 1~2 cm,宽 8~15 mm,内果皮木质,4~5 室,每室有种子 1 颗。种子椭圆形。花期 4~5 月,果期 10~12 月。

生长环境 喜温暖、湿润气候,喜光,不耐庇荫,较耐寒,幼树易受冻害。在酸性、中性和碱性土壤中均能生长,在盐渍地上也能良好生长。耐干旱、瘠薄,以在深厚、肥沃、湿润的土壤上生长较好。耐烟尘,抗二氧化硫能力强,并能杀菌。适宜作庭荫树和行道树,是良好的城市及矿区绿化树种。

药用价值 入药部位:果实、树皮及根皮。性味:味苦,性寒。树皮及根皮药用功效:驱虫疗癣。药用主治:蛔虫病,虫积腹痛,疥癣瘙痒。果实药用功效:舒肝行气止痛,驱虫。药用主治:胸肋脘腹胀痛,疝痛,虫积腹痛。

苦楝

学名 *Melia azedarach* Linn.

别称 楝、楝树、紫花树。

科属 楝科楝属。

形态特征 落叶乔木,高可达 10 m。树皮灰褐色,纵裂。分枝广展,小枝有叶痕。叶为 2~3 回奇数羽状复叶,长 20~40 cm。小叶对生,卵形、椭圆形至披针形,顶生一片通常略大,长 3~7 cm,宽 2~3 cm,先端短渐尖,基部楔形或宽楔形,多少偏斜,边缘有钝锯齿,幼时被星状毛,后两面均无毛,侧脉每边 12~16 条,广展,向上斜举。

圆锥花序约与叶等长,无毛或幼时被鳞片状短柔毛。花芳香。花萼 5 深裂,裂片卵形或长圆状卵形,先端急尖,外面被微柔毛。花瓣淡紫色,倒卵状匙形,长约 1 cm,两面均被微柔毛,通常外面较密。雄蕊管紫色,无毛或近无毛,长 7~8 mm,有纵细脉,管口有钻形、2~3 齿裂的狭裂片 10 枚,花药着生于裂片内侧,且与裂片互生,长椭圆形,顶端微凸尖。子房近球形,5~6 室,无毛,每室有胚珠 2 颗,花柱细长,柱头头状,顶端具 5 齿,不伸出雄蕊管。核果球形至椭圆形,长 1~2 cm,内果皮木质,4~5 室,每室有种子 1 颗。种子椭圆形。花期 4~5 月,果期 10~12 月。

生长环境 喜温暖、湿润气候,喜光,不耐庇荫,较耐寒,幼树易受冻害。在酸性、中性和碱性土壤上均能生长,在含盐量 0.45% 以下的盐渍地上能良好生长。耐干旱、瘠薄,也能生长于水边,以在深厚、肥沃、湿润的土壤上生长较好。树势强壮,萌芽力强,抗风,生长迅速,花艳、量多,极具观赏性。耐烟尘,抗二氧化硫和抗病虫害能力强。生于低海拔旷野、路旁或疏林中,广泛引为栽培。

药用价值 入药部位:树皮及根皮、叶、花。树皮及根皮性味:味苦,性寒。药用功效:清热燥湿,杀虫止痒,行气止痛。果实性味:味苦,性寒。药用功效:行气止痛,杀虫。花性味:味苦,性寒。药用功效:清热祛湿,杀虫,止痒。

香椿

学名 *Toona sinensis*（A. Juss.）Roem.

别称 香椿铃、香铃子、香椿子。

科属 楝科香椿属。

形态特征 乔木，树皮粗糙，深褐色，片状脱落。叶具长柄，偶数羽状复叶，长 30 ~ 50 cm。小叶 16 ~ 20 片，对生或互生，纸质，卵状披针形或卵状长椭圆形，长 9 ~ 15 cm，宽 2.5 ~ 4 cm，先端尾尖，基部一侧圆形，另一侧楔形，不对称，边全缘或有疏离的小锯齿，两面均无毛，无斑点，背面常呈粉绿色，侧脉每边 18 ~ 24 条，平展，与中脉几成直角开出，背面略凸起。小叶柄长 5 ~ 10 mm。

圆锥花序与叶等长，被稀疏的锈色短柔毛或有时近无毛，小聚伞花序生于短的小枝上，多花。花具短花梗。花萼齿裂或浅波状，外面被柔毛，且有睫毛。花瓣白色，长圆形，先端钝。雄蕊中 5 枚能育，5 枚退化。花盘无毛，近念珠状。子房圆锥形，有细沟纹无毛，花柱比子房长，柱头盘状。蒴果狭椭圆形，长 2 ~ 3.5 cm，深褐色，有小而苍白色的皮孔，果瓣薄。种子基部通常钝，上端有膜质的长翅，下端无翅。花期 6 ~ 8 月，果期 10 ~ 12 月。

生长环境 适宜在平均气温 8 ~ 10 ℃的地区栽培，抗寒能力随苗树龄的增加而提高。用种子直播的一年生幼苗在 -10 ℃左右易受冻。喜光，较耐湿，适宜生长于河边、庭院周围肥沃湿润的土壤上，一般以沙壤土为宜。

药用价值 树皮性味：味苦、涩，性凉。药用功效：除热，燥湿，涩肠，止血，杀虫。药用主治：痢疾，泄泻，小便淋痛，便血，血崩，带下病，风湿腰腿痛。叶性味：味苦，性平。药用功效：消炎，解毒，杀虫。药用主治：痔疮，痢疾。种子性味：味辛、苦，性温。药用功效：祛风，散寒，止痛。药用主治：泄泻，痢疾，胃痛。

大戟科

算盘子

学名 *Glochidion puberum*（L.）Hutch.

别称 黎击子、野南瓜、柿子椒。

科属 大戟科算盘子属。

形态特征 直立灌木，高 1 ~ 5 m，多分枝。小枝灰褐色。小枝、叶片下面、萼片外面、子房和果实均密被短柔毛。叶片纸质或近革质，长圆形、长卵形或倒卵状长圆形，稀披针形，长 3 ~ 8 cm，宽 1 ~ 2.5 cm，顶端钝、急尖、短渐尖或圆，基部楔形至钝，上面灰绿色，仅中脉被疏短柔毛或几无毛，下面粉绿色。侧脉每边 5 ~ 7 条，下面凸起，网脉明显。叶柄长 1 ~ 3 mm。托叶三角形。

花小，雌雄同株或异株，2 ~ 5 朵簇生于叶腋内，雄花束常着生于小枝下部，雌花束则在上部,或有时雌花和雄花同生于一叶腋内。雄花花梗长 4 ~ 15 mm。萼片 6,狭长圆形或长圆状倒卵形,雄蕊合生呈圆柱状。雌花花梗长约 1 mm。萼片与雄花的相似,但较短而厚。子房圆球状,5 ~ 10 室,每室有 2 颗胚珠,花柱合生呈环状,长宽与子房几相等,与子房接连处缢缩。蒴果扁球状,边缘有纵沟,成熟时带红色,顶端具有环状而稍伸长的宿存花柱,种子近肾形,具三棱,朱红色。花期 4 ~ 8 月,果期 7 ~ 11 月。

生长环境　生长于山坡灌丛中。

药用价值　入药部位:果实。秋季采摘,拣净杂质晒干。性味:味苦,性凉。药用功效:清热除湿,解毒利咽,行气活血。药用主治:痢疾,泄泻,黄疸,疟疾,淋浊,咽喉肿痛,牙痛,疝痛,产后腹痛。

山麻杆

学名　*Alchornea davidii* Franch.

别称　红荷叶、狗尾巴树、桐花杆。

科属　大戟科山麻杆属。

形态特征　落叶灌木,高 1 ~ 4 m。嫩枝被灰白色短茸毛,一年生小枝具微柔毛。叶薄纸质,阔卵形或近圆形,长 8 ~ 15 cm,宽 7 ~ 14 cm,顶端渐尖,基部心形、浅心形或近截平,边缘具粗锯齿或具细齿,齿端具腺体,上面沿叶脉具短柔毛,下面被短柔毛,基部具斑状腺体。小托叶线状,具短毛。叶柄长 2 ~ 10 cm,具短柔毛,托叶披针形,具短毛,早落。

雌雄异株,雄花序穗状,生于一年生枝已落叶腋部,长 1.5 ~ 2.5 cm,花序梗几无,呈葇荑花序状,苞片卵形,顶端近急尖,具柔毛,未开花时覆瓦状密毛,雄花 5 ~ 6 朵簇生于苞腋,花梗无毛,基部具关节。雌花序总状,顶生,长 4 ~ 8 cm,具花 4 ~ 7 朵,各部均被短柔毛,苞片三角形,小苞片披针形。花梗短。雄花花萼花蕾时球形,无毛,萼片 3 枚。雄蕊 6 ~ 8 枚。雌花萼片长三角形,具短柔毛。子房球形,被茸毛,花柱线状。蒴果近球形,具圆棱,直径 1 ~ 1.2 cm,密生柔毛。种子卵状三角形,种皮淡褐色或灰色,具小瘤体。花期 3 ~ 5 月,果期 6 ~ 7 月。

生长环境　阳性树种,喜光照,稍耐阴,喜温暖湿润的气候环境,对土壤的要求不严,以深厚肥沃的沙质壤土生长为宜。萌蘖性强,抗旱能力低。早春嫩叶初放时红色,醒目美观。茎干丛生,茎皮紫红,早春嫩叶紫红,后转红褐色,是良好的观茎、观叶树种,丛植于庭院、路边、山石之旁,有丰富的色彩效果。

药用价值　入药部位:茎皮及叶。春、夏季采收,洗净鲜用或晒干。性味:味淡,性平。药用功效:驱虫,解毒,定痛。药用主治:蛔虫病,狂犬、毒蛇咬伤,腰痛。

白背叶

学名　*Mallotus apelta* (Lour.) Muell. Arg.

别称　白鹤草、叶下白、白背木。

科属　大戟科野桐属。

形态特征　灌木或小乔木,高 1 ~ 3 m。小枝、叶柄和花序均密被淡黄色星状柔毛和散生橙黄色颗粒状腺体。叶互生,卵形或阔卵形,稀心形,长和宽均 6 ~ 16 cm,顶端急尖或渐尖,基部截平或稍心形,边缘具疏齿,上面干后黄绿色或暗绿色,无毛或被疏毛,下面被灰白色星状茸毛,散生橙黄色颗粒状腺体。基出脉最下一对常不明显,侧脉 6 ~ 7 对。基部近叶柄处有褐色斑状腺体 2 个。叶柄长 5 ~ 15 cm。

花雌雄异株,雄花序为开展的圆锥花序或穗状,长 15 ~ 30 cm,苞片卵形,雄花多朵簇生于苞腋。雄花:花梗长 1 ~ 2.5 mm。花蕾卵形或球形,花萼裂片卵形或卵状三角形,外面密生淡黄色星状毛,内面散生颗粒状腺体。雌花序穗状,长 15 ~ 30 cm,稀有分枝,花序梗长 5 ~ 15 cm,苞片近三角形。雌花:花梗极短。花萼裂片卵形或近三角形,外面密生灰白色星状毛和颗粒状腺体。花柱 3 ~ 4 枚,基部合生,柱头密生羽毛状突起。

蒴果近球形,密生被灰白色星状毛的软刺,软刺线形,黄褐色或浅黄色。种子近球形,褐色或黑色,具皱纹。花期 6 ~ 9 月,果期 8 ~ 11 月。

生长环境　生长于海拔 30 ~ 1 000 m 的山坡或山谷灌丛中。

药用价值　入药部位:根、叶。根洗净切片晒干。叶鲜用或晒干研粉。性味:味微苦、涩,性平。根药用功效:柔肝活血,健脾化湿,收敛固脱。药用主治:慢性肝炎,肝脾肿大,子宫脱垂,脱肛,白带,妊娠水肿。叶药用功效:消炎止血。药用主治:中耳炎,疖肿,跌打损伤。

野桐

学名　*Mallotus japonicus* (Thunb.) Muell. Arg. var. *floccosus* S. M. Hwang

科属　大戟科野桐属。

形态特征　小乔木或灌木,高 2 ~ 4 m。树皮褐色。嫩枝具纵棱,枝、叶柄和花序轴均密被褐色星状毛。叶互生,稀小枝上部有时近对生,纸质,形状多变,卵形、卵圆形、卵状三角形、肾形或横长圆形,长 5 ~ 17 cm,宽 3 ~ 11 cm,顶端急尖、凸尖或急渐尖,基部圆形、楔形,稀心形,边全缘,不分裂或上部每侧具 1 裂片或粗齿,上面无毛,下面仅叶脉稀疏被星状毛或无毛,疏散橙红色腺点。基出脉 3 条。侧脉 5 ~ 7 对,近叶柄具黑色圆形腺体 2 颗。叶柄长 5 ~ 17 mm。

花雌雄异株,花序总状或下部常具 3 ~ 5 分枝,长 8 ~ 20 cm。苞片钻形,长 3 ~ 4 mm。雄花在每苞片内 3 ~ 5 朵。花蕾球形,顶端急尖。花梗长 3 ~ 5 mm。花萼裂片 3 ~ 4,卵形,外面密被星状毛和腺点。雄蕊 25 ~ 75,药隔稍宽。雌花序长 8 ~ 15 cm,开展。苞片披针形,长约 4 mm。雌花在每苞片内 1 朵。花梗密被星状毛。花萼裂片 4 ~ 5,披针形,长 2.5 ~ 3 mm,顶端急尖,外面密被星状茸毛。子房近球形,三棱状。花柱 3 ~ 4,中部以下合生,柱头具疣状突起和密被星状毛。蒴果近扁球形,钝三棱形,直径 8 ~ 10 mm,密被有星状毛的软刺和红色腺点。种子近球形,褐色或暗褐色,具皱纹。花期 4 ~ 6 月,果期 7 ~ 8 月。

生长环境　生长于海拔 800 ~ 1 800 m 的林中。

药用价值　入药部位:根。全年可采,洗净切片晒干。性味:味微苦、涩,性温。药用功效:清热平肝,收敛,止血。药用主治:慢性肝炎,脾肿大,白带,化脓性中耳炎,出血。

油桐

学名 *Vernicia fordii*（Hemsl.）Airy Shaw

别称 油桐树、桐油树、桐子树。

科属 大戟科油桐属。

形态特征 落叶乔木,高可达 10 m。树皮灰色,近光滑。枝条粗壮,无毛,具明显皮孔。叶卵圆形,长 8~18 cm,宽 6~15 cm,顶端短尖,基部截平至浅心形,全缘,稀 1~3 浅裂,嫩叶上面被很快脱落的微柔毛,下面被渐脱落的棕褐色微柔毛,成长叶上面深绿色,无毛,下面灰绿色,被贴伏微柔毛。掌状脉 5 条。叶柄与叶片近等长,几无毛,顶端有 2 枚扁平、无柄腺体。

花雌雄同株,先叶或与叶同时开放。花萼长约 1 cm,外面密被棕褐色微柔毛。花瓣白色,有淡红色脉纹,倒卵形,长 2~3 cm,宽 1~1.5 cm,顶端圆形,基部爪状。雄花:雄蕊 8~12 枚。外轮离生,内轮花丝中部以下合生。雌花:子房密被柔毛,3~5 室,每室有 1 颗胚珠,花柱与子房室同数。核果近球状,直径 4~6 cm,果皮光滑。种子 3~4 粒,木质。花期 3~4月,果期 8~9 月。

生长环境 生长于海拔 1 000 m 以下的丘陵山地,喜温暖湿润气候,怕严寒,适生条件为年平均气温 16~18 ℃,年降水量 900~1 300 mm。能耐冬季短暂低温,遇春季晚霜及花期低温受害极大,以阳光充足、土层深厚、疏松肥沃、富含腐殖质、排水良好的微酸性沙质壤土栽培为宜。

药用价值 入药部位:根、叶、花、种子。根常年可采。夏、秋季采叶及凋落的花晒干。冬季采果,将种子取出,分别晒干。性味:味甘、微辛,性寒。药用功效:吐风痰,消肿毒,利二便。药用主治:风痰喉痹,痰火瘰疬,食积腹胀,大小便不通,丹毒,疥癣,烫伤,急性软组织炎症,寻常疣。

青灰叶下珠

学名 *Phyllanthus glaucus* Wall. ex Muell. Arg

科属 大戟科叶下珠属。

形态特征 落叶灌木,高 2~4 cm,枝无毛,小枝细弱。叶互生,具短柄。叶片椭圆形至长圆形,长 2~3 cm,宽 1.4~2 cm,先端具小尖头,基部宽楔形或圆形,全缘。

花簇生于叶腋。单性,雌雄同株。无花瓣。雄花数朵至 10 余朵簇生,萼片 5~6。雌花通常 1 朵,生于雄花丛中,子房 3 室,柱头 3。浆果球形,直径 6~8 mm,紫黑色,具宿存花柱。果柄长 4~5 mm。花期 4~7 月,果期 7~10 月。

生长环境 生长于海拔 200~800 m 的疏林内或林缘。

药用价值 入药部位:根。夏、秋季采挖,切片晒干。性味:味辛、甘,性温。药用功效:祛风除湿,健脾消积。药用主治:风湿痹痛,小儿疳积。

乌桕

学名 *Sapium sebiferum*（L.）Roxb.

别称 腊子树、柏子树、木子树。

科属 大戟科乌桕属。

形态特征 乔木，高可达 15 m，各部位均无毛而具乳状汁液。树皮暗灰色，有纵裂纹。枝广展，具皮孔。叶互生，纸质，叶片菱形、菱状卵形或稀有菱状倒卵形，长 3 ~ 8 cm，宽 3 ~ 9 cm，顶端骤然紧缩，具长短不等的尖头，基部阔楔形或钝，全缘。中脉两面微凸起，侧脉 6 ~ 10 对，纤细，斜上升，离缘 2 ~ 5 mm 弯拱网结，网状脉明显。叶柄纤细，长 2.5 ~ 6 cm，顶端具 2 腺体。托叶顶端钝。

花单性，雌雄同株，聚集成顶生、长 6 ~ 12 cm 的总状花序，雌花通常生于花序轴最下部或罕有在雌花下部，亦有少数雄花着生，雄花生于花序轴上部或有时整个花序全为雄花。雄花：花梗纤细，向上渐粗。苞片阔卵形，长和宽近相等，顶端略尖，基部两侧各具一近肾形的腺体，每一苞片内具 10 ~ 15 朵花。小苞片不等大，边缘撕裂状。花萼杯状，3 浅裂，裂片钝，具不规则的细齿。雄蕊 2 枚，罕有 3 枚，伸出于花萼之外，花丝分离，与球状花药近等长。雌花：花梗粗壮，长 3 ~ 3.5 mm。苞片深 3 裂，裂片渐尖，基部两侧的腺体与雄花的相同，每一苞片内仅 1 朵雌花，间有 1 朵雌花和数朵雄花同聚生于苞腋内。花萼深裂，裂片卵形至卵头披针形，顶端短尖至渐尖。子房卵球形，平滑，花柱基部合生，柱头外卷。蒴果梨状球形，成熟时黑色，直径 1 ~ 1.5 cm。具 3 粒种子，分果片脱落后而中轴宿存。种子扁球形，黑色，外被白色、蜡质的假种皮。花期 4 ~ 8 月。

生长环境 中国特有的经济树种，喜光，不耐阴。喜温暖环境，不耐寒。适生长于深厚肥沃、含水丰富的土壤，对酸性、钙质土、盐碱土均能适应。主根发达，抗风力强，耐水湿。寿命较长。在年平均温度 15 ℃以上、年降水量 750 mm 以上地区都可生长。对土壤适应性较强，以深厚、湿润、肥沃的冲积土生长较好，土壤水分条件好生长旺盛。深根性，侧根发达，抗风，抗氟化氢，生长快。

药用价值 入药部位：根皮、树皮或叶。根皮及树皮四季可采，切片晒干。叶鲜用。性味：味苦，性微温。药用功效：利水消肿，解毒杀虫。药用主治：血吸虫病，肝硬化腹水，大小便不利，毒蛇咬伤。外用主治疗疮、鸡眼、乳腺炎、跌打损伤、湿疹、皮炎。

白木乌桕

学名 *Sapium japonicum*（Sieb. et Zucc.）Pax et Hoffm.

别称 白乳木、野蓖麻。

科属 大戟科乌桕属。

形态特征 灌木或乔木，高 1 ~ 8 m，各部位均无毛。枝纤细，平滑。带灰褐色。叶互生，纸质，叶卵形、卵状长方形或椭圆形，长 7 ~ 16 cm，宽 4 ~ 8 cm，顶端短尖或凸尖，基部钝、截平或有时呈微心形，两侧常不等，全缘，背面中上部常于近边缘的脉上有散生的腺体，基部靠近中脉之两侧亦具 2 腺体。中脉在背面显著凸起，侧脉 8 ~ 10 对，斜上举，离缘 3 ~ 5 mm

弯拱网结,网状脉明显,网眼小。叶柄长 1.5～3 cm,两侧薄,呈狭翅状,顶端无腺体。托叶膜质,线状披针形,长约 1 cm。

花单性,雌雄同株,常同序,聚集成顶生,长 4.5～11 cm 的纤细总状花序,雌花数朵生于花序轴基部,雄花数朵生于花序轴上部,有时整个花序全为雄花。

雄花:花梗丝状,苞片在花序下部的比花序上部的略长,卵形至卵状披针形,长 2～2.5 mm,顶端短尖至渐尖,边缘有不规则的小齿,基部两侧各具 1 近长圆形的腺体,每一苞片内有 3～4 朵花。花萼杯状,裂片有不规则的小齿。雄蕊 3 枚,常伸出花萼之外,花药球形,略短于花丝。雌花:花梗粗壮,长 6～10 mm。苞片 3 深裂几达基部,裂片披针形,通常中间的裂片较大,两侧之裂片其边缘各具 1 腺体。萼片三角形,长和宽近相等,顶端短尖或有时钝。子房卵球形,平滑,花柱基部合生,柱头外卷。蒴果三棱状球形,直径 10～15 mm。分果片脱落后无宿存中轴。种子扁球形,直径 6～9 mm,无蜡质的假种皮,有雅致的棕褐色斑纹。花期 5～6 月。

生长环境 生长于林中湿润处或溪涧边。

药用价值 入药部位:根皮。性味:味甘,性寒。药用功效:消肿利尿。药用主治:治尿少浮肿。

黄杨科

黄杨

学名 *Buxus sinica*（Rehd. et Wils.）Cheng

别称 黄杨木、瓜子黄杨、锦熟黄杨。

科属 黄杨科黄杨属。

形态特征 灌木或小乔木,高 1～6 m。枝圆柱形,有纵棱,灰白色。小枝四棱形,全面被短柔毛或外方相对两侧面无毛,节间长 0.5～2 cm。叶革质,阔椭圆形、阔倒卵形、卵状椭圆形或长圆形,多数长 1.5～3.5 cm,宽 0.8～2 cm,先端圆或钝,常有小凹口,不尖锐,基部圆或急尖或楔形,叶面光亮,中脉凸出,下半段常有微细毛,侧脉明显,叶背中脉平坦或稍凸出,中脉上常密被白色短线状钟乳体,全无侧脉,叶柄上面被毛。

花序腋生,头状,花密集,花序轴长 3～4 mm,被毛,苞片阔卵形。长 2～2.5 mm,背部多少有毛。雄花约 10 朵,无花梗,外萼片卵状椭圆形,内萼片近圆形,长 2.5～3 mm,无毛,雄蕊连花药长 4 mm,不育雌蕊有棒状柄,末端膨大。雌花萼片长 3 mm,子房较花柱稍长,无毛,花柱粗扁,柱头倒心形,下延达花柱中部。蒴果近球形,长 6～8 mm。花期 3 月,果期 5～6 月。

生长环境 多生长于海拔 1 200～2 600 m 的山谷、溪边、林下,喜肥沃松散的壤土,对微酸性土或微碱性土均能适应,在石灰质泥土中亦能生长。喜湿润,忌长时间积水。耐旱,耐热耐寒,夏季高温潮湿时应多通风透光。对土壤要求不严,以轻松肥沃的沙质壤土为宜,耐碱性较强。分蘖性极强,耐修剪,易成型。秋季光照充分并进入休眠状态后,叶片可转为红色。

药用价值 入药部位:根、叶。全年可采晒干。性味:味苦、辛,性平。药用功效:祛风除湿,行气活血。药用主治:风湿关节痛,痢疾,胃痛,疝痛,腹胀,牙痛,跌打损伤,疮疡肿毒。

小叶黄杨

学名 *Buxus sinica* (Rehd. et Wils.) Cheng subsp. Sinica var. parvifolia M. Cheng

科属 黄杨科黄杨属。

形态特征 灌木,生长低矮,枝条密集,节间通常长3~6 mm,枝圆柱形,有纵棱,灰白色。小枝四棱形,全面被短柔毛或外方相对两侧面无毛。叶薄革质,阔椭圆形或阔卵形,长7~10 mm,宽5~7 mm,叶面无光或光亮,侧脉明显凸出。叶柄上面被毛。

花序腋生,头状,花密集,花序轴被毛,苞片阔卵形。长2~2.5 mm,背部多少有毛。雄花约10朵,无花梗,外萼片卵状椭圆形,内萼片近圆形,长2.5~3 mm,无毛,雄蕊连花药长4 mm,不育雌蕊有棒状柄,末端膨大。雌花萼片长3 mm,子房较花柱稍长,无毛,花柱粗扁,柱头倒心形,下延达花柱中部。蒴果球形,蒴果长6~7 mm,无毛。花期3月,果期5~6月。

生长环境 生长于海拔600~2 000 m的溪边岩上或灌丛中,喜温暖、半阴、湿润气候,耐旱、耐寒、耐修剪,属浅根性树种,生长慢,寿命长。喜肥沃湿润土壤,忌酸性土壤。抗逆性强,耐水肥,抗污染,能吸收空气中的二氧化硫等有毒气体。

药用价值 入药部位:茎、枝、叶,全年可采收。性味:味苦,性平。药用功效:止痛,解毒。药用主治:牙疼,疝疼,暑月疮疖,跌打损伤。

马桑科

马桑

学名 *Coriaria nepalensis* Wall.

别称 马鞍子、水马桑、千年红。

科属 马桑科马桑属。

形态特征 灌木,高1.5~2.5 m,分枝水平开展,小枝四棱形或成四狭翅,幼枝疏被微柔毛,后变无毛,常带紫色,老枝紫褐色,具显著圆形突起的皮孔。芽鳞膜质,卵形或卵状三角形,紫红色,无毛。叶对生,纸质至薄革质,椭圆形或阔椭圆形,长2.5~8 cm,宽1.5~4 cm,先端急尖,基部圆形,全缘,两面无毛或沿脉上疏被毛,基出3脉,弧形伸至顶端,在叶面微凹,叶背突起。叶短柄,疏被毛,紫色,基部具垫状突起物。

总状花序生于二年生的枝条上,雄花序先叶开放,长1.5~2.5 cm,多花密集,序轴被腺状微柔毛。苞片和小苞片卵圆形,膜质,半透明,内凹,上部边缘具流苏状细齿。花梗无毛。萼片卵形,边缘半透明,上部具流苏状细齿。花瓣极小,卵形,里面龙骨状。雄蕊花丝线形,开花时伸长,长3~3.5 mm,花药长圆形,具细小疣状体,药隔伸出,花药基部短尾状。不育雌蕊存在。雌花序与叶同出,长4~6 cm,序轴被腺状微柔毛。苞片稍大,长约4 mm,带紫色。花梗长 1.5 ~ 2.5 mm。萼片与雄花同。花瓣肉质,较小,龙骨状。雄蕊较短,花药心皮耳形,侧向压扁,花柱具小疣体,柱头上部外弯,紫红色,具多数小疣体。果球形,果期花瓣肉质增大包于果外,成熟时由红色变紫黑色,径 4 ~ 6 mm。种子卵状长圆形。浆果状瘦果,成熟时由红色变紫黑色。花期 3 ~ 4 月,果期 5 ~ 6 月。

生长环境 生长于海拔 400 ~ 3 200 m 的灌丛中。有很强的适应性,对土壤条件的要求不严,以黄壤、黄棕壤为宜。土层深厚、肥沃生长更好,可作为荒山绿化树种。

药用价值 入药部位:叶、根、皮。叶性味:味辛、苦,性寒。药用功效:清热解毒,消肿止痛,杀虫。药用主治:痈疽,肿毒,疥癣,黄水疮,烫火伤,痔疮,跌打损伤。根性味:味酸、涩、苦,性凉。冬季采集。药用功效:清热明目,生肌止痛,散瘀消肿。药用主治:风湿痹痛,牙痛,瘰疬,跌打损伤,狂犬咬伤,烧、烫伤。皮性味:收敛口疮,祛风除湿,镇痛,杀虫。药用主治:淋巴结结核,跌打损伤,狂犬咬伤,风湿关节痛。

漆树科

黄连木

学名 *Pistacia chinensis* Bunge

别称 楷木、楷树、黄楝树。

科属 漆树科黄连木属。

形态特征 落叶乔木,高可达 25 ~ 30 m。树干扭曲。树皮暗褐色,呈鳞片状剥落,幼枝灰棕色,具细小皮孔,疏被微柔毛或近无毛。奇数羽状复叶互生,有小叶 5 ~ 6 对,叶轴具条纹,被微柔毛,叶柄上面平,被微柔毛。小叶对生或近对生,纸质,披针形或卵状披针形或线状披针形,长 5 ~ 10 cm,宽 1.5 ~ 2.5 cm,先端渐尖或长渐尖,基部偏斜,全缘,两面沿中脉和侧脉被卷曲微柔毛或近无毛,侧脉和细脉两面突起。

花单性异株,先花后叶,圆锥花序腋生,雄花序排列紧密,长 6 ~ 7 cm,雌花序排列疏松,长 15 ~ 20 cm,均被微柔毛。花小,花梗被微柔毛。苞片披针形或狭披针形,内凹,外面被微柔毛,边缘具睫毛。雄花:花被片 2 ~ 4 片,披针形或线状披针形,大小不等,边缘具睫毛。雄蕊 3 ~ 5 枚,花丝极短,花药长圆形。雌蕊缺。雌花:花被片 7 ~ 9 片,大小不等,外面 2 ~ 4 片远较狭,披针形或线状披针形,外面被柔毛,边缘具睫毛,里面 5 片卵形或长圆形,外面无毛,边缘具睫毛。不育雄蕊缺。子房球形,无毛,花柱极短,柱头厚,肉质,红色。核果倒卵状球形,略压扁,成熟时紫红色,干后具纵向细条纹,先端细尖。

生长环境 喜光,幼时稍耐阴。喜温暖,畏严寒。耐干旱瘠薄,对土壤要求不严,微酸性、中性和微碱性的沙质、黏质土均能适应,而以在肥沃、湿润而排水良好的石灰岩山地上生长较好。深根性,主根发达,抗风力强。萌芽力强。生长较慢,寿命长,对二氧化硫、氯化氢和煤烟的抗性较强。

药用价值 入药部位:树皮及叶。树皮全年可采,叶夏、秋采收。性味:味苦,性微寒。药用功效:清热、利湿、解毒。药用主治:痢疾,淋症,肿毒,牛皮癣,痔疮,风湿疮,漆疮。

盐肤木

学名 *Rhus chinensis* Mill.

别称 五倍子树、五倍柴、五倍子。

科属 漆树科盐肤木属。

形态特征 落叶小乔木或灌木,高 2~10 m。小枝棕褐色,被锈色柔毛,具圆形小皮孔。奇数羽状复叶,有小叶 3~6 对,纸质,边缘具粗钝锯齿,背面密被灰褐色毛,叶轴具宽的叶状翅,小叶自下而上逐渐增大,叶轴和叶柄密被锈色柔毛。小叶多形,有卵形、椭圆状卵形、长圆形,长 6~12 cm,宽 3~7 cm,先端急尖,基部圆形,顶生小叶基部楔形,边缘具粗锯齿或圆齿,叶面暗绿色,叶背粉绿色,被白粉,叶面沿中脉疏被柔毛或近无毛,叶背被锈色柔毛,脉上较密,侧脉和细脉在叶面凹陷,在叶背突起。小叶无柄。

圆锥花序宽大,多分枝,雄花序长 30~40 cm,雌花序较短,密被锈色柔毛。苞片披针形,被微柔毛,小苞片极小,花乳白色,花梗被微柔毛。雄花:花萼外面被微柔毛,裂片长卵形,边缘具细睫毛。花瓣倒卵状长圆形,开花时外卷。雄蕊伸出,花丝线形,无毛,花药卵形。子房不育。雌花:花萼裂片较短,外面被微柔毛,边缘具细睫毛。花瓣椭圆状卵形,边缘具细睫毛,里面下部被柔毛。雄蕊极短。花盘无毛。子房卵形,密被白色微柔毛,花柱柱头头状。核果球形,略压扁,被具节柔毛和腺毛,成熟时红色。花期 7~9 月,果期 10~11 月。

生长环境 生长于海拔 170~2 700 m 的向阳山坡、沟谷、溪边的疏林或灌丛中。喜光,喜温暖湿润气候。适应性强,耐寒。对土壤要求不严,在酸性、中性及石灰性土壤乃至干旱瘠薄的土壤上均能生长。根系发达,根萌蘖性很强,生长快,可作为观叶、观果的树种。花蜜、花粉丰富,是良好的蜜源植物。

药用价值 入药部位:根、叶、花及果。根全年可采,夏、秋季采叶晒干。性味:味酸、咸,性凉。药用功效:清热解毒,散瘀止血。药用主治:感冒发热,支气管炎,咳嗽咯血,腹泻,痢疾,痔疮出血。根、叶外用于跌打损伤、毒蛇咬伤、漆疮。

野漆树

学名 *Toxicodendron succedaneum*(L.)O. Kuntze

别称 染山红、臭毛漆树、山漆。

科属 漆树科漆属。

形态特征 落叶乔木或小乔木,高可达 10 m。小枝粗壮,无毛,顶芽大,紫褐色,外面近无毛。奇数羽状复叶互生,常集生小枝顶端,无毛,长 25~35 cm,有小叶 4~7 对,叶轴和叶柄圆柱形。叶柄长 6~9 cm。小叶对生或近对生,坚纸质至薄革质,长圆状椭圆形、阔披针形或卵状披针形,长 5~16 cm,宽 2~5.5 cm,先端渐尖或长渐尖,基部多少偏斜,圆形或阔楔形,全缘,两面无毛,叶背常具白粉,侧脉 15~22 对,弧形上升,两面略突。小叶柄长 2~5 mm。

圆锥花序长 7~15 cm,为叶长之半,多分枝,无毛。花黄绿色。花萼无毛,裂片阔卵形,先端钝。花瓣长圆形,先端钝,中部具不明显的羽状脉或近无脉,开花时外卷。雄蕊伸出,花丝线形,花药卵形。花盘 5 裂。子房球形,无毛,花柱短,柱头褐色。核果大,偏斜,径 7～10 mm,压扁,先端偏离中心,外果皮薄,淡黄色,无毛,中果皮厚,蜡质,白色,果核坚硬。

生长环境 生长于海拔 150～2 500 m 的林中。

药用价值 入药部位:叶。春季采收嫩叶,鲜用或晒干备用。性味:味苦、涩,性平。药用功效:散瘀止血,解毒。药用主治:咯血,吐血,外伤出血,毒蛇咬伤。

漆树

学名 *Toxicodendron vernicifluum*（Stokes）F. A. Barkl.

别称 大木漆、小木漆、山漆。

科属 漆树科漆属。

形态特征 落叶乔木,高可达 20 m。树皮灰白色,粗糙,呈不规则纵裂,小枝粗壮,被棕黄色柔毛,后变无毛,具圆形或心形的大叶痕和突起的皮孔。顶芽大而显著,被棕黄色茸毛。

奇数羽状复叶互生,常螺旋状排列,有小叶 4～6 对,叶轴圆柱形,被微柔毛。叶柄长 7～14 cm,被微柔毛,近基部膨大,半圆形,上面平。小叶膜质至薄纸质,卵形或卵状椭圆形或长圆形,长 6～13 cm,宽 3～6 cm,先端急尖或渐尖,基部偏斜,圆形或阔楔形,全缘,叶面通常无毛或仅沿中脉疏被微柔毛,叶背沿脉上被平展黄色柔毛,稀近无毛,侧脉 10～15 对,两面略突。小叶柄长 4～7 mm,上面具槽,被柔毛。

圆锥花序长 15～30 cm,与叶近等长,被灰黄色微柔毛,序轴及分枝纤细,疏花。花黄绿色,雄花花梗纤细,雌花花梗短粗。花萼无毛,裂片卵形,先端钝。花瓣长圆形,具细密的褐色羽状脉纹,先端钝,开花时外卷。雄蕊长花丝线形,与花药等长或近等长,在雌花中较短,花药长圆形,花盘浅裂,无毛。子房球形。果序多少下垂,核果肾形或椭圆形,不偏斜,略压扁,长 5～6 mm,宽 7～8 mm,先端锐尖,基部截形,外果皮黄色,无毛,具光泽,成熟后不裂,中果皮蜡质,具树脂道条纹,果核棕色,与果同形,长约 3 mm,宽约 5 mm,坚硬。花期 5～6 月,果期 7～10 月。

生长环境 生长于海拔 800～2 800 m 的向阳山坡林内,较耐寒,大多分布在山脚、山腰或农田垅畔等海拔较低的地方。漆树是中国最古老的经济树种之一,籽可榨油,木材坚实,为天然涂料、油料和木材兼用树种。漆液是天然树脂涂料,素有"涂料之王"的美誉。

药用价值 入药部位:根、叶和果。药用功效:解毒、止血、散淤、消肿。药用主治:跌打损伤。

黄栌

学名 *Cotinus coggygria* Scop.

别称 黄栌木、黄栌树、黄栌台。

科属 漆树科黄栌属。

形态特征 落叶小乔木或灌木,树冠圆形,高可达 3～5 m,木质部黄色,树汁有异味。单叶互生,叶片全缘或具齿,叶柄细,无托叶,叶倒卵形或卵圆形。

圆锥花序疏松、顶生,花小、杂性,仅少数发育。不育花的花梗花后伸长,被羽状长柔毛,宿存。苞片披针形,早落。花萼 5 裂,宿存,裂片披针形;花瓣 5 枚,长卵圆形或卵状披针形,长度为花萼大小的 2 倍。雄蕊 5 枚,着生于环状花盘的下部,花药卵形,与花丝等长,花盘 5 裂,紫褐色。子房近球形,偏斜,1 室 1 胚珠。花柱 3 枚,分离,侧生而短,柱头小而退化。核果小,干燥,肾形扁平,绿色,侧面中部具残存花柱。外果皮薄,具脉纹,不开裂。内果皮角质。种子肾形,无胚乳。花期 5 ~ 6 月,果期 7 ~ 8 月。

生长环境 喜光,也耐半阴。耐寒,耐干旱瘠薄和碱性土壤,不耐水湿,宜植于土层深厚、肥沃而排水良好的沙质壤土中。生长快,根系发达,萌蘖性强。对二氧化硫有较强抗性。秋季当昼夜温差大于 10 ℃时叶色变红。黄栌是重要的观赏红叶树种,叶片秋季变红,鲜艳夺目。

药用价值 入药部位:根、茎、叶。药用功效:清热解毒,散瘀止痛。药用主治:根、茎用于急性黄疸型肝炎,无黄疸肝炎,麻疹不出。枝叶能清湿热、镇痛疼、活血化瘀,可治疗感冒、齿龈炎、高血压等病症。

冬青科

枸骨

学名 *Ilex cornuta* Lindl. et Paxt.
别称 猫儿刺、老虎刺、八角刺。
科属 冬青科冬青属。

形态特征 常绿灌木或小乔木,树皮灰白色,高 1 ~ 3 m。幼枝具纵脊及沟,沟内被微柔毛或变无毛,二年枝褐色,三年生枝灰白色,具纵裂缝及隆起的叶痕,无皮孔。

叶片厚革质,二型,四角状长圆形或卵形,长 4 ~ 9 cm,宽 2 ~ 4 cm,先端具 3 枚尖硬刺齿,中央刺齿常反曲,基部圆形或近截形,两侧各具 1 ~ 2 刺齿,有时全缘(此情况常出现在卵形叶),叶面深绿色,具光泽,背淡绿色,无光泽,两面无毛,主脉在上面凹下,背面隆起,侧脉 5 对或 6 对,于叶缘附近网结,在叶面不明显,在背面凸起,网状脉两面不明显。叶柄长 4 ~ 8 mm,上面具狭沟,被微柔毛。托叶胼胝质,宽三角形。

花序簇生于二年生枝的叶腋内,基部宿存鳞片近圆形,被柔毛,具缘毛。苞片卵形,先端钝或具短尖头,被短柔毛和缘毛。花淡黄色,4 基数。雄花:花梗长 5 ~ 6 mm,无毛,基部具 1 ~ 2 枚阔三角形的小苞片。花萼盘状。直径约 2.5 mm,裂片膜质,阔三角形,长约 0.7 mm,疏被微柔毛,具缘毛。花冠辐状,直径约 7 mm,花瓣长圆状卵形,长 3 ~ 4 mm,反折,基部合生。雄蕊与花瓣近等长或稍长,花药长圆状卵形。退化子房近球形,先端钝或圆形,不明显的 4 裂。

雌花:花梗长 8 ~ 9 mm,果期长达 13 ~ 14 mm,无毛,基部具 2 枚小的阔三角形苞片。花萼与花瓣像雄花。退化雄蕊长为花瓣的 4/5,略长于子房,败育花药卵状箭头形。子房长圆状卵球形,长 3 ~ 4 mm,直径 2 mm,柱头盘状,4 浅裂。果球形,直径 8 ~ 10 mm,成熟时鲜红色,基部具四角形宿存花萼,顶端宿存柱头盘状,明显 4 裂。果梗长 8 ~ 14 mm。分核 4,轮廓倒卵形或椭圆形,长 7~8 mm,背部宽约 5 mm,遍布皱纹和皱纹状纹孔,背部中央具 1 纵沟,内果皮骨质。花期 4~5 月,果期 10~12 月。

生长环境 生长于海拔 150~1 900 m 的山坡、丘陵等的灌丛中、疏林中以及路边、溪旁和村舍附近。耐干旱,喜肥沃的酸性土壤,不耐盐碱。较耐寒,能耐 -5 ℃ 的短暂低温。喜阳光,也耐阴,适宜在阴湿的环境中生长。

药用价值 叶性味:微苦,性凉。药用功效:养阴清热,补益肝肾。种子性味:味苦、涩,性微温。药用功效:补肝肾,止泻。根性味:味苦,性凉。药用功效:祛风,止痛,解毒。

冬青

学名 *Ilex chinensis* Sims.

别称 冻青。

科属 冬青科冬青属。

形态特征 常绿乔木,高可达 13 m。树皮灰色或淡灰色,有纵沟,小枝淡绿色,无毛。当年生小枝呈浅灰色,圆柱形,具有细棱。二至多年生枝具不明显的小皮孔,叶痕新月形,凸起。冬青花序为聚伞花序或伞形花序,单生于当年生枝条的叶腋内或簇生于 2 年生枝条的叶腋内,稀单花腋生。花小,白色、粉红色或红色,辐射对称,异基数,常由于败育而呈单性,雌雄异株。花粉粒为长球形、球形或扁球形。花萼裂片为三角圆形、三裂圆形、近三角形、圆形或近圆形。具三孔沟。花粉粒外壁表面纹饰主要为棒状、小蘑菇状、鼓槌状、短鼓槌状、瘤状、小颗粒状和几个纹饰分子连在一起形成不规则水渍状,通常 1 种花粉的纹饰或多或少为以上 2~3 种纹饰分子之混合,而以一种占优势。

雄花:花序具 3~4 回分枝,总花梗长 7~14 mm,二级轴长 2~5 mm,花梗长 2 mm,无毛,每分枝具花 7~24 朵。花淡紫色或紫红色,4~5 基数。花萼浅杯状,裂片阔卵状三角形,具缘毛。花冠辐状,花瓣卵形,开放时反折,基部稍合生。雄蕊短于花瓣,长 1.5 mm,花药椭圆形。退化子房圆锥状。

雌花:花序具 1~2 回分枝,具花 3~7 朵,总花梗长 3~10 mm,扁,二级轴发育不好。花梗长 6~10 mm。花萼和花瓣同雄花,退化雄蕊长约为花瓣的 1/2,败育花药心形。子房卵球形,柱头具不明显的 4~5 裂,厚盘形。果长球形,成熟时红色,长 10~12 mm。花期 4~6 月,果期 7~12 月。

单叶互生,稀对生。叶片革质、纸质或膜质,长圆形、椭圆形、卵形或披针形,托叶小,胼胝质,通常宿存。长 5~11 cm,宽 2~4 cm,先端渐尖,基部楔形或钝,或有时在幼叶为锯齿,具柄或近无柄。叶面绿色,有光泽,干时深褐色,背面淡绿色,主脉在叶面平,背面隆起,侧脉 6~9 对,在叶面不明显,叶背明显,无毛,或有时在雄株幼枝顶芽、幼叶叶柄及主脉上有长柔毛。叶柄长 8~10 mm,上面平或有时具窄沟。浆果状核果,通常球形,成熟时红色,稀黑色,外果皮膜质或坚纸质,中果皮肉质或明显革质,内果皮木质或石质。长 10~12 mm,直径 6~8 mm。分核 4~5,狭披针形,长 9~11 mm,背面平滑,凹形,断面呈三棱形,内果皮厚革质。花期 4~6 月,果期 7~12 月。

生长环境 生长于海拔500~1 000 m的山坡常绿阔叶林中和林缘。喜温暖气候,有一定耐寒力。适宜生长于肥沃湿润、排水良好的酸性土壤上。较耐阴湿,萌芽力强,耐修剪,对二氧化碳抗性强。

药用价值 入药部位:叶、根、皮。叶有清热解毒功效,可治气管炎和烧烫伤。叶烧灰,可治皮肤皲裂、灭瘢痕。根、皮性寒,味苦、涩,有凉血止血、清热解毒功效。

猫儿刺

学名 *Ilex pernyi* Franch.

别称 老鼠刺、狗骨、八角刺。

科属 冬青科冬青属。

形态特征 常绿灌木或乔木,高1~5 m。树皮银灰色,纵裂。幼枝黄褐色,具纵棱槽,被短柔毛,二至三年小枝圆形或近圆形,密被污灰色短柔毛。顶芽卵状圆锥形,急尖,被短柔毛。叶片革质,卵形或卵状披针形,长1.5~3 cm,宽5~14 mm,先端三角形渐尖,渐尖头长达12~14 mm,终于1长3 mm的粗刺,基部截形或近圆形,边缘具深波状刺齿1~3对,叶面深绿色,具光泽,背面淡绿色,两面均无毛,中脉在叶面凹陷,在近基部被微柔毛,背面隆起,侧脉1~3对,不明显。叶柄被短柔毛。托叶三角形,急尖。

花序簇生于二年生枝的叶腋内,多为2~3花聚生成簇,每分枝仅具1花。花淡黄色,全部4基数。雄花:花梗长约1 mm,无毛,中上部具2枚近圆形,具缘毛的小苞片。花萼直径约2 mm,4裂,裂片阔三角形或半圆形,具缘毛。花冠辐状,直径约7 mm,花瓣椭圆形,长约3 mm,近先端具缘毛。雄蕊稍长于花瓣。退化子房圆锥状卵形,先端钝,长约1.5 mm。雌花:花梗长约2 mm。花萼像雄花。花瓣卵形,长约2.5 mm。退化雄蕊短于花瓣,败育花药卵形。子房卵球形,柱头盘状。果球形或扁球形,直径7~8 mm,成熟时红色,宿存花萼四角形,直径约2.5 mm,具缘毛,宿存柱头厚盘状,4裂。分核4,轮廓倒卵形或长圆形,长4.5~5.5 mm,背部宽约3.5 mm,在较宽端背部微凹陷,且具掌状条纹和沟槽,侧面具网状条纹和沟,内果皮木质。花期4~5月,果期10~11月。

生长环境 生长于海拔1 050~2 500 m的山谷林中或山坡、路旁灌丛中。弱阳性,耐寒,耐修剪,抗有毒气体,生长慢。宜在温暖湿润和阳光充足的环境中生长,能耐 -5 ℃低温。

药用价值 入药部位:果实、叶、树皮、根。果实冬季成熟时采摘,拣去果柄杂质晒干。叶8~10月采收,拣去细枝晒干。树皮全年均可采剥,去净杂质晒干。根全年可采,洗净晒干。果实性味:味苦、涩,性微温。药用功效:补肝肾,强筋活络,固涩下焦。药用主治:体虚低热,筋骨疼痛。叶性味:味苦,性凉。药用功效:补肝肾,养气血,祛风湿。药用主治:肺痨咳嗽,腰膝痿弱,风湿痹痛,跌打损伤。树皮性味:味微苦,性凉。药用功效:补肝肾,强腰膝。药用主治:肝血不足,肾脚痿弱。根性味:味苦,性微寒。药用功效:补肝肾,清风热。药用主治:腰膝痿弱,关节疼痛,头风,赤眼,牙痛。

卫矛科

卫矛

学名 *Euonymus alatus*（Thunb.）Sieb.

别称 鬼箭羽、鬼箭、六月凌。

科属 卫矛科卫矛属。

形态特征 灌木,高 1~3 m。小枝常具 2~4 列宽阔木栓翅。冬芽圆形,长 2 mm 左右,芽鳞边缘具不整齐细坚齿。叶卵状椭圆形、窄长椭圆形,偶为倒卵形,长 2~8 cm,宽 1~3 cm,边缘具细锯齿,两面光滑无毛。叶柄长 1~3 mm。

聚伞花序 1~3 花。花序梗长约 1 cm,小花梗长 5 mm。花白绿色,直径约 8 mm。萼片半圆形。花瓣近圆形。雄蕊着生花盘边缘处,花丝极短,开花后稍增长,花药宽阔长方形,2 室顶裂。蒴果 1~4 深裂,裂瓣椭圆状,长 7~8 mm。种子椭圆状或阔椭圆状,长 5~6 mm,种皮褐色或浅棕色,假种皮橙红色,全包种子。花期 5~6 月,果期 7~10 月。

生长环境 生长于山坡、沟边。喜光,稍耐阴。对气候和土壤适应性强,能耐干旱、瘠薄和寒冷,在中性、酸性及石灰性土上均能生长。萌芽力强,耐修剪,对二氧化硫有较强抗性。

药用价值 入药部位:根、带翅的枝或叶。夏、秋季采集,切碎晒干。性味:味苦,性寒。药用功效:行血通经,散瘀止痛。药用主治:月经不调,产后瘀血腹痛,冠心病心绞痛,糖尿病,荨麻疹,跌打损伤。

扶芳藤

学名 *Euonymus fortunei*（Turcz.）Hand. - Mazz.

别称 金线风、九牛造、靠墙风。

科属 卫矛科卫矛属。

形态特征 常绿藤本灌木,高至数米。小枝方棱不明显。叶薄革质,椭圆形、长方椭圆形或长倒卵形,宽窄变异较大,可窄至近披针形,长 3.5~8 cm,宽 1.5~4 cm,先端钝或急尖,基部楔形,边缘齿浅不明显,侧脉细微和小脉全不明显。叶柄长 3~6 mm。

聚伞花序 3~4 次分枝。花序梗长 1.5~3 cm,第一次分枝长 5~10 mm,第二次分枝 5 mm 以下,最终小聚伞花密集,有花 4~7 朵,分枝中央有单花,小花梗长约 5 mm。花白绿色,直径约 6 mm。花盘方形,直径约 2.5 mm。花丝细长,长 2~5 mm,花药圆心形。子房三角锥状,四棱,粗壮明显。蒴果粉红色,果皮光滑,近球状,直径 6~12 mm。果序梗长 2~3.5 cm。小果梗长 5~8 mm。种子长方椭圆状,棕褐色,假种皮鲜红色,全包种子。花期 6 月,果期 10 月。

生长环境 生长于山坡丛林、林缘或攀缘于树上或墙壁上。喜温暖、湿润环境,喜阳光,亦耐阴。在雨量充沛、云雾多、空气湿度大的条件下,植株生长健壮。对土壤适应性强,酸碱及中性土壤均能正常生长,适宜在疏松、肥沃的沙壤土上生长。

药用价值 入药部位:带叶的茎枝。性味:味苦,性温。药用功效:舒筋活络,止血消瘀。药用主治:腰肌劳损,风湿痹痛,咯血,血崩,月经不调,跌打骨折,创伤出血。

刺果卫矛

学名 *Euonymus acanthocarpus* Franch.

别称 巴谷树、扣子花、藤杜仲。

科属 卫矛科卫矛属。

形态特征 藤状常绿灌木,叶革质,长方椭圆形、长方卵形或窄卵形,少为阔披针形,长7～12 cm,宽3～5.5 cm,先端急尖或短渐尖,基部楔形、阔楔形或稍近圆形,边缘疏浅齿不明显,侧脉5～8对,在叶缘边缘处结网,小脉网通常不显。叶柄长1～2 cm。

聚伞花序较疏大,多为2～3次分枝。花序梗扁宽或4棱,长2～6 cm,第一次分枝较长,通常1～2 cm,第二次较短。小花梗长4～6 mm。花黄绿色,直径6～8 mm。萼片近圆形。花瓣近倒卵形,基部窄缩成短爪。花盘近圆形。雄蕊具明显花丝,花丝基部稍宽。子房有柱状花柱,柱头不膨大。蒴果成熟时棕褐带红,近球状,直径连刺1～1.2 cm,刺密集,针刺状,基部稍宽,长约1.5 mm。种子外被橙黄色假种皮。

生长环境 生长于海拔300～3 300 m的地区,丛林、山谷、溪边等阴湿处。

药用价值 入药部位:根。秋后采收,洗净切片晒干。性味:味辛,性温。药用功效:祛风除湿,活血止痛,利水消肿。药用主治:风湿痹痛,劳伤,水肿。

丝棉木

学名 *Euonymus maackii* Rupr.

别称 白杜、明开夜合、华北卫矛。

科属 卫矛科卫矛属。

形态特征 小乔木,高可达6 m,叶卵状椭圆形、卵圆形或窄椭圆形,长4～8 cm,宽2～5 cm,先端长渐尖,基部阔楔形或近圆形,边缘具细锯齿,有时极深而锐利。叶柄通常细长,常为叶片的1/4～1/3,但有时较短。

聚伞花序3至多花,花序梗略扁,长1～2 cm。花4数,淡白绿色或黄绿色,直径约8 mm。小花梗长2.5～4 mm。雄蕊花药紫红色,花丝细长,长1～2 mm。蒴果倒圆心状,4浅裂,长6～8 mm,直径9～10 mm,成熟后果皮粉红色。种子长椭圆状,长5～6 mm,直径约4 mm,种皮棕黄色,假种皮橙红色,全包种子,成熟后顶端常有小口。花期5～6月,果期9月。

生长环境 喜光,耐寒,耐旱,稍耐阴,也耐水湿。为深根性植物,根萌蘖力强,生长较慢。有较强的适应能力,对土壤要求不严,中性土和微酸性土均能适应,适宜栽植在肥沃、湿润的土壤上。

药用价值 入药部位:根、茎皮、枝叶。春、秋采根,春采树皮,切段晒干。夏、秋采枝叶鲜用。性味:味苦、涩,性寒。药用功效:活血通络,祛风湿,补肾。药用主治:根、茎皮用于治疗膝关节痛。枝、叶外用治漆疮。

冬青卫矛

学名 *Euonymus japonicus* Thunb.

别称 正木、大叶黄杨、日本卫矛。

科属 卫矛科卫矛属。

形态特征 灌木植物,高可达 3 m。小枝四棱,具细微皱突。叶革质,有光泽,倒卵形或椭圆形,长 3~5 cm,宽 2~3 cm,先端圆阔或急尖,基部楔形,边缘具有浅细钝齿。叶柄长 1 cm。

聚伞花序 5~12 花,花序梗长 2~5 cm,2~3 次分枝,分枝及花序梗均扁壮,第三次分枝常与小花梗等长或较短。小花梗长 3~5 mm。花白绿色,花瓣近卵圆形,雄蕊花药长圆状,内向。花丝长 2~4 mm。子房每室 2 胚珠,着生中轴顶部。蒴果近球状,淡红色。种子每室 1,顶生,椭圆状,长约 6 mm,假种皮橘红色,全包种子。花期 6~7 月,果期 9~10 月。

生长环境 阳性树种,喜光耐阴,喜温暖湿润的气候和肥沃的土壤。酸性土、中性土或微碱性土均能适应。萌生性强,适应性强,较耐寒,耐干旱瘠薄。极耐修剪整形。海拔 1 300 m 以下的山地野生。春季嫩叶初发,满树嫩绿,十分悦目。对多种有毒气体抗性强,抗烟吸尘能力强,并能净化空气,是污染区理想的绿化树种。

药用价值 入药部位:根。性味:味苦、辛,性温。药用主治:调经止痛,月经不调,痛经,跌打损伤,骨折,小便淋痛。

南蛇藤

学名 *Celastrus orbiculatus* Thunb.

别称 金银柳、金红树、过山风。

科属 卫矛科南蛇藤属。

形态特征 落叶藤状灌木,小枝光滑无毛,灰棕色或棕褐色,具稀而不明显的皮孔。腋芽小,卵状到卵圆状,长 1~3 mm。叶通常阔倒卵形,近圆形或长方椭圆形,长 5~13 cm,宽 3~9 cm,先端圆阔,具有小尖头或短渐尖,基部阔楔形到近钝圆形,边缘具锯齿,两面光滑无毛或叶背脉上具稀疏短柔毛,侧脉 3~5 对。叶柄细,长 1~2 cm。

聚伞花序腋生,间有顶生,花序长 1~3 cm,小花 1~3 朵,偶仅 1~2 朵,小花梗关节在中部以下或近基部。雄花萼片钝三角形。花瓣倒卵椭圆形或长方形,长 3~4 cm,宽 2~2.5 mm。花盘浅杯状,裂片浅,顶端圆钝。雄蕊退化,雌蕊不发达。雌花花冠较雄花窄小,花盘稍深厚,肉质,退化雄蕊极短小。子房近球状,花柱长约 1.5 mm,柱头 3 深裂,裂端再 2 浅裂。蒴果近球状,直径 8~10 mm。种子椭圆状稍扁,长 4~5 mm,直径 2.5~3 mm,赤褐色。花期 5~6 月,果期 7~10 月。

生长环境 野生于海拔 450~2 200 m 的山地沟谷及临缘灌木丛中。喜阳耐阴,分布广,抗寒耐旱,对土壤要求不严。栽植于背风向阳、湿润而排水好的肥沃沙质壤土上生长较好,若栽于半阴处,也能生长。植株姿态优美,具有较高的观赏价值,是城市垂直绿化的优良树种。

药用价值 入药部位:茎藤。春、秋季采收,鲜用或切段晒干。性味:味苦、辛,性微温。

药用功效:祛风除湿,通经止痛,活血解毒。药用主治:风湿关节痛,四肢麻木,瘫痪,头痛,牙痛,疝气,痛经,闭经,小儿惊风,跌打扭伤,痢疾,痧症,带状疱疹。

粉背南蛇藤

学名 *Celastrus hypoleucus* (Oliv.) Warb. ex Loes.

科属 卫矛科南蛇藤属。

形态特征 藤状灌木,高达 5 m,叶互生,椭圆形或宽椭圆形,长 6~14 cm,宽 5~7 cm,先端短渐尖,基部宽楔形,背面被白粉,脉上有时有疏毛。叶柄长 1~1.5 cm。聚伞圆锥花序顶生,长 6~12 cm,腋生花序短小。花梗中部以上有关节:花白绿色,单性,雄花有退化子房;雌花有短花丝的退化雄蕊,子房具细长花柱,柱头平展。

果序顶生,长而下垂,腋生花多不结实。蒴果有长梗,疏生,球状,橙黄色,果皮裂瓣内侧有樱红色斑点。种子黑棕色,有橙红色假种皮。小枝具稀疏阔椭圆形或近圆形皮孔,当年小枝上无皮孔。腋芽小,圆三角状,直径约 2 mm。叶椭圆形或长方椭圆形,长 6~9.5 cm,先端短渐尖,基部钝楔形,边缘具锯齿,侧脉 5~7 对,叶面绿色,光滑,叶背粉灰色,主脉及侧脉被短毛或光滑无毛。叶柄长 12~20 mm。

顶生聚伞圆锥花序,长 7~10 cm,多花,腋生者短小,花序梗较短,小花梗花后明显伸长,关节在中部以上。花萼近三角形,顶端钝。花瓣长方形或椭圆形,长约 4.3 mm,花盘杯状,顶端平截。雄蕊长约 4 mm,在雌花中退化雄蕊长约 1.5 mm,雌蕊长约 3 mm,子房椭圆状,柱头扁平,在雄花中退化雌蕊长约 2 mm。果序顶生,长而下垂,腋生花多不结实。蒴果疏生,球状,有细长小果梗,长 10~25 mm,果瓣内侧有棕红色细点,种子平凸到稍新月状,长 4~5 mm,两端较尖,黑色到黑褐色。

生长环境 生长于海拔 400~2 500 m 地区的丛林中。

药用价值 药用功效:抗肿瘤、抗炎、镇痛、抗菌等。

灰叶南蛇藤

学名 *Celastrus glaucophyllus* Rehd. et Wils.

科属 卫矛科南蛇藤属。

形态特征 藤本灌木,小枝具疏散皮孔。叶互生。叶柄长 8~12 mm,叶在果期近革质。叶片长方宽椭圆形、倒卵状椭圆形或椭圆形,长 5~10 cm,宽 2.5~6.5 cm,先端短渐尖,基部圆到宽楔形,边缘疏细锯齿,叶背面灰白色。小枝具椭圆至长椭圆形疏散皮孔。叶在果期常半革质,长方椭圆形、近倒卵椭圆形或椭圆形,稀窄椭圆形,长 5~10 cm,宽 2.5~6.5 cm,先端短渐尖,基部圆或阔楔形,边缘具稀疏细锯齿,齿端具内曲的腺状小凸头,侧脉 4~5 对,稀为 6 对,叶面绿色,叶背灰白色或苍白色。叶柄长 8~12 mm。

花序顶生及腋生,顶生成总状圆锥花序,长 3~6 cm,腋生者多仅 3~5 花,花序梗通常很短,小花梗长 2.5~3.5 mm,关节在中部或偏上。花萼裂片椭圆形或卵形,边缘具稀疏不整齐小齿。花瓣倒卵长方形或窄倒卵形,在雌花中稍小。花盘浅杯状,稍肉质,裂片近半圆形。雄蕊稍短于花冠,花药阔椭圆形到近圆形,在雄花中退化雌蕊长 1.5~2 mm。果实近球状,长 8 ~ 10 mm,果梗长 5 ~ 9 mm,近黑色。花期 3 ~ 6 月,果期 9 ~ 10 月。

生长环境　生长于海拔 700 ~ 3 700 m 的混交林中。

药用价值　入药部位:根。秋后采收,切片晒干。性味:味辛,性平。药用功效:散瘀,止血。药用主治:跌打损伤,刀伤出血,肠风便血。

大芽南蛇藤

学名　*Celastrus gemmatus* Loes.

别称　哥兰叶、米汤叶、绵条子。

科属　卫矛科南蛇藤属。

形态特征　攀缘状灌木,小枝具多数皮孔,皮孔阔椭圆形至近圆形,棕灰白色,突起,冬芽大,长卵状到长圆锥状,长可达 12 mm,基部直径近 5 mm。叶长方形,卵状椭圆形或椭圆形,长 6 ~ 12 cm,宽 3.5 ~ 7 cm,先端渐尖,基部圆阔,近叶柄处变窄,边缘具浅锯齿,侧脉 5 ~ 7 对,小脉成较密网状,两面均突起,叶面光滑但手触有粗糙感,叶背光滑或稀于脉上具棕色短柔毛。叶柄长 10 ~ 23 mm。

聚伞花序顶生及腋生,顶生花序长约 3 cm,侧生花序短而少花。花序梗长 5 ~ 10 mm。小花梗长 2.5 ~ 5 mm,关节在中部以下。萼片卵圆形,边缘啮蚀状。花瓣长方倒卵形,长 3 ~ 4 mm。雄蕊约与花冠等长,花药顶端有时具小突尖,花丝有时具乳突状毛,在雌花中退化。花盘浅杯状,裂片近三角形,在雌花中裂片常较钝。雌蕊瓶状,子房球状,花柱长 1.5 mm,雄花中的退化雌蕊长 1 ~ 2 mm。蒴果球状,直径 10 ~ 13 mm,小果梗具明显突起皮孔。种子阔椭圆状至长方椭圆状,长 4 ~ 5.5 mm,两端钝,红棕色,有光泽。花期 4 ~ 9 月,果期 8 ~ 10 月。

生长环境　生长于海拔 100 ~ 2 500 m 的密林或灌丛中。

药用价值　入药部位:根、茎、叶。春、秋季采收,切段晒干。性味:味苦、辛,性平。药用功效:祛风除湿,活血止痛,解毒消肿。药用主治:风湿痹痛,跌打损伤,月经不调,经闭,产后腹痛,胃痛,疝痛,疮痈肿痛,骨折,风疹,湿疹,带状疱疹,毒蛇咬伤。

省沽油科

省沽油

学名　*Staphylea bumalda* DC.

别称　珍珠花、双蝴蝶。

科属　省沽油科省沽油属。

形态特征　落叶灌木,高约 2 m,稀达 5 m,树皮紫红色或灰褐色,有纵棱。枝条开展,绿白色复叶对生,有长柄,柄长 2.5 ~ 3 cm,具三小叶。小叶椭圆形、卵圆形或卵状披针形,长 4.5 ~ 8 cm,宽 2.5 ~ 5 cm,先端锐尖,具尖尾,尖尾基部楔形或圆形,边缘有细锯齿,齿尖具尖头,上面无毛,背面青白色,主脉及侧脉有短毛。中间小叶柄长 5 ~ 10 mm,两侧小叶柄长 1 ~ 2 mm。

圆锥花序顶生,直立,花白色。萼片长椭圆形,浅黄白色,花瓣白色,倒卵状长圆形,较萼片稍大,长 5 ~ 7 mm,雄蕊与花瓣略等长。蒴果膀胱状,扁平,先端裂。种子黄色,有光泽。花期 4 ~ 5 月,果期 8 ~ 9 月。

生长环境　中性偏阴树种,喜湿润气候、肥沃而排水良好的土壤。生长于山坡、路旁、溪谷两旁或草丛中。叶、果均具观赏价值,适宜在林缘、路旁及角隅种植。

药用价值　入药部位:果实。秋季果实成熟时采摘果实晒干。性味:味甘,性平。药用功效:润肺止咳。药用主治:咳嗽。

野鸦椿

学名　*Euscaphis japonica*（Thunb.）Dippel

别称　洒药花、鸡眼睛、山海椒、芽子木、红椋。

科属　省沽油科野鸦椿属。

形态特征　落叶灌木或小乔木,高可达 3 ~ 8 m,小枝及芽红紫色,羽状复叶对生,小叶 7 ~ 11,长卵形,长 5 ~ 11 cm,边缘有细齿。花小而绿色。蓇葖果红色,内有黑亮种子,平滑无毛。芽具二鳞片。叶对生,有托叶,脱落,奇数羽状复叶,小叶革质,有细锯齿,有小叶柄及小托叶。

圆锥花序顶生,花两性,花曹宿存,覆瓦状排列,花盘环状,具圆齿,雄蕊着生于花盘基部外缘,花丝基部扩大,子房上位,心裂片全裂,成为一室,无柄,花柱在基部稍连合,柱头头状,胚珠基部有宿存的花萼,展开,革质,沿内面腹缝线开裂,种子具假种皮,白色,近革质,子叶圆形。

生长环境　生长于山脚和山谷,常与一些小灌木混生,其幼苗耐阴、耐湿润,大树则偏阳喜光,耐瘠薄干燥,耐寒性较强。在土层深厚、疏松、湿润的微酸性土壤上生长良好。

药用价值　入药部位:根、果。根、果秋季采集,洗净切片,鲜用或晒干。性味:味微苦,性温。药用功效:祛风除湿,止血止痛,发表散寒。药用主治:根治产褥热、跌打损伤。果治睾丸肿痛、子宫脱垂。

槭树科

三角槭

学名　*Acer buergerianum* Miq.

别称　三角枫。

科属　槭树科槭属。

形态特征　落叶乔木,高 5 ~ 10 m,稀达 20 m。树皮褐色或深褐色,粗糙。小枝细瘦。

当年生枝紫色或紫绿色,近于无毛。多年生枝淡灰色或灰褐色,稀被蜡粉。冬芽小,褐色,长卵圆形,鳞片内侧被长柔毛。

叶纸质,基部近于圆形或楔形,外貌椭圆形或倒卵形,长 6~10 cm,通常浅 3 裂,裂片向前延伸,稀全缘,中央裂片三角卵形,急尖、锐尖或短渐尖。侧裂片短钝尖或甚小,以至于不发育,裂片边缘通常全缘,稀具少数锯齿。裂片间的凹缺钝尖。上面深绿色,下面黄绿色或淡绿色,被白粉,略被毛,叶脉上较密。初生脉 3 条,稀基部叶脉发育良好,致成 5 条,在上面不显著,在下面显著。侧脉通常在两面都不显著。叶柄长 2.5~5 cm,淡紫绿色,细瘦,无毛。

花多数常成顶生被短柔毛的伞房花序,直径约 3 cm,总花梗长 1.5~2 cm,开花在叶长大以后。萼片黄绿色,卵形无毛。花瓣淡黄色,狭窄披针形或匙状披针形,先端钝圆,雄蕊与萼片等长或微短,花盘无毛,微分裂,位于雄蕊外侧。子房密被淡黄色长柔毛,花柱无毛,柱头平展或略反卷。花梗细瘦,嫩时被长柔毛,渐老时近于无毛。翅果黄褐色。小坚果特别凸起,直径 6 mm。翅与小坚果共长 2~2.5 cm,稀达 3 cm,宽 9~10 mm,中部最宽,基部狭窄,张开成锐角或近于直立。花期 4 月,果期 8 月。

生长环境 生长于海拔 300~1 000 m 的阔叶林中,弱阳性树种,稍耐阴。喜温暖、湿润环境及中性至酸性土壤。耐寒,较耐水湿,萌芽力强,耐修剪。树系发达,根蘖性强。

药用价值 入药部位:根、皮。药用功效:根皮、茎皮清热解毒,消暑。药用主治:根用于治疗风湿关节痛。

建始槭

学名 *Acer henryi* Pax.

别称 亨利槭、亨利槭树、亨氏槭。

科属 槭树科槭属。

形态特征 落叶乔木植物,高约 10 m。树皮浅褐色,小枝圆柱形,当年生嫩枝紫绿色,有短柔毛,多年生老枝浅褐色,无毛。冬芽细小,鳞片 2,卵形,褐色,镊合状排列。叶纸质,3 小叶组成的复叶。小叶椭圆形或长圆椭圆形,长 6~12 cm,宽 3~5 cm,先端渐尖,基部楔形,阔楔形或近于圆形,全缘或近先端部分有稀疏的 3~5 个钝锯齿,顶生小叶的叶柄长约 1 cm,侧生小叶的叶柄长 3~5 mm,有短柔毛。嫩时两面无毛或有短柔毛,在下面沿叶脉被毛更密,渐老时无毛,主脉和侧脉均在下面较在上面显著。叶柄长 4~8 cm,有短柔毛。

穗状花序,下垂,长 7~9 cm,有短柔毛,常由 2~3 年无叶的小枝旁边生出,稀由小枝顶端生出,近于无花梗,花序下无叶,稀有叶,花淡绿色,单性,雄花与雌花异株。萼片卵形。花瓣短小或不发育。雄花有雄蕊 4~6 枚。花盘微发育。雌化的子房无毛,花柱短,柱头反卷。翅果嫩时淡紫色,成熟后黄褐色,小坚果凸起,长圆形,长 1 cm,脊纹显著,翅宽 5 mm,连同小坚果长 2~2.5 cm,张开成锐角或近于直立。花期 4 月,果期 9 月。

生长环境 生长于海拔 500~1 500 m 的疏林中。

药用价值 入药部位:根。药用功效:接骨,利关节,止痛。药用主治:腰肌扭伤,风湿骨痛。

青榨槭

学名 *Acer davidii* Franch.

别称 青虾蟆、大卫槭。

科属 槭树科槭属。

形态特征 落叶乔木,高 10~15 m,稀达 20 m。树皮黑褐色或灰褐色,常纵裂成蛇皮状。小枝细瘦,圆柱形,无毛。当年生的嫩枝紫绿色或绿褐色,具很稀疏的皮孔,多年生的老枝黄褐色或灰褐色。冬芽腋生,长卵圆形,绿褐色,长 4~8 mm。鳞片的外侧无毛。

叶纸质,外貌长圆卵形或近于长圆形,长 6~14 cm,宽 4~9 cm,先端锐尖或渐尖,常有尖尾,基部近心脏形或圆形,边缘具不整齐的钝圆齿。上面深绿色,无毛。下面淡绿色,嫩时沿叶脉被紫褐色的短柔毛,渐老成无毛状。主脉在上面显著,在下面凸起,侧脉 11~12 对,成羽状,在上面微现,在下面显著。叶柄细瘦,长 2~8 cm,嫩时被红褐色短柔毛,渐老脱落。

花黄绿色,杂性,雄花与两性花同株,成下垂的总状花序,顶生于着叶的嫩枝,开花与嫩叶的生长大约同时,雄花的花梗通常 9~12 朵,常成长 4~7 cm 的总状花序。两性花的花梗长 1~1.5 cm,通常 15~30 朵,常成长 7~12 cm 的总状花序。萼片椭圆形,先端微钝。花瓣倒卵形,先端圆形,与萼片等长。雄蕊无毛,在雄花中略长于花瓣,在两性花中不发育,花药黄色,球形,花盘无毛,现裂纹,位于雄蕊内侧,子房被红褐色的短柔毛,在雄花中不发育。花柱无毛,细瘦,柱头反卷。翅果嫩时淡绿色,成熟后黄褐色。翅宽 1~1.5 cm,连同小坚果共长 2.5~3 cm,展开成钝角或几成水平。花期 4 月,果期 9 月。

生长环境 生长于海拔 500~1 500 m 的疏林中,能抵抗 -30 ℃低温。耐瘠薄,对土壤要求不严。主、侧根发达,萌芽性强,生长快,树形自然开张,树态苍劲挺拔,枝繁叶茂,具有很高的绿化和观赏价值,是优秀的绿化树种。

药用价值 入药部位:根、树皮。夏、秋季采收根和树皮,洗净切片晒干。性味:味甘、苦,性平。药用功效:祛风除湿,散瘀止痛,消食健脾。药用主治:风湿痹痛,肢体麻木,关节不利,跌打瘀痛,泄泻,痢疾,小儿消化不良。

房县槭

学名 *Acer franchetii* Pax.

别称 山枫香树、富氏槭。

科属 槭树科槭属。

形态特征 落叶乔木,高 10~15 m。树皮深褐色。小枝粗壮,圆柱形,当年生枝紫褐色或紫绿色,嫩时有短柔毛,旋即脱落,多年生枝深褐色,无毛。冬芽卵圆形。外部的鳞片紫褐色,覆瓦状排列,边缘纤毛状。

叶纸质,长 10~20 cm,宽 11~23 cm,基部心脏形或近于心脏形,稀圆形,通常 3 裂,稀 5 裂,边缘有很稀疏而不规则的锯齿。中裂片卵形,先端渐尖,侧生的裂片较小,先端钝尖,向前直伸。上面深绿色,下面淡绿色,嫩时两面都有很稀疏的短柔毛,下面的毛较多,叶脉上的短柔毛更密,渐老时毛逐渐脱落,除上面的脉腋有丛毛外,其余部分近于无毛。主脉 5 条,稀

3 条,与侧脉均在上面显著,在下面凸起。叶柄长 3~6 cm,稀达 10 cm,嫩时有短柔毛,渐老陆续脱落而成无毛状。

总状花序或圆锥总状花序,自小枝旁边无叶处生出,常有长柔毛,先叶或与叶同时发育。花黄绿色,单性,雌雄异株。萼片长圆卵形,长 4.5 mm,边缘有纤毛。花瓣与萼片等长。花盘无毛。雄蕊在雌花中不发育,花丝无毛,花药黄色。雌花的子房有疏柔毛。花梗长 1~2 cm,有短柔毛。果序长 6~8 cm。小坚果凸起,近于球形,褐色,嫩时被淡黄色疏柔毛,旋即脱落。翅镰刀形,宽 1.5 cm,连同小坚果长 4~4.5 cm,稀达 5 cm,张开成锐角,稀近于直立。果梗长 1~2 cm,有短柔毛,渐老时脱落。花期 5 月,果期 9 月。

生长环境 生长于海拔 1 800~2 300 m 的混交林中。

药用价值 入药部位:根、树皮、果实。药用功效:祛风湿,活血,清热利咽。药用主治:声音嘶哑,咽喉肿痛。

鸡爪槭

学名 *Acer palmatum* Thunb.

别称 鸡爪枫、槭树。

科属 槭树科槭属。

形态特征 落叶小乔木,树皮深灰色。小枝细瘦。当年生枝紫色或淡紫绿色。多年生枝淡灰紫色或深紫色。叶纸质,外貌圆形,直径 6~10 cm,基部心脏形或近于心脏形稀截形,5~9 掌状分裂,通常 7 裂,裂片长圆卵形或披针形,先端锐尖或长锐尖,边缘具紧贴的尖锐锯齿。裂片间的凹缺钝尖或锐尖,深达叶片直径的 1/2 或 1/3。上面深绿色,无毛。下面淡绿色,在叶脉的脉腋被有白色丛毛。主脉在上面微显著,在下面凸起。叶柄长 4~6 cm,细瘦,无毛。

花紫色,杂性,雄花与两性花同株,生于无毛的伞房花序,总花梗长 2~3 cm,叶发出以后才开花。萼片卵状披针形,先端锐尖。花瓣椭圆形或倒卵形,先端钝圆,雄蕊无毛,较花瓣略短而藏于其内。花盘位于雄蕊的外侧,微裂。子房无毛,花柱长,柱头扁平,花梗细瘦,无毛。翅果嫩时紫红色,成熟时淡棕黄色。小坚果球形,脉纹显著。翅与小坚果共长 2~2.5 cm,张开成钝角。花期 5 月,果期 9 月。

生长环境 生长于海拔 200~1 200 m 的林边或疏林中。弱阳性树种,耐半阴,在阳光直射处孤植,夏季易遭日灼之害。喜温暖湿润气候及肥沃、湿润而排水良好的土壤,耐寒性强,酸性、中性及石灰质土均能适应。生长速度中等偏慢。适宜生长于阴凉疏松、肥沃之地。

药用价值 入药部位:枝、叶。夏季采收枝叶,晒干切段。性味:味辛、微苦,性平。药用功效:行气止痛,解毒消痈。药用主治:气滞腹痛,痈肿发背。

茶条槭

学名 *Acer ginnala* Maxim.

别称 茶条、华北茶条槭。

科属 槭树科槭属。

形态特征 落叶灌木或小乔木,高5~6 m。树皮粗糙、微纵裂,灰色,稀深灰色或灰褐色。小枝细瘦,近于圆柱形,无毛,当年生枝绿色或紫绿色,多年生枝淡黄色或黄褐色,皮孔椭圆形或近于圆形,淡白色。冬芽细小,淡褐色,鳞片8枚,近边缘具长柔毛,覆叠。叶纸质,基部圆形,截形或略近于心脏形,叶片长圆卵形或长圆椭圆形,长6~10 cm,宽4~6 cm,常较深的3~5裂。中央裂片锐尖或狭长锐尖,侧裂片通常钝尖,向前伸展,各裂片的边缘均具不整齐的钝尖锯齿,裂片间的凹缺钝尖。上面深绿色,无毛,下面淡绿色,近于无毛,主脉和侧脉均在下面较在上面的显著。叶柄长4~5 cm,细瘦,绿色或紫绿色,无毛。

伞房花序长6 cm,无毛,具多数的花。花梗细瘦,长3~5 cm。花杂性,雄花与两性花同株。萼片卵形,黄绿色,外侧近边缘被长柔毛。花瓣长圆卵形白色,较长于萼片。雄蕊8,与花瓣近于等长,花丝无毛,花药黄色。花盘无毛,位于雄蕊外侧。子房密被长柔毛,花柱无毛,顶端柱头平展或反卷。果实黄绿色或黄褐色。小坚果嫩时被长柔毛,脉纹显著,长8 mm。翅连同小坚果长2.5~3 cm,中段较宽或两侧近于平行,张开近直立或成锐角。花期5月,果期10月。

生长环境 生长于海拔800 m以下的向阳山坡、河岸或湿草地,散生或形成丛林。阳性树种,耐庇荫,耐寒,喜湿润土壤,耐干燥瘠薄,适应性强。

药用价值 入药部位:叶、芽。性味:味苦,性寒。药用功效:清热明目。药用主治:肝热目赤,昏花。

五角枫

学名 *Acer mono* Maxim.

别称 色木槭、地锦槭、五角槭。

科属 槭树科槭属。

形态特征 落叶乔木,高可达15~20 m,树皮粗糙,常纵裂,灰色,稀深灰色或灰褐色。小枝细瘦,无毛,当年生枝绿色或紫绿色,多年生枝灰色或淡灰色,具圆形皮孔。冬芽近于球形,鳞片卵形,外侧无毛,边缘具纤毛。

叶纸质,基部截形或近于心脏形,叶片的外貌近于椭圆形,长6~8 cm,宽9~11 cm。裂片卵形,先端锐尖或尾状锐尖,全缘,裂片间的凹缺常锐尖,深达叶片的中段,上面深绿色,无毛,下面淡绿色,除在叶脉上或脉腋被黄色短柔毛外,其余部分无毛。主脉5条,在上面显著,在下面微凸起,侧脉在两面均不显著。叶柄长4~6 cm,细瘦,无毛。

花多数,杂性,雄花与两性花同株,多数常成无毛的顶生圆锥状伞房花序,长与宽均约4 cm,生于有叶的枝上,花序的总花梗长1~2 cm,花的开放与叶的生长同时。萼片黄绿色,长圆形,顶端钝形。花瓣淡白色,椭圆形或椭圆倒卵形。雄蕊无毛,比花瓣短,位于花盘内侧的边缘,花药黄色,椭圆形。子房无毛或近于无毛,在雄花中不发育,花柱无毛,很短,柱头反卷。花梗细瘦,无毛。翅果嫩时紫绿色,成熟时淡黄色。小坚果压扁状,长1~1.3 cm。翅长圆形,连同小坚果长2~2.5 cm,张开成锐角或近于钝角。花期5月,果期9月。

生长环境 生长于海拔800~1 500 m的山坡或山谷疏林中,稍耐阴,深根性,喜湿润、肥沃土壤,在酸性、中性、石灰岩上均可生长。是北方重要秋天观叶树种,叶形秀丽,嫩叶红色,入秋变成橙黄或红色,可作园林绿化庭院树、行道树和风景林树种。

药用价值 入药部位:枝、叶。夏季采收,鲜用或晒干。性味:味辛、苦,性温。药用功效:祛风除湿,活血止痛。药用主治:偏正头痛,风寒湿痹,跌打瘀痛,湿疹,疥癣。

中华槭

学名 *Acer sinense* Pax.

科属 槭树科槭属。

形态特征 落叶乔木,高3~5 m,稀达10 m。树皮平滑,淡黄褐色或深黄褐色。小枝细瘦,无毛,当年生枝淡绿色或淡紫绿色,多年生枝绿褐色或深褐色,平滑。冬芽小,在叶脱落以前常为膨大的叶柄基部所覆盖,鳞片6,边缘有长柔毛及纤毛。叶近于革质,基部心脏形或近于心脏形,稀截形,长10~14 cm,宽12~15 cm,常5裂。裂片长圆卵形或三角状卵形,先端锐尖,除靠近基部的部分外其余的边缘有紧贴的圆齿状细锯齿。裂片间的凹缺锐尖,深达叶片长度的1/2,上面深绿色,无毛,下面淡绿色,有白粉,除脉腋有黄色丛毛外,其余部分无毛。主脉在上面显著,在下面凸起,侧脉在上面微显著,在下面显著。叶柄粗壮,无毛,长3~5 cm。

花杂性,雄花与两性花同株,多花组成下垂的顶生圆锥花序,长5~9 cm,总花梗长3~5 cm。萼片淡绿色,卵状长圆形或三角状长圆形,先端微钝尖,边缘微有纤毛,长约3 mm。花瓣5,白色,长圆形或阔椭圆形。雄蕊5~8枚,长于萼片,在两性花中很短,花药黄色。花盘肥厚,位于雄蕊的外侧,微被长柔毛。子房有白色疏柔毛,在雄花中不发育,花柱无毛,长3~4 mm,2裂,柱头平展或反卷。花梗细瘦,无毛,长约5 mm。翅果淡黄色,无毛,常生成下垂的圆锥果序。小坚果椭圆形,特别凸起,长5~7 mm,宽3~4 mm。翅宽1 cm,连同小坚果长3~3.5 cm,张开成直角,稀锐角或钝角。花期5月,果期9月。

生长环境 生长于海拔1 200~2 000 m的混交林中。典型的观树皮、枝条兼观叶乔木。

药用价值 入药部位:枝、叶。夏季采收,切段晒干。药用功效:清热解毒药,理气止痛。

五裂槭

学名 *Acer oliverianum* Pax.

科属 槭树科槭属。

形态特征 落叶小乔木,高4~7 m。树皮平滑,淡绿色或灰褐色,常被蜡粉。小枝细瘦,无毛或微被短柔毛,当年生嫩枝紫绿色,多年生枝淡褐色。冬芽卵圆形,鳞片近于无毛。叶纸质,长4~8 cm,宽5~9 cm,基部近于心脏形或近于截形,5裂。裂片三角状卵形或长圆卵形,先端锐尖,边缘有紧密的细锯齿。裂片间凹缺锐尖,深达叶片的1/3或1/2,上面深绿色或略带黄色,无毛,下面淡绿色,除脉腋有丛毛外,其余部分无毛。主脉在上面显著,在下面凸起,侧脉在上面微显著,在下面显著。叶柄长2.5~5 cm,细瘦,无毛或靠近顶端部分有短柔毛。

花杂性,雄花与两性花同株,常生成无毛的伞房花序,开花与叶的生长同时。萼片紫绿色,卵形或椭圆卵形,先端钝圆,长3~4 mm。花瓣淡白色,卵形,先端钝圆,长3~4 mm。雄蕊8,生于雄花者比花瓣稍长、花丝无毛,花药黄色,雌花的雄蕊很短。花盘微裂,位于雄蕊的外侧。子房微有长柔毛,花柱无毛,柱头反卷。翅果常生于下垂的主枝上,小坚果凸起,长 6 mm,脉纹显著。翅嫩时淡紫色,成熟时黄褐色,镰刀形,连同小坚果共长 3 ~ 3.5 cm,宽 1 cm,张开近水平。花期 5 月,果期 9 月。

生长环境 生长于海拔 1 500 ~ 2 000 m 的林边或疏林中。

药用价值 入药部位:枝叶。夏季采收,切段晒干。性味:味辛、苦,性凉。药用功效:清热解毒,理气止痛。药用主治:背疽,痈疮,气滞腹痛。

无患子科

无患子

学名 *Sapindus mukorossi* Gaertn.

别称 黄金树、洗手果、苦患树。

科属 无患子科无患子属。

形态特征 落叶大乔木,高可达 20 m,树皮灰褐色或黑褐色。嫩枝绿色,无毛。单回羽状复叶,叶连柄长 25 ~ 45 cm,叶轴稍扁,上面两侧有直槽,无毛或被微柔毛。小叶 5 ~ 8 对,通常近对生,叶片薄纸质,长椭圆状披针形或稍呈镰形,长 7 ~ 15 cm,宽 2 ~ 5 cm,顶端短尖或短渐尖,基部楔形,稍不对称,腹面有光泽,两面无毛或背面被微柔毛。侧脉纤细而密,15 ~ 17 对,近平行。

花序顶生,圆锥形。花小,辐射对称,花梗常很短。萼片卵形或长圆状卵形,大的长约 2 mm,外面基部被疏柔毛。花瓣披针形,有长爪,外面基部被长柔毛或近无毛,鳞片 2 个,小耳状。花盘碟状,无毛。雄蕊 8 枚,伸出,花丝中部以下密被长柔毛。子房无毛。果近球形,直径 2 ~ 2.5 cm,橙黄色,干时变黑。花期春季,果期夏、秋。

生长环境 喜光,稍耐阴,耐寒能力较强。对土壤要求不严,深根性,抗风力强。不耐水湿,能耐干旱。萌芽力弱,不耐修剪。生长较快,寿命长。对二氧化硫抗性较强,是工业城市生态绿化的首选树种。

药用价值 入药部位:种子。秋季采摘成熟果实,除去果肉和果皮,取种子晒干。性味:味苦,辛,性寒。药用功效:清热,祛痰,消积,杀虫。药用主治:喉痹肿痛,肺热咳喘,音哑,食滞,疳积,蛔虫腹痛,滴虫性阴道炎,癣疾,肿毒。

黄山栾树

学名 *Koelreuteria bipinnata* Franchet

别称 全缘叶栾树、南栾、灯笼树。

科属 无患子科栾树属。

形态特征 乔木,高可达 20 m。皮孔圆形至椭圆形。枝具小疣点。叶平展,二回羽状复叶,长 45 ~ 70 cm。叶轴和叶柄向轴面常有一纵行皱曲的短柔毛。小叶 9 ~ 17 片,互生,很少对生,纸质或近革质,斜卵形,长3.5~7 cm,宽2~3.5 cm,顶端短尖至短渐尖,基部阔楔形或圆形,略偏斜,边缘有内弯的小锯齿,两面无毛或上面中脉上被微柔毛,下面密被短柔毛,有时杂以皱曲的毛。小叶柄长约3 mm或近无柄。

圆锥花序大型,长35~70 cm,分枝广展,与花梗同被短柔毛。萼5裂达中部,裂片阔卵状三角形或长圆形,有短而硬的缘毛及流苏状腺体,边缘呈啮蚀状。花瓣4,长圆状披针形,瓣片长6~9 mm、宽1.5~3 mm,顶端钝或短尖,瓣爪长1.5~3 mm,被长柔毛,鳞片深2裂。雄蕊8枚,长4~7 mm,花丝被白色、开展的长柔毛,下半部毛较多,花药有短疏毛。子房三棱状长圆形,被柔毛。蒴果椭圆形或近球形,具3棱,淡紫红色,老熟时褐色,长4~7 cm,宽3.5~5 cm,顶端钝或圆。有小凸尖,果瓣椭圆形至近圆形,外面具网状脉纹,内面有光泽。种子近球形,直径5~6 mm。花期7~9月,果期8~10月。

生长环境 喜温暖湿润气候,喜光,亦稍耐半阴,生长于石灰岩土壤上,也能耐盐渍性土,耐寒、耐旱、耐瘠薄,并能耐短期水涝。深根性,生长中速,幼时较缓,以后渐快。对风、粉尘污染、二氧化硫、臭氧均有较强的抗性。枝叶繁茂秀丽,春季嫩叶红色,夏花满树金黄色,入秋蒴果似灯笼,果皮红色,绚丽悦目,在微风吹动下似铜铃哗哗作响。

药用价值 入药部位:根、花。药用功效:消肿,止痛,活血,驱蛔。药用主治:根治风热咳嗽,花清肝明目、清热止咳。

栾树

学名 *Koelreuteria paniculata* Laxm.

别称 木栾、栾华、乌拉。

科属 无患子科栾树属。

形态特征 落叶乔木,树皮厚,灰褐至灰黑色,老时纵裂。一回或不完全二回或偶为二回羽状复叶,小叶11~18片,无柄或柄极短,对生或互生,卵形、宽卵形或卵状披针形,长3~10 cm,先端短尖或短渐尖,基部钝或近平截,有不规则钝锯齿,齿端具小尖头,有时近基部有缺刻,或羽状深裂达中肋成二回羽状复叶,上面中脉散生皱曲柔毛,下面脉腋具髯毛,有时小叶下面被茸毛。

聚伞圆锥花序长达40 cm,密被微柔毛,分枝长而广展;苞片窄披针形,被粗毛。花淡黄色,稍芳香;花梗长2.5~5 mm;萼裂片卵形,具腺状缘毛,呈啮烛状;花瓣4枚,花时反折,线状长圆形,长5~9 mm,瓣爪长1~2.5 mm,被长柔毛,瓣片基部的鳞片初黄色,花时橙红色,被疣状皱曲毛;雄蕊8枚,雄花的长7~9 mm,雌花的长4~5 mm,花丝下部密被白色长柔毛;花盘偏斜,有圆钝小裂片。蒴果圆锥形,具3棱,长4~6 cm,顶端渐尖,果瓣卵形,有网纹。种子近球形,直径6~8 mm。花期6~8月,果期9~10月。

生长环境 多分布在海拔1 500 m以下的低山及平原,喜光,稍耐半阴。耐寒,但不耐水淹,耐干旱和瘠薄,对环境的适应性强,喜生长于石灰质土壤上,耐盐渍及短期水涝。具深根性,萌蘖力强,生长速度中等,幼树生长较慢,以后渐快,有较强的抗烟尘能力。抗风能力较强,可抗-25 ℃低温,对粉尘、二氧化硫和臭氧均有较强的抗性。春季嫩叶多为红叶,夏季黄花满树,入秋叶色变黄,果实紫红,形似灯笼,十分美丽。适应性强、季相明显,是理想的绿化、观叶树种。宜作庭荫树、行道树及园景树,也是工业厂区配植的优良树种。

药用价值 药用功效:清肝明目。药用主治:目赤肿痛。

防己科

青风藤

学名 *Caulis Sinomenii*

别称 青藤、寻风藤、滇防己。

科属 防己科青风藤属。

形态特征 多年生木质藤本,长可达 20 m,根块状。茎圆柱形,灰褐色,具细沟纹。叶互生,厚纸质或革质,卵圆形,长 7~15 cm,宽 5~12 cm,先端渐尖或急尖,基部稍心形或近截形,全缘或 3~7 角状浅裂,上面绿色,下面灰绿色,近无毛,基出脉 5~7。叶柄长 5~15 cm。

花单性异株,聚伞花序排成圆锥状。花小,雄花萼片 6,淡黄色,2 轮,花瓣 6 枚,淡绿色,雄蕊 9~12 枚。雌花萼片、花瓣与雄花相似,具退化雄蕊 9 枚,心皮离生,花柱反曲。核果扁球形,熟时暗红色。种子半月形。花期 6~7 月,果期 8~9 月。

生长环境 生长于山坡林缘、沟边及灌丛中,攀缘于树上或岩石上。

药用价值 入药部位:干燥藤茎。除去杂质,略泡润透,切厚片干燥。性味:味苦、辛,性平。药用功效:祛风湿,通经络,利小便。药用主治:风湿痹痛,关节肿胀,麻痹瘙痒。

清风藤科

泡花树

学名 *Meliosma cuneifolia* Franch et.

科属 清风藤科泡花树属。

形态特征 落叶小乔木,高 3~8 m。根皮黑褐色,有不规则的裂纹。小枝近无毛。单叶互生。叶柄长约 1 cm。叶片纸质,倒卵形或椭圆形,长 8~20 cm,宽 3~8 cm,先端短渐尖或锐尖,基部窄楔形,边缘除基部外几乎全部有粗而锐尖的锯齿,上面稍粗糙,下面密生短茸毛和脉腋内有髯毛,侧脉 18~20 对,在下面突起。

夏季开黄白色花,花小,成圆锥花序,顶生或生于上部叶腋内,长、宽约 20 cm,分枝广展,被锈色的短柔毛。花梗长约 2 mm。萼片 4,卵圆形,有睫毛。花瓣无毛,外面 3 片近圆形,内面 2 片微小,深裂。花盘膜质,短齿裂。核果球形,熟时黑色。

生长环境 生长于山坡或沟边杂木林中,喜温暖湿润气候。适生于肥沃湿润而排水良好的沙质壤土。花序及叶俱美,适宜公园、绿地孤植或群植。

药用价值 入药部位:根皮。四季可采,晒干用或鲜用。性味:味甘、微辛,性平。药用功效:利水,解毒。药用主治:水肿,腹水。外用治痈疖肿毒、毒蛇咬伤。

鼠李科

枳椇

学名 *Hovenia acerba* Lindl.

别称 拐枣、鸡爪子、枸。

科属 鼠李科枳椇属。

形态特征 高大乔木,高 10 ~ 25 m。小枝褐色或黑紫色,被棕褐色短柔毛或无毛,有明显白色的皮孔。叶互生,厚纸质至纸质,宽卵形、椭圆状卵形或心形,长 8 ~ 17 cm,宽 6 ~ 12 cm,顶端长渐尖或短渐尖,基部截形或心形,稀近圆形或宽楔形,边缘常具整齐浅而钝的细锯齿,上部或近顶端的叶有不明显的齿,稀近全缘,上面无毛,下面沿脉或脉腋常被短柔毛或无毛。叶柄长 2 ~ 5 cm,无毛。

二歧式聚伞圆锥花序,顶生和腋生,被棕色短柔毛。花两性,直径 5 ~ 6.5 mm。萼片具网状脉或纵条纹,无毛。花瓣椭圆状匙形,具短爪。花盘被柔毛。花柱半裂,稀浅裂或深裂,无毛。浆果状核果近球形,无毛,成熟时黄褐色或棕褐色。果序轴明显膨大。种子暗褐色或黑紫色。花期 5 ~ 7 月,果期 8 ~ 10 月。

生长环境 喜充足阳光,光照不足,生长缓慢,结实率下降,所以生长于阳坡和林缘的枳椇比阴坡或林内结果多。但枳椇又具耐阴性,所以在夏季高温条件下缓慢生长。树干挺直,枝叶秀美,花淡黄绿色,果梗肥厚扭曲,是良好的园林绿化和观赏树种,适宜用作庭荫树、行道树和草坪点缀树种。

药用价值 入药部位:树皮、种子、果梗。树皮全年可采。种子果熟时采集晒干,碾碎果壳收种子。性味:味甘,性平。种子药用功效:清热利尿,止咳除烦,解酒毒。药用主治:热病烦渴,呃逆,呕吐,小便不利,酒精中毒。树皮药用功效:活血,舒筋解毒。药用主治:腓肠肌痉挛,食积,铁棒锤中毒。果梗药用功效:健胃,补血。药用主治:蒸熟浸酒,滋养补血。

北枳椇

学名 *Hovenia dulcis* Thunb.

别称 枳椇、鸡爪梨。

科属 鼠李科枳椇属。

形态特征 高大乔木,稀灌木,高可达 10 m。小枝褐色或黑紫色,无毛,有不明显的皮孔。叶纸质或厚膜质,卵圆形、宽矩圆形或椭圆状卵形,长 7 ~ 17 cm,宽 4 ~ 11 cm,顶端短渐尖或渐尖,基部截形,少有心形或近圆形,边缘有不整齐的锯齿或粗锯齿,稀具浅锯齿,无毛或仅下面沿脉被疏短柔毛。叶柄长 2 ~ 4.5 cm,无毛。

花黄绿色,直径6~8 mm,排成不对称的顶生,稀兼腋生的聚伞圆锥花序。花序轴和花梗均无毛。萼片卵状三角形,具纵条纹或网状脉,长2.2~2.5 mm。花瓣倒卵状匙形,长2.4~2.6 mm,向下渐狭成爪部。花盘边缘被柔毛或上面被疏短柔毛。子房球形,花柱浅裂,无毛。浆果状核果近球形,无毛,成熟时黑色。花序轴结果时稍膨大。种子深栗色或黑紫色。花期5~7月,果期8~10月。

生长环境 生长于海拔200~1 400 m的次生林中或庭园栽培。阳性树种,深根性,略抗寒,喜温暖湿润的气候条件,对土壤要求不严,以深厚、肥沃、湿润、排水良好的微酸性、中性土壤生长好。生长迅速,树干端直,树皮洁净,发枝力强,冠大荫浓,白花满枝,清香四溢。

药用价值 入药部位:成熟种子。性味:味甘,性平。药用功效:解酒毒,止渴除烦。止呕,利大小便。药用主治:醉酒,烦渴,呕吐,大便秘结。

枣

学名 *Ziziphus jujuba* Mill.

别称 枣子、大枣、刺枣。

科属 鼠李科枣属。

形态特征 落叶小乔木,稀灌木,高可达10 m。树皮褐色或灰褐色。有长枝,短枝和无芽小枝(新枝)比长枝光滑,紫红色或灰褐色,呈之字形曲折,具2个托叶刺,长刺可达3 cm,粗直,短刺下弯,长4~6 mm。短枝短粗,矩状,自老枝发出。当年生小枝绿色,下垂,单生或2~7个簇生于短枝上。

叶纸质,卵形、卵状椭圆形,或卵状矩圆形。长3~7 cm,宽1.5~4 cm,顶端钝或圆形,稀锐尖,具小尖头,基部稍不对称,近圆形,边缘具圆齿状锯齿,上面深绿色,无毛,下面浅绿色,无毛或仅沿脉多少被疏微毛,基生3出脉。叶柄长1~6 mm,或在长枝上的可达1 cm,无毛或有疏微毛。托叶刺纤细,后期常脱落。

花黄绿色,两性,5基数,无毛,具短总花梗,单生或2~8个密集成腋生聚伞花序。花梗长2~3 mm。萼片卵状三角形。花瓣倒卵圆形,基部有爪,与雄蕊等长。花盘厚,肉质,圆形,5裂。子房下部藏于花盘内,与花盘合生,2室,每室有1胚珠,花柱2半裂。核果矩圆形或长卵圆形,长2~3.5 cm,直径1.5~2 cm,成熟时红色,后变红紫色,中果皮肉质,厚,味甜,核顶端锐尖,基部锐尖或钝,2室,具1或2粒种子,果梗长2~5 mm。种子扁椭圆形,长约1 cm,宽8 mm。花期5~7月,果期8~9月。

生长环境 喜光性强,对光反应较敏感,对土壤要求不严,除沼泽地和重碱性土外,平原、沙地、沟谷、山地皆能生长,以肥沃的微碱性或中性沙壤土生长较好。根系发达,萌蘖力强。花期较长,芳香多蜜,为良好的蜜源植物。

药用价值 入药部位:叶、花、果、皮。性味:味甘,性温。药用功效:补脾胃,益气血,安心神,调营卫,和药性。药用主治:脾胃虚弱,气血不足,食少便溏,倦怠乏力,心悸失眠。

酸枣

学名 *Ziziphus jujuba* Mill. var. spinosa(Bunge)Hu ex H. F. Chow

别称 小酸枣、山枣、棘。

科属 鼠李科枣属。

形态特征 落叶灌木或小乔木,高 1 ~ 4 m。小枝呈之字形弯曲,紫褐色。酸枣树上的托叶刺有 2 种,一种直伸,长达 3 cm,另一种常弯曲。叶互生,叶片椭圆形至卵状披针形,长 1.5 ~ 3.5 cm,宽 0.6 ~ 1.2 cm,边缘有细锯齿,基部 3 出脉。

花黄绿色,2 ~ 3 朵簇生于叶腋。核果小,近球形或短矩圆形,熟时红褐色,近球形或长圆形,长 0.7 ~ 1.2 cm,味酸,核两端钝。花期 6 ~ 7 月,果期 8 ~ 9 月。

生长环境 生长于海拔 1 700 m 以下的山区、丘陵或平原、野生山坡、旷野或路旁。喜温暖干燥的环境,低洼水涝地不宜栽培,对土质要求不严,喜温暖干燥气候,耐旱,耐寒,耐碱。适于向阳干燥的山坡、丘陵、山谷、平原及路旁的沙石土壤栽培,不宜在低洼水涝地种植。适应性较普通枣强,花期很长,可作为蜜源植物。

药用价值 入药部位:种仁。以干燥成熟,粒大饱满,肥厚油润,外皮紫红色,肉色黄白者为宜。性味:味甘,性平。药用功效:养肝,宁心,安神,敛汗。药用主治:虚烦不眠,惊悸多梦,体虚多汗,津虚口渴。

马甲子

学名 *Paliurus ramosissimus*(Lour.)Poir

别称 铁篱笆、铜钱树、马鞍树。

科属 鼠李科马甲子属。

形态特征 灌木,高可达 6 m。小枝褐色或深褐色,被短柔毛,稀近无毛。叶互生,纸质,宽卵少队卵状椭圆形或近圆形,长 3 ~ 5.5 cm,宽 2.2 ~ 5 cm,顶端钝或圆形,基部宽楔形、楔形或近圆形,稍偏斜,边缘具钝细锯齿或细锯齿,稀上部近全缘,上面沿脉被棕褐色短柔毛,幼叶下面密生棕褐色细柔毛,后渐脱落,仅沿脉被短柔毛或无毛,基生三出脉。叶柄长 5 ~ 9 mm,被毛,基部有 2 个紫红色斜向直立的针刺,长 0.4 ~ 1.7 cm。

腋生聚伞花序,被黄色茸毛。萼片宽卵形。花瓣匙形,短于萼片。雄蕊与花瓣等长或略长于花瓣。花盘圆形,花柱深裂。核果杯状,被黄褐色或棕褐色茸毛,周围具木栓质浅裂的窄翅,直径 1 ~ 1.7 cm。果梗被棕褐色茸毛。种子紫色或褐色,扁圆形。花期 5 ~ 8 月,果期 9 ~ 10 月。

生长环境 生长于海拔 2 000 m 以下的山地和平原。

药用价值 药用部分:根、枝、叶、花果。10 ~ 11 月挖根,四季采叶。性味:味苦,性平。药用功效:解毒消肿,止痛活血。药用主治:根能除寒活血、发表解热、消肿,治跌打损伤及心腹疼痛。叶治无名肿痛。

鼠李

学名 *Rhamnus davurica* Pall

别称 大绿、大脑头、大叶鼠李。

科属 鼠李科鼠李属。

形态特征 灌木或小乔木,高可达 10 m。幼枝无毛,小枝对生或近对生,褐色或红褐色,稍平滑,枝顶端常有大的芽而不形成刺,或有时仅分叉处具短针刺。顶芽及腋芽较大,卵圆形,长 5 ~ 8 mm,鳞片淡褐色,有明显的白色缘毛。叶纸质,对生或近对生,或在短枝上簇生,宽椭圆形或卵圆形,稀倒披针状椭圆形,长 4 ~ 13 cm,宽 2 ~ 6 cm,顶端突尖或短渐尖至渐尖,稀钝或圆形,基部楔形或近圆形,有时稀偏斜,边缘具圆齿状细锯齿,齿端常有红色腺体,上面无毛或沿脉有疏柔毛,下面沿脉被白色疏柔毛,侧脉每边 4 ~ 5 条,两面凸起,网脉明显。叶柄长 1.5 ~ 4 cm,无毛或上面有疏柔毛。

花单性,雌雄异株,4 基数,有花瓣,雌花簇生于短枝端,有退化雄蕊,花柱浅裂或半裂。核果球形,黑色,具分核,基部有宿存的萼筒。果梗长 1 ~ 1.2 cm。种子卵圆形,黄褐色,背侧有与种子等长的狭纵沟。花期 5 ~ 6 月,果期 7 ~ 10 月。

生长环境 深根性树种,对土质要求不高。适于在湿润、富有腐殖质的微酸性沙质土壤上生长。怕湿热,喜湿润土壤,也有一定耐旱能力,但不耐积水。喜光,在光照充裕处生长良好。

药用价值 入药部位:果实。8 ~ 9 月果实成熟时采收,除去果柄,微火烘干。性味:味苦、甘,性凉。药用功效:清热利湿,消积通便。药用主治:水肿腹痛,疝瘕,瘰疬,疮疡。

小叶鼠李

学名 *Rhamnus parvifolia* Bunge

别称 麻绿、大绿、黑格铃。

科属 鼠李科鼠李属。

形态特征 灌木,高 1.5 ~ 2 m。小枝对生或近对生,紫褐色,初时被短柔毛,后变无毛,平滑,稍有光泽,枝端及分叉处有针刺。芽卵形,鳞片数个,黄褐色。叶纸质,对生或近对生,稀兼互生,或在短枝上簇生,菱状倒卵形或菱状椭圆形,稀倒卵状圆形或近圆形,长 1.2 ~ 4 cm,宽 0.8 ~ 2 cm,顶端钝尖或近圆形,稀突尖,基部楔形或近圆形,边缘具圆齿状细锯齿,上面深绿色,无毛或被疏短柔毛,下面浅绿色,干时灰白色,无毛或脉腋窝孔内有疏微毛,侧脉每边 2 ~ 4 条,两面凸起,网脉不明显。叶柄上面沟内有细柔毛。托叶钻状,有微毛。

花单性,雌雄异株,黄绿色,4 基数,有花瓣,通常数个簇生于短枝上。花梗长 4 ~ 6 mm,无毛。雌花花柱 2 半裂。核果倒卵状球形,成熟时黑色,具 2 分核,基部有宿存的萼筒。种子矩圆状倒卵圆形,褐色,背侧有长为种子 4/5 的纵沟。花期 4 ~ 5 月,果期 6 ~ 9 月。

生长环境 生长于海拔 400 ~ 2 300 m 的向阳山坡、草丛或灌丛中。适应性强,耐干旱,可用作干旱地区、土质瘠薄及多岩石处的造林树种及固土、护坡等防护性的栽植植物。

药用价值 入药部位:果实。果熟后采收,鲜用或晒干。性味:味辛,性凉。药用功效:清热泻下,解毒消瘰。药用主治:热结便秘,瘰疬,疥癣,疮毒。

薄叶鼠李

学名 *Rhamnus leptophylla* Schneid.

别称 郊李子、白色木、白赤木。

科属 鼠李科鼠李属。

形态特征 灌木或稀小乔木,高达 5 m。小枝对生或近对生,褐色或黄褐色,稀紫红色,平滑无毛,有光泽,芽小,鳞片数个,无毛。叶纸质,对生或近对生,或在短枝上簇生,倒卵形至倒卵状椭圆形,稀椭圆形或矩圆形,长 3~8 cm,宽 2~5 cm,顶端短突尖或锐尖,稀近圆形,基部楔形,边缘具圆齿或钝锯齿,上面深绿色,无毛或沿中脉被疏毛,下面浅绿色,仅脉腋有簇毛,侧脉每边 3~5 条,具不明显的网脉,上面下陷,下面凸起。叶柄长 0.8~2 cm,上面有小沟,无毛或被疏短毛。托叶线形,早落。

花单性,雌雄异株,4 基数,有花瓣,花梗长 4~5 mm,无毛。雄花 10~20 朵簇生于短枝端。雌花数朵至 10 余朵簇生于短枝端或长枝下部叶腋,退化雄蕊极小,花柱 2 半裂。核果球形,直径 4~6 mm,基部有宿存的萼筒,有 2~3 分核,成熟时黑色。果梗长 6~7 mm。种子宽倒卵圆形,背面具长为种子 2/3~3/4 的纵沟。花期 3~5 月,果期 5~10 月。

生长环境 中国特有树种,生长于海拔 1 700~2 600 m 的林缘、路边、灌丛中。

药用价值 入药部位:叶。春、夏季采收,鲜用或晒干。药用功效:清热解毒、活血。药用主治:利水行气、消积通便、清热止咳。

皱叶鼠李

学名 *Rhamnus rugulosa* Hemsl.

科属 鼠李科鼠李属。

形态特征 灌木,高 1 m 以上。当年生枝灰绿色,后变红紫色,被细短柔毛,老枝深红色或紫黑色,平滑无毛,有光泽,互生,枝端有针刺。腋芽小,卵形,鳞片数个,被疏毛。叶厚纸质,通常互生,或 2~5 片在短枝端簇生,倒卵状椭圆形、倒卵形或卵状椭圆形,稀卵形或宽椭圆形,长 3~10 cm,宽 2~6 cm,顶端锐尖或短渐尖,稀近圆形,基部圆形或楔形,边缘有钝细锯齿或细浅齿,或下部边缘有不明显的细齿,上面暗绿色,被密或疏短柔毛,干时常皱褶,下面灰绿色或灰白色,有白色密短柔毛,侧脉每边 5~7 条,上面下陷,下面凸起。叶柄长 5~16 mm,被白色短柔毛。托叶长线形,有毛,早落。

花单性,雌雄异株,黄绿色,被疏短柔毛,4 基数,有花瓣。花梗长约 5 mm,有疏毛。雄花数朵至 20 朵,雌花 1~10 朵簇生于当年生枝下部或短枝顶端,雌花有退化雄蕊,子房球形,3 稀 2 室,每室有 1 胚珠,花柱长而扁,浅裂或近半裂。核果倒卵状球形或圆球形,成熟时紫黑色或黑色,具 2 或 3 分核,基部有宿存的萼筒。果梗被疏毛。种子矩圆状倒卵圆形,褐色,有光泽,背面有与种子近等长的纵沟。花期 4~5 月,果期 6~9 月。

生长环境 生长于海拔 500~2 300 m 的山坡、山谷林中或路旁。

药用价值 入药部位:果实。果熟后采收,鲜用或晒干。性味:味苦,性凉。药用功效:清热解毒。药用主治:肿毒,疮疡。

圆叶鼠李

学名 *Rhamnus globosa* Bunge

别称 山绿柴、冻绿、冻绿树。

科属 鼠李科鼠李属。

形态特征 灌木,高 2 ~ 4 m。小枝对生或近对生,灰褐色,顶端具针刺,幼枝和当年生枝被短柔毛。叶纸质或薄纸质,对生或近对生,稀兼互生,或在短枝上簇生,近圆形、倒卵状圆形或卵圆形,稀圆状椭圆形,长 2 ~ 6 cm,宽 1.2 ~ 4 cm,顶端突尖或短渐尖,稀圆钝,基部宽楔形或近圆形,边缘具圆齿状锯齿,上面绿色,初时被密柔毛,后渐脱落或仅沿脉及边缘被疏柔毛,下面淡绿色,全部或沿脉被柔毛,侧脉每边 3 ~ 4 条,上面下陷,下面凸起,网脉在下面明显,叶柄长 6 ~ 10 mm,被密柔毛。托叶线状披针形,宿存,有微毛。

花单性,雌雄异株,通常数朵至 20 朵簇生短枝端或长枝下部叶腋,稀 2 ~ 3 朵生于当年生枝下部叶腋,4 基数,有花瓣,花萼和花梗有疏微毛,花柱 2 ~ 3 浅裂或半裂。花梗长 4 ~ 8 mm。核果球形或倒卵状球形,长 4 ~ 6 mm,直径 4 ~ 5 mm,基部有宿存的萼筒,具 2、稀 3 分核,成熟时黑色。果梗长 5 ~ 8 mm,有疏柔毛。种子黑褐色,有光泽,背面或背侧有长为种子 3/5 的纵沟。花期 4 ~ 5 月,果期 6 ~ 10 月。

生长环境 生长于海拔 1 600 m 以下的山坡、林下或灌丛中。

药用价值 入药部位:根皮、茎、叶、果实。药用主治:果实烘干,捣碎和红糖水煎水服,可治肿毒。根皮、茎、叶用于瘰疬、哮喘、寸白虫病。

长叶冻绿

学名 *Rhamnus crenata* Sieb. et Zucc.

别称 山黑子、过路黄。

科属 鼠李科鼠李属。

形态特征 落叶灌木或小乔木,高可达 7 m。幼枝带红色,被毛,后脱落,小枝被疏柔毛。叶纸质,倒卵状椭圆形、椭圆形或倒卵形,稀倒披针状椭圆形或长圆形,长 4 ~ 14 cm,宽 2 ~ 5 cm,顶端渐尖,尾状长渐尖或骤缩成短尖,基部楔形或钝,边缘具圆齿状齿或细锯齿,上面无毛,下面被柔毛,或沿脉多少被柔毛,侧脉每边 7 ~ 12 条。叶柄长 4 ~ 10 mm,被密柔毛。

花数个或 10 余个密集成腋生聚伞花序,总花梗长 4 ~ 10 mm,稀 15 mm,被柔毛,花梗长 2 ~ 4 mm,被短柔毛。萼片三角形,与萼管等长,外面有疏微毛。花瓣近圆形,顶端 2 裂。雄蕊与花瓣等长而短于萼片。子房球形,无毛,3 室,每室具 1 胚珠,花柱不分裂,柱头不明显。核果球形或倒卵状球形,绿色或红色,成熟时黑色或紫黑色,长 5 ~ 6 mm,直径 6 ~ 7 mm,果梗长 3 ~ 6 mm,无或有疏短毛,具 3 分核,各有种子 1 粒。种子无沟。花期 5 ~ 8 月,果期 8 ~ 10 月。

生长环境 生长于海拔 2 000 m 以下的山地林下或灌丛中,喜光,稍耐阴,耐瘠薄,枝叶较繁密,秋季果实黑色,叶片变为黄绿色,植于林缘、路边颇富野趣。散植或成片栽植,可起隐蔽作用,也适宜植为绿篱。

药用价值 入药部位:根皮、全株。性味:味辛,性温。药用功效:杀虫去湿。药用主治:疥疮。民间常用根、皮煎水或醋浸洗治顽癣或疥疮。

雀梅藤

学名 *Sageretia thea*（Osbeck）Johnst.

别称 酸色子、酸铜子、酸味。

科属 鼠李科雀梅藤属。

形态特征 藤状或直立灌木。小枝具刺,互生或近对生,褐色,被短柔毛。叶纸质,近对生或互生,通常椭圆形、矩圆形或卵状椭圆形,稀卵形或近圆形,长1~4.5 cm,宽0.7~2.5 cm,顶端锐尖、钝或圆形,基部圆形或近心形,边缘具细锯齿,上面绿色,无毛,下面浅绿色,无毛或沿脉被柔毛,侧脉每边3~4条,上面不明显,下面明显凸起。叶柄长2~7 mm,被短柔毛。

花无梗,黄色,有芳香,通常2至数朵簇生排成顶生或腋生疏散穗状或圆锥状穗状花序。花序轴长2~5 cm,被茸毛或密短柔毛。花萼外面被疏柔毛。萼片三角形或三角状卵形。花瓣匙形,顶端浅裂,常内卷,短于萼片。花柱极短,柱头浅裂。核果近圆球形,成熟时黑色或紫黑色,味酸。种子扁平,两端微凹。花期7~11月,果期翌年3~5月。

生长环境 生长于海拔2 100 m以下的丘陵、山地林下或灌丛中。喜温暖湿润气候,对土壤要求不严,耐阴,萌芽、萌蘖力强,耐整形、修剪。枝密集具刺,常栽培作绿篱。

药用价值 入药部位:根。秋后采根,洗净鲜用或切片晒干。性味:味甘、淡,性平。药用功效:降气,化痰,祛风利湿。药用主治:咳嗽,哮喘,胃痛,鹤膝风,水肿。

猫乳

学名 *Rhamnella franguloides*（Maxim.）Weberb

别称 长叶绿柴、山黄、鼠矢枣。

科属 鼠李科猫乳属。

形态特征 落叶灌木或小乔木,高2~9 m。幼枝绿色,被短柔毛或密柔毛。叶倒卵状矩圆形、倒卵状椭圆形、矩圆形、长椭圆形,稀倒卵形,长4~12 cm,宽2~5 cm,顶端尾状渐尖、渐尖或骤然收缩成短渐尖,基部圆形,稀楔形,稍偏料,边缘具细锯齿,上面绿色,无毛,下面黄绿色,被柔毛或仅沿脉被柔毛,侧脉每边5~11条。叶柄长2~6 mm,被密柔毛。托叶披针形,长3~4 mm,基部与茎离生,宿存。

花黄绿色,两性,6~18个排成腋生聚伞花序。总花梗被疏柔毛或无毛。萼片三角状卵形,边缘被疏短毛。花瓣宽倒卵形,顶端微凹。花梗长1.5~4 mm,被疏毛或无毛。核果圆柱形,长7~9 mm,直径3~4.5 mm,成熟时红色或橘红色,干后变黑色或紫黑色。果梗被疏柔毛或无毛。花期5~7月,果期7~10月。

生长环境 生长于海拔1 100 m以下的山坡、路旁或林中。半阴性树种,喜疏松、排水良好的土壤和温暖湿润的环境,耐干旱瘠薄。常与珊瑚树、蚊母、石楠等常绿树混植或片植于林缘或水边疏林中。

药用价值 入药部位:根。药用功效:补益脾肾。药用主治:虚劳、疥疮。

勾儿茶

学名 *Berchemia sinica* Schneid.

别称 枪子柴、老鼠屎。

科属 鼠李科勾儿茶属。

形态特征 藤状或攀缘灌木,高可达5 m,幼枝无毛,老枝黄褐色,平滑无毛。叶纸质至厚纸质,互生或在短枝顶端簇生,卵状椭圆形或卵状矩圆形,长3~6 cm,宽1.6~3.5 cm,顶端圆形或钝,常有小尖头,基部圆形或近心形,上面绿色,无毛,下面灰白色,仅脉腋被疏微毛,侧脉每边8~10条。叶柄纤细,长1.2~2.6 cm,带红色,无毛。

花芽卵球形,顶端短锐尖或钝。花黄色或淡绿色,单生或数个簇生,无或有短总花梗,在侧枝顶端排成具短分枝的窄聚伞状圆锥花序,花序轴无毛,长达10 cm,分枝长达5 cm,有时为腋生的短总状花序。花梗长2 mm。核果圆柱形,长5~9 mm,直径2.5~3 mm,基部稍宽,有皿状的宿存花盘,成熟时紫红色或黑色。果梗长3 mm。花期6~8月,果期翌年5~6月。

生长环境 生长于海拔300~2 500 m的山坡、沟谷灌丛或杂木林中。

药用价值 入药部位:根。全年可采,晒干。性味:味微涩,性平。药用功效:祛风湿,活血通络,止咳化痰,健脾益气。药用主治:风湿关节痛,腰痛,痛经,肺结核,瘰疬,小儿疳积,肝炎,胆道蛔虫,毒蛇咬伤,跌打损伤。

多花勾儿茶

学名 *Berchemia floribunda*(Wall.)Brongn.

别称 牛鼻角秧、皱纱皮、大叶铁包金。

科属 鼠李科勾儿茶属。

形态特征 藤状或直立灌木。幼枝黄绿色,光滑无毛。叶纸质,上部叶较小,卵形或卵状椭圆形至与卵状披针形,长4~9 cm,宽2~5 cm,顶端锐尖,下部叶较大,椭圆形至矩圆形,长达11 cm,顶端钝或圆形,稀短渐尖,基部圆形,稀心形,上面绿色,无毛,下面干时栗色,无毛,或仅沿脉基部被疏短柔毛,侧脉每边9~12条,两面稍凸起。叶柄长1~2 cm,无毛。托叶狭披针形,宿存。

花多数,通常数个簇生排成顶生宽聚伞圆锥花序,或下部兼腋生聚伞总状花序,花序长可达15 cm,侧枝长在5 cm以下,花序轴无毛或被疏微毛。花芽卵球形,顶端急狭成锐尖或渐尖。萼三角形,顶端尖。花瓣倒卵形,雄蕊与花瓣等长。核果圆柱状椭圆形,长7~10 mm,有时顶端稍宽,基部有盘状的宿存花盘。花期7~10月,果期翌年4~7月。

生长环境 生长于海拔2 600 m以下的山坡、沟谷、林缘、林下或灌丛中。

药用价值 入药部位:根。药用功效:祛风除湿,散瘀消肿,止痛。药用主治:内伤寒热,肤痛,胃痛,头痛,腰膝无力,淋浊带下,黄疸水肿,风湿关节炎痛。

葡萄科

蓝果蛇葡萄

学名 *Ampelopsis bodinieri*（Levl. et Vant.）Rehd.

别称 闪光蛇葡萄、蛇葡萄。

科属 葡萄科蛇葡萄属。

形态特征 木质藤本，小枝圆柱形，有纵棱纹，无毛。卷须2叉分枝，相隔2节间断与叶对生。叶片卵圆形或卵椭圆形，不分裂或上部微3浅裂，长7~12.5 cm，宽5~12 cm，顶端急尖或渐尖，基部心形或微心形，边缘每侧有9~19个急尖锯齿，上面绿色，下面浅绿色，两面均无毛。基出脉5，中脉有侧脉4~6对，网脉两面均不明显突出。叶柄长2~6 cm，无毛。

花序为复二歧聚伞花序，疏散，花序梗长2.5~6 cm，无毛。花梗长2.5~3 mm，无毛。花蕾椭圆形，高2.5~3 mm，萼浅碟形，萼齿不明显，边缘呈波状，外面无毛。花瓣5，长椭圆形，高2~2.5 mm。雄蕊5，花丝丝状，花药黄色，椭圆形。花盘明显，5浅裂。子房圆锥形，花柱明显，基部略粗，柱头不明显扩大。果实近球圆形，直径0.6~0.8 cm，有种子3~4颗，种子倒卵椭圆形，顶端圆饨，基部有短喙，急尖，表面光滑，背腹微侧扁，种脐在种子背面下部向上呈带状渐狭，腹部中棱脊突出，两侧洼穴呈沟状，上部略宽，向上达种子中部以上。花期4~6月，果期7~8月。

生长环境 生长于海拔200~3 000 m的山谷林中或山坡灌丛阴处。

药用价值 入药部位：根。性味：味酸、涩、微辛，性平。药用功效：消肿解毒，止痛止血，排脓生肌，祛风除湿。药用主治：跌打损伤，骨折，风湿腿痛，便血，崩漏，慢性胃炎，胃溃疡等。

三裂蛇葡萄

学名 *Ampelopsis delavayana* Planch.

别称 三裂蛇葡萄、德氏蛇葡萄、三裂叶蛇葡萄。

科属 葡萄科蛇葡萄属。

形态特征 木质藤本，小枝圆柱形，有纵棱纹，疏生短柔毛，以后脱落。卷须2~3叉分枝，相隔2节间断与叶对生。叶为3小叶，中央小叶披针形或椭圆披针形，长5~13 cm，宽2~4 cm，顶端渐尖，基部近圆形，侧生小叶卵椭圆形或卵披针形，长4.5~11.5 cm，宽2~4 cm，基部不对称，近截形，边缘有粗锯齿，齿端通常尖细，上面绿色，嫩时被稀疏柔毛，以后脱落几无毛，下面浅绿色，侧脉5~7对，网脉两面均不明显。叶柄长3~10 cm，中央小叶有柄或无柄，侧生小叶无柄，被稀疏柔毛。

多歧聚伞花序与叶对生，花序梗长2~4 cm，被短柔毛。花梗长1~2.5 mm，伏生短柔毛。花蕾卵形，高1.5~2.5 mm，顶端圆形。萼碟形，边缘呈波状浅裂，无毛。花瓣5，卵椭圆形，高1.3~2.3 mm，外面无毛，雄蕊5枚，花药卵圆形，长宽近相等，花盘明显，5浅裂。

子房下部与花盘合生,花柱明显,柱头不明显扩大。果实近球形,直径0.8 cm,有种子2~3颗。种子倒卵圆形,顶端近圆形,基部有短喙,种脐在种子背面中部向上渐狭呈卵椭圆形,顶端种脊突出,腹部中棱脊突出,两侧洼穴呈沟状楔形,上部宽,斜向上展达种子中部以上。花期6~8月,果期9~11月。

生长环境 中国特有植物,生长于海拔50~2 200 m的山谷林中或山坡灌丛或林中。

药用价值 入药部位:根皮。性味:味辛,性平。药用功效:消肿止痛,舒筋活血,止血。药用主治:外伤出血,骨折,跌打损伤,风湿关节痛。

异叶蛇葡萄

学名 *Ampelopsis heterophylla*（Thunb.）Sieb. et Zucc.

科属 葡萄科蛇葡萄属。

形态特征 木质藤本,小枝圆柱形,有纵棱纹,被疏柔毛。卷须2~3叉分枝,相隔2节间断与叶对生。叶为单叶,心形或卵形,3~5中裂,常混生有不分裂者,长3.5~14 cm,宽3~11 cm,顶端急尖,基部心形,基缺近呈钝角,稀圆形,边缘有急尖锯齿,上面绿色,无毛,下面浅绿色,脉上有疏柔毛,基出脉5,中央脉有侧脉4~5对,网脉不明显突出。叶柄长1~7 cm,被疏柔毛。

花序梗长1~2.5 cm,被疏柔毛。花梗疏生短柔毛。花蕾卵圆形,高1~2 mm,顶端圆形。萼碟形,边缘波状浅齿,外面疏生短柔毛。花瓣5,卵椭圆形,高0.8~1.8 mm,外面几无毛。雄蕊5,花药长椭圆形,长大于宽。花盘明显,边缘浅裂。子房下部与花盘合生,花柱明显,基部略粗,柱头不扩大。果实近球形,直径0.5~0.8 cm,有种子2~4颗。种子长椭圆形,顶端近圆形,基部有短喙,种脐在种子背面下部向上渐狭呈卵椭圆形,上部背面种脊突出,腹部中棱脊突出,两侧洼穴呈狭椭圆形,从基部向上斜达种子顶端。花期4~6月,果期7~10月。

生长环境 生长于海拔50~2 200 m的山谷林中或山坡灌丛阴处。

药用价值 入药部位:根皮。春、秋采后去木心,切段晒干或鲜用。性味:味辛、苦。药用功效:清热解毒,祛风活络,止痛。药用主治:风湿性关节炎,呕吐,溃疡,跌打损伤肿痛,外伤出血,烧、烫伤。

白蔹

学名 *Ampelopsis japonica*（Thunb.）Makino

别称 山地瓜、野红薯、山葡萄秧。

科属 葡萄科蛇葡萄属。

形态特征 落叶攀缘木质藤本,长约1 m。块根粗壮,肉质,卵形、长圆形或长纺锤形,深棕褐色,数个相聚。茎多分枝,幼枝带淡紫色,光滑,有细条纹。卷须与叶对生。掌状复叶互生。叶柄长3~5 cm,微淡紫色,光滑或略具细毛。叶片长6~10 cm,宽7~12 cm。小叶3~5片,羽状分裂或羽状缺刻,裂片卵形至椭圆状卵形或卵状披针形,先端渐尖,基部楔形,边缘有深锯齿或缺刻,中间裂片最长,两侧的较小,中轴有阔翅,裂片基部有关节,两面无毛。

聚伞花序小,与叶对生,花序梗长 3 ~ 8 cm,细长,常缠绕。花小,黄绿色。花萼 5 浅裂。花瓣、雄蕊各 5 枚。花盘边缘稍分裂。浆果球形,径约 6 mm,熟时白色或蓝色,有针孔状凹点。花期 5 ~ 6 月,果期 9 ~ 10 月。

生长环境 生长于海拔 100 ~ 900 m 的山坡地边、灌丛或草地上。

药用价值 入药部位:干燥块根。春、秋季采挖,除去泥沙及细根,切成纵瓣或斜片晒干。性味:味苦,性微寒。药用功效:清热解毒,消痈散结,敛疮生肌。药用主治:痈疽发背,疔疮,瘰疬,烧、烫伤。

蛇葡萄

学名 *Ampelopsis sinica* (Mig.) W. T. Wang.

别称 蛇白蔹、假葡萄、野葡萄。

科属 葡萄科蛇葡萄属。

形态特征 木质藤本,小枝圆柱形,有纵棱纹。卷须 2 ~ 3 叉分枝,相隔 2 节间断与叶对生。叶为单叶,心形或卵形,3 ~ 5 中裂,常混生有不分裂者,长 3.5 ~ 14 cm,宽 3 ~ 11 cm,顶端急尖,基部心形,基缺近呈钝角,稀圆形,边缘有急尖锯齿,叶片上面无毛,下面脉上被稀疏柔毛,边缘有粗钝或急尖锯齿。基出脉 5,中央脉有侧脉 4 ~ 5 对,网脉不明显突出。叶柄长 1 ~ 7 cm,被疏柔毛。

花序梗长 1 ~ 2.5 cm,被疏柔毛。花梗疏生短柔毛。花蕾卵圆形,高 1 ~ 2 mm,顶端圆形。萼碟形,边缘波状浅齿,外面疏生短柔毛。花瓣卵椭圆形,外面几无毛。雄蕊花药长椭圆形,长大于宽。花盘明显,边缘浅裂。子房下部与花盘合生,花柱明显,基部略粗,柱头不扩大。果实近球形,直径 0.5 ~ 0.8 cm,有种子 2 ~ 4 颗。种子长椭圆形,顶端近圆形,基部有短喙,种脐在种子背面下部向上渐狭,呈卵椭圆形,上部背面种脊突出,腹部中棱脊突出,两侧洼穴呈狭椭圆形,从基部向上斜展达种子顶端。花期 7 ~ 8 月,果期 9 ~ 10 月。

生长环境 生长于海拔 200 ~ 1 800 m 的山坡灌丛及岩石缝间。

药用价值 入药部位:根皮。春、秋采后去木心,切段晒干或鲜用。性味:味辛、苦,性凉。药用功效:清热解毒,祛风活络,止痛,止血,敛疮。药用主治:风湿性关节炎,呕吐,腹泻,溃疡,跌打损伤,肿痛,疮疡肿毒,外伤出血,烧、烫伤。

葎叶蛇葡萄

学名 *Ampelopsis humulifolia* Bge.

别称 葎叶白蔹、接骨丹。

科属 葡萄科蛇葡萄属。

形态特征 木质藤本,小枝圆柱形,有纵棱纹,无毛。卷须 2 叉分枝,相隔 2 节间断与叶对生。叶为单叶,3 ~ 5 浅裂或中裂,稀混生不裂,长 6 ~ 12 cm,宽 5 ~ 10 cm,心状五角形或肾状五角形,顶端渐尖,基部心形,基缺顶端凹成圆形,边缘有粗锯齿,通常齿尖,上面绿色,无毛,下面粉绿色,无毛或沿脉被疏柔毛。叶柄长 3 ~ 5 cm,无毛或有时被疏柔毛。托叶早落。

多歧聚伞花序与叶对生。花序梗长 3 ~ 6 cm,无毛或被稀疏无毛。花梗长 2 ~ 3 mm,伏生短柔毛。花蕾卵圆形,顶端圆形。萼碟形,边缘呈波状,外面无毛。花瓣5,卵椭圆形,高1.3~1.8 mm,外面无毛。雄蕊5,花药卵圆形,长宽近相等,花盘明显,波状浅裂。子房下部与花盘合生,花柱明显,柱头不扩大。果实近球形,长0.6~10 cm,有种子2~4颗。种子倒卵圆形,顶端近圆形,基部有短喙,种脐在背种子面中部向上渐狭,呈带状长卵形,顶部种脊突出,腹部中棱脊突出,两侧洼穴呈椭圆形,从下部向上斜展达种子上部1/3处。花期5~7月,果期5~9月。

生长环境 生长于海拔400~1 100 m的山沟地边或灌丛林缘或林中。

药用价值 入药部位:根皮。药用功效:消炎解毒,活血散瘀,祛风除湿。

桦叶葡萄

学名 *Vitis betulifolia* Diels et Gilg

科属 葡萄科葡萄属。

形态特征 木质藤本,小枝圆柱形,有显著纵棱纹,嫩时小枝疏被蛛丝状茸毛,以后脱落,无毛。卷须2叉分枝,每隔2节间断与叶对生。叶卵圆形或卵椭圆形,长4~12 cm,宽3.5~9 cm,不分裂或3浅裂,顶端急尖或渐尖,基部心形或近截形,稀上部叶基部近圆形,每侧边缘锯齿15~25个,齿急尖,上面绿色,初时疏被蛛丝状茸毛和被短柔毛,以后落无毛,下面灰绿色或绿色,初时密被茸毛,以后脱落,仅脉上被短柔毛或几无毛。基出脉5,中脉有侧脉4~6对,网脉下面微突出。叶柄长2~6.5 cm,嫩时被蛛丝状茸毛,以后脱落无毛。托叶膜质,褐色,条状披针形,长2.5~6 mm,宽1.5~3 mm,顶端急尖或钝,边缘全缘,无毛。

圆锥花序疏散,与叶对生,下部分枝发达,长4~15 cm,初时被蛛丝状茸毛,以后脱落,几无毛。花梗长1.5~3 mm,无毛。花蕾倒卵圆形,顶端圆形。萼碟形,边缘膜质,全缘。花瓣5,呈帽状黏合脱落。雄蕊5,花丝丝状,花药黄色,椭圆形,长约4 mm,在雌花内雄蕊显著短,败育。花盘发达,5裂。子房在雌花中卵圆形,花柱短,柱头微扩大。果实圆球形,成熟时紫黑色,直径0.8~1 cm。种子倒卵形,顶端圆形,基部有短喙,种脐在种子背面中部呈圆形或椭圆形,腹面中棱脊突起,两侧洼穴狭窄呈条形,向上达种子的2/3~3/4处。花期3~6月,果期6~11月。

生长环境 生长于海拔650~3 600 m的山坡、沟谷灌丛或林中。

药用价值 入药部位:根皮。冬季挖取根部,洗净剥取根皮,切片,鲜用或晒干。性味:味涩,性平。药用功效:清热解毒、舒筋活血。药用主治:无名肿毒,劳伤,痢疾,骨折,风湿痹痛,风湿瘫痪。

刺葡萄

学名 *Vitis davidii* var. *davidii*

别称 千斤藤、山葡萄。

科属 葡萄科葡萄属。

形态特征 木质藤本,小枝圆柱形,纵棱纹幼时不明显,被皮刺,无毛。卷须2叉分枝,每隔2节间断与叶对生。叶卵圆形或卵椭圆形,长5~12 cm,宽4~16 cm,顶端急尖或短尾尖,基部心形,基缺凹成钝角,边缘每侧有锯齿 12~33 个,齿端尖锐,不分裂或微三浅裂,上面绿色,无毛,下面浅绿色,无毛,基生脉 5 出,中脉有侧脉 4~5 对,网脉明显,下面比上面突出,无毛常疏生小皮刺。托叶近草质,绿褐色,卵披针形,长 2~3 mm,无毛,早落。

花杂性异株。圆锥花序基部分枝发达,长 7~24 cm,与叶对生,花序梗长 1~2.5 cm,无毛。花梗无毛。花蕾倒卵圆形,顶端圆形。萼碟形,边缘萼片不明显。花瓣呈帽状黏合脱落。雄蕊花丝丝状,花药黄色,椭圆形,在雌花内雄蕊短,败育。花盘发达,5 裂。雌蕊子房圆锥形,花柱短,柱头扩大。果实球形,成熟时紫红色,直径 1.2~2.5 cm。种子倒卵椭圆形,顶端圆钝,基部有短喙,种脐在种子背面中部呈圆形,腹面中棱脊突起,两侧洼穴狭窄,向上达种子的 3/4 处。花期 4~6 月,果期 7~10 月。

生长环境 生长于海拔 600~1 800 m 较阴湿的山谷、沟边或林下灌丛中,在野生葡萄当中果实最大,是垂直绿化和葡萄杂交育种的宝贵材料。

药用价值 入药部位:根。药用主治:筋骨伤痛。

毛葡萄

学名 *Vitis heyneana* Roem. et Schult

别称 绒毛葡萄、五角叶葡萄、野葡萄、橡根藤、飞天白鹤、止血藤。

科属 葡萄科葡萄属。

形态特征 木质藤本,小枝圆柱形,有纵棱纹,被灰色或褐色蛛丝状茸毛。卷须 2 叉分枝,密被茸毛,每隔 2 节间断与叶对生。叶卵圆形、长卵椭圆形或卵状五角形,长 4~12 cm,宽 3~8 cm,顶端急尖或渐尖,基部心形或微心形,基缺顶端凹成钝角,稀成锐角,边缘每侧有 9~19 个尖锐锯齿,上面绿色,初时疏被蛛丝状茸毛,以后脱落无毛,下面密被灰色或褐色茸毛,稀脱落变稀疏,基生脉 3~5 出,中脉有侧脉 4~6 对,上面脉上无毛或有时疏被短柔毛,下面脉上密被茸毛,有时短柔毛或稀茸毛状柔毛。叶柄长 2.5~6 cm,密被蛛丝状茸毛。托叶膜质,褐色,卵披针形,长 3~5 mm,宽 2~3 mm,顶端渐尖,稀钝,边缘全缘,无毛。

花杂性异株。圆锥花序疏散,与叶对生,分枝发达,长 4~14 cm。花序梗长 1~2 cm,被灰色或褐色蛛丝状茸毛。花梗无毛。花蕾倒卵圆形或椭圆形,顶端圆形。萼碟形,边缘近全缘,花瓣 5 枚,呈帽状黏合脱落。雄蕊 5 枚,花丝丝状,花药黄色,椭圆形或椭圆形,在雌花内雄蕊显著短,败育。花盘发达,5 裂。雌蕊 1 枚,子房卵圆形,花柱短,柱头微扩大。果实圆球形,成熟时紫黑色,直径 1~1.3 cm。种子倒卵形,顶端圆形,基部有短喙,种脐在背面中部呈圆形,腹面中棱脊突起,两侧洼穴狭窄,呈条形,向上达种子的 1/4 处。花期 4~6 月,果期 6~10 月。

生长环境 生长于海拔 100~3 000 m 的山坡树林、沟谷灌丛中。

药用价值 入药部位:根皮、叶。根皮全年可采,洗净晒干。叶夏、秋采,晒干。搓为绒絮。性味:味苦、酸,性平。药用功效:活血调经,舒筋活络,止血。药用主治:月经不调,白带。外用治跌打损伤,筋骨疼痛。

秋葡萄

学名 *Vitis romanetii* Romanet du Caillaud

别称 紫葡萄。

科属 葡萄科葡萄属。

形态特征 木质藤本,小枝圆柱形,有显著粗棱纹,密被短柔毛和有柄腺毛,腺毛长 1 ~ 1.5 mm。卷须常 2 或 3 分枝,每隔 2 节间断与叶对生。

叶卵圆形或阔卵圆形,长 5.5 ~ 16 cm,宽 5 ~ 13.5 cm,微 5 裂或不分裂,基部深心形,基缺凹成锐角,稀钝角,有时两侧靠近,边缘有粗锯齿,齿端尖锐,上面绿色,初时疏被蛛丝状茸毛,以后脱落近无毛,下面淡绿色,初时被柔毛和蛛丝状茸毛,以后脱落变稀疏。基生脉 5 出,脉基部常疏生有柄腺体,中脉有侧脉 4 ~ 5 对,网脉上面微突出,下面突出,被短柔毛。叶柄被短柔毛和有柄腺毛。托叶膜质褐色,卵披针形,顶端渐尖,边缘全缘,无毛。

花杂性异株,圆锥花序疏散,长 5 ~ 13 cm,与叶对生,基部分枝发达,花序梗长 1.5 ~ 3.5 cm,密被短柔毛和有柄腺毛。花梗长 1.6 ~ 2 mm,无毛。花蕾倒卵椭圆形,顶端圆形。萼碟形,全缘,无毛。花瓣呈帽状黏合脱落。雄蕊花丝丝状,花药黄色,椭圆卵形,在雌花内雄蕊短而败育。花盘发达,子房圆锥形,花柱短,柱头扩大。果实球形,直径 0.7 ~ 0.8 cm,种子倒卵形,顶端圆形,微凹,基部有短喙,种脐在种子背面中部呈卵椭圆形,腹面中棱脊突起,两侧洼穴倒卵长圆形,向上达种子的 1/3 处。花期 4 ~ 6 月,果期 7 ~ 9 月。

生长环境 生长于海拔 150 ~ 1 500 m 的山坡林中或灌丛中。

药用价值 入药部位:果实、根、藤茎。9 ~ 10 月采收。性味:味甘、酸,性平。药用功效:舒筋活血,解毒消肿。药用主治:骨折肿痛,风湿病关节疼痛,扭伤青肿,耳聤流脓。

椴树科

椴树

学名 *Tilia tuan* Szyszyl.

别称 千层皮、青科榔、大椴树。

科属 椴树科椴树属。

形态特征 乔木,高 20 m,树皮灰色,直裂。小枝近秃净,顶芽无毛或有微毛。叶卵圆形,长 7 ~ 14 cm,宽 5.5 ~ 9 cm,先端短尖或渐尖,基部单侧心形或斜截形,上面无毛,下面初时有星状茸毛,以后变秃净,在脉腋有毛丛,干后灰色或褐绿色,侧脉 6 ~ 7 对,边缘上半部有疏而小的齿突。叶柄长 3 ~ 5 cm,近秃净。

聚伞花序长 8 ~ 13 cm,无毛。花柄长 7 ~ 9 mm。苞片狭窄倒披针形,长 10 ~ 16 cm,宽 1.5 ~ 2.5 cm,无柄,先端钝,基部圆形或楔形,上面通常无毛,下面有星状柔毛,下半部 5 ~ 7 cm 与花序柄合生。萼片长圆状披针形,长 5 mm,被茸毛,内面有长茸毛。花瓣长 7 ~ 8 mm。

退化雄蕊长 6~7 mm。雄蕊长 5 mm。子房有毛,花柱长 4~5 mm。果实球形,宽 8~10 mm,无棱,有小突起,被星状茸毛。花期 7 月。

生长环境 中国珍贵的保护植物,生长于山谷、山坡。深根性,生长速度中等,萌芽力强。喜光,幼苗、幼树较耐阴,喜温凉湿润气候。喜肥沃、排水良好的湿润土壤,不耐水湿,耐寒,抗毒性强,虫害少。春末满树的小白花,空气里飘着类似茉莉的香味,是重要的蜜源植物。树形美观,花朵芳香,对有害气体的抗性强,可作园林绿化树种。

药用价值 入药部位:根。四季可采,晒干。性味:味苦,性温。药用功效:祛风除湿,活血止痛,止咳。药用主治:风湿痹痛,四肢麻木,跌打损伤,久咳。

少脉椴

学名 *Tilia paucicostata* Maxim.

科属 椴树科椴树属。

形态特征 乔木,高可达 13 m。嫩枝纤细,无毛,芽体细小,无毛或顶端有茸毛。叶薄革质,卵圆形,长 6~10 cm,宽 3.5~6 cm,有时稍大,先端急渐尖,基部斜心形或斜截形,上面无毛,下面秃净或有稀疏微毛,脉腋有毛丛,边缘有细锯齿。叶柄长 2~5 cm,纤细,无毛。

聚伞花序长 4~8 cm,有花 6~8 朵,花序柄纤细,无毛。花柄长 1~1.5 cm。萼片狭窄倒披针形,长 5~8.5 cm,宽 1~1.6 cm,上下两面近无毛,下半部与花序柄合生,基部有短柄长 7~12 mm。萼片长卵形,长 4 mm,外面无星状柔毛。花瓣长 5~6 mm。退化雄蕊比花瓣短小。雄蕊长 4 mm。子房被星状茸毛,花柱无毛。果实倒卵形,长 6~7 mm。

生长环境 生长于海拔 1 000~3 000 m 的林缘、山谷阔叶林中、山坡松林中。

药用价值 花入药。

扁担杆

学名 *Grewia biloba* G. Don

别称 柏麻、版筒柴、扁担杆子。

科属 椴树科扁担杆属。

形态特征 灌木或小乔木,高 1~4 m,多分枝。嫩枝被粗毛。叶薄革质,椭圆形或倒卵状椭圆形,长 4~9 cm,宽 2.5~4 cm,先端锐尖,基部楔形或钝,两面有稀疏星状粗毛,基出脉 3 条,两侧脉上行过半,中脉有侧脉 3~5 对,边缘有细锯齿。叶柄长 4~8 mm,被粗毛。托叶钻形,长 3~4 mm。

聚伞花序腋生,多花,花序柄长不到 1 cm。花柄长 3~6 mm。苞片钻形,长 3~5 mm。萼片狭长圆形,长 4~7 mm,外面被毛,内面无毛。花瓣长 1~1.5 mm。雌雄蕊柄长 0.5 mm,有毛。雄蕊长 2 mm。子房有毛,花柱与萼片平齐,柱头扩大,盘状,有浅裂。核果红色,有 2~4 分核。花期 5~7 月。

生长环境 适生于疏松、肥沃、排水良好的土壤,也耐干旱瘠薄。耐旱能力较强,可在干旱裸露的山顶存活。中性树种,喜光,稍耐阴。喜温暖湿润气候,有一定耐寒力。生长于丘陵、低山路边草地、灌丛或疏林。

药用价值 入药部位:根、枝、叶。夏、秋采挖,洗净切片晒干。性味:味甘、苦,性温。药用功效:健脾养血,祛风湿,消痞。药用主治:根用于治疗疮疡肿毒。枝、叶用于治疗小儿疳积、消化不良、崩漏、带下病、阴挺。

锦葵科

木芙蓉

学名 *Hibiscus mutabilis* Linn.

别称 芙蓉花、拒霜花、木莲。

科属 锦葵科木槿属。

形态特征 落叶灌木或小乔木,高 2~5 m。小枝、叶柄、花梗和花萼均密被星状毛与直毛相混的细绵毛。叶宽卵形至圆卵形或心形,直径 10~15 cm,常 5~7 裂,裂片三角形,先端渐尖,具钝圆锯齿,上面疏被星状细毛和点,下面密被星状细茸毛。主脉 7~11 条。叶柄长 5~20 cm。托叶披针形,长 5~8 mm,常早落。

花单生于枝端叶腋间,花梗长 5~8 cm,近端具节。小苞片 8,线形,长 10~16 mm,宽约 2 mm,密被星状绵毛,基部合生。萼钟形,长 2.5~3 cm,裂片 5,卵形,渐尖头。花初开时白色或淡红色,后变深红色,直径约 8 cm,花瓣近圆形,直径 4~5 cm,外面被毛,基部具髯毛。雄蕊柱长 2.5~3 cm,无毛。花柱枝 5,疏被毛。蒴果扁球形,直径约 2.5 cm,被淡黄色刚毛和绵毛,果片 5。种子肾形,背面被长柔毛。

生长环境 喜光,稍耐阴。喜温暖湿润气候,不耐寒,喜肥沃、湿润而排水良好的沙壤土。生长较快,萌蘖性强。对二氧化硫抗性特强,对氯化氢也有一定抗性。是优良的园林观花树种,也是工厂周边环境绿化的理想树种。

药用价值 入药部位:花、叶、根。夏、秋采摘花蕾晒干,叶阴干研粉。性味:味辛,性平。药用功效:清热解毒,消肿排脓,凉血止血。药用主治:肺热咳嗽,月经过多,白带。外用治痈肿疮疖、乳腺炎、淋巴结炎、腮腺炎、烧烫伤、毒蛇咬伤、跌打损伤。

木槿

学名 *Hibiscus syriacus* Linn.

别称 木棉、荆条、朝开暮落花。

科属 锦葵科木槿属。

形态特征 落叶灌木,高 3~4 m,小枝密被黄色星状茸毛。叶菱形至三角状卵形,长 3~10 cm,宽 2~4 cm,具深浅不同的 3 裂或不裂,有明显三主脉,先端钝,基部楔形,边缘具不整齐齿缺,下面沿叶脉微被毛或近无毛。叶柄长 5~25 mm,被星状柔毛。托叶线形,疏被柔毛。

花单生于枝端叶腋间,花梗长 4~14 mm,被星状短茸毛。小苞片 6~8,线形密被星状疏茸毛。花萼钟形,长 14 ~ 20 mm,密被星状短茸毛,裂片三角形。花钟形,有纯白、淡粉红、淡紫、紫红等色,花形呈钟状,有单瓣、复瓣、重瓣几种。直径 5 ~ 6 cm,花瓣倒卵形,长 3.5 ~ 4.5 cm,外面疏被纤毛和星状长柔毛。雄蕊柱无毛。蒴果卵圆形,密被黄色星状茸毛。种子肾形,成熟种子黑褐色,背部被黄白色长柔毛。花期 7 ~ 10 月。

生长环境　适应性强,较耐干燥和贫瘠,对土壤要求不严,在肥沃、湿润、排水良好的沙质土壤上生长较好。尤喜光。稍耐阴,喜温暖、湿润气候,耐修剪,在重黏土中也能生长,萌蘖性强。

药用价值　入药部位:花、果、根、叶和皮。药用功效:防治病毒性疾病和降低胆固醇。药用主治:反胃,痢疾,脱肛,吐血,下血,疳腮,白带过多等。外敷治疗疮疖肿。

梧桐科

梧桐

学名　*Firmiana platanifolia*（L. f.）Marsili

别称　青桐、桐麻。

科属　梧桐科梧桐属。

形态特征　高可达 15 ~ 20 m,胸径 50 cm。树干挺直,光洁,分枝高。树皮绿色或灰绿色,平滑,常不裂。小枝粗壮,绿色,芽鳞被锈色柔毛,树皮光滑,片状剥落。嫩枝有黄褐色茸毛。老枝光滑,红褐色。

叶大,阔卵形,宽 10 ~ 22 cm,长 10 ~ 21 cm,裂至中部,长比宽略短,基部截形、阔心形或稍呈楔形,裂片宽三角形,边缘有数个粗大锯齿,上下两面幼时被灰黄色茸毛,后变无毛。叶柄长 3 ~ 10 cm,密被黄褐色茸毛。托叶长 1 ~ 1.5 cm,基部鞘状,上部开裂。

圆锥花序长约 20 cm,被短茸毛。花单性,无花瓣。裂片条状披针形,外面密生淡黄色短茸毛。雄花的雄蕊柱约与萼裂片等长,花药雄蕊柱顶端。雌花的雌蕊具柄,心皮的子房部分离生,子房基部有退化雄蕊。蓇葖在成熟前即裂开,纸质,长 7 ~ 9.5 cm。蓇葖果,种子球形,分为 5 个分果,分果成熟前裂开呈小艇状,种子生在边缘。果枝有球形果实,通常 2 个,常下垂,直径 2.5 ~ 3.5 cm。小坚果长约 0.9 cm,基部有长毛。花期 5 月,果期 9 ~ 10 月。种子球形。种子在未成熟期时呈青色,成熟后橙红色。

生长环境　喜光,喜温暖湿润气候,耐寒性不强。喜肥沃、湿润、深厚而排水良好的土壤,在酸性、中性及钙质土上均能生长,但不宜在积水洼地或盐碱地栽种,积水易烂根,受涝 5 天即可致死。在平原、丘陵及山沟生长较好,深根性,植根粗壮。萌芽力弱,不宜修剪。生长快,寿命较长,发叶较晚,而秋天落叶早。对多种有毒气体都有较强抗性。宜植于村边、宅旁、山坡、石灰岩山坡等处。树干光滑,叶大优美,是一种著名的观赏树种。中国古代传说凤凰“非梧桐不栖”。

药用价值　种子性味:味甘,性平。药用功效:清热解毒,顺气和胃,健脾消食,止血。花性味:味甘,性平。药用功效:利湿消肿,清热解毒。叶性味:味苦,性寒。药用功效:祛风除湿,解毒消肿,降血压。树皮性味:味甘、苦,性凉。药用功效:祛风除湿,活血通经。根性味:味甘,性平。药用功效:祛风除湿,调经止血,解毒疗疮。

猕猴桃科

软枣猕猴桃

学名 *Actinidia arguta*(Sieb. et Zucc.)Planch. ex Miq.

别称 软枣子。

科属 猕猴桃科猕猴桃属。

形态特征 大型落叶藤本。小枝基部无毛或幼嫩时星散地薄被柔软茸毛,长7～15 cm,隔年枝灰褐色,洁净无毛或部分表皮呈污灰色皮屑状,皮孔长圆形至短条形,不显著至很不显著。髓白色至淡褐色,片层状。

叶膜质或纸质,卵形、长圆形、阔卵形至近圆形,长6～12 cm,宽5～10 cm,顶端急短尖,基部圆形至浅心形,等侧或稍不等侧,边缘具繁密的锐锯齿,腹面深绿色,无毛,背面绿色,侧脉腋上有髯毛或连中脉和侧脉下段的两侧沿生少量卷曲柔毛,个别较普遍地被卷曲柔毛,横脉和网状小脉细,不发达,可见或不可见,侧脉稀疏,分叉或不分叉。叶柄长3～6 cm,无毛或略被微弱的卷曲柔毛。

花序腋生或腋外生,或厚或薄地被淡褐色短茸毛,花柄苞片线形,花绿白色或黄绿色,芳香,直径1.2～2 cm。萼片卵圆形至长圆形,边缘较薄,有不甚显著的缘毛,两面薄被粉末状短茸毛,或外面毛较少或近无毛。花瓣楔状倒卵形或瓢状倒阔卵形,长7～9 mm。花丝丝状,花药黑色或暗紫色,长圆形箭头状。子房瓶状,洁净无毛。果圆球形至柱状长圆形,长2～3 cm,有喙或喙不显著,无毛,无斑点,不具宿存萼片,成熟时绿黄色或紫红色。种子纵径约2.5 mm。

生长环境 生长于阴坡的针、阔混交林和杂木林中土质肥沃的地方,有的生长于阳坡水分充足的地方。喜凉爽、湿润的气候,或山沟溪流旁,多攀缘在阔叶树上,枝蔓多集中分布于树冠上部。

药用价值 入药部位:根、茎皮、果实。性味:味酸、涩,性平。药用功效:强壮,解热,健胃,止血。药用主治:吐血,慢性肝炎,月经不调,风湿关节痛。

中华猕猴桃

学名 *Actinidia chinensis* Planch.

别称 猕猴桃、羊桃、阳桃。

科属 猕猴桃科猕猴桃属。

形态特征 大型落叶藤本。幼枝被有灰白色茸毛或褐色长硬毛或铁锈色硬毛状刺毛,老时秃净或留有断损残毛。花枝短的4～5 cm,长的15～20 cm,隔年枝完全秃净无毛,皮孔长圆形,比较显著或不甚显著。髓白色至淡褐色,片层状。

叶纸质,倒阔卵形至倒卵形或阔卵形至近圆形,长 6 ~ 17 cm,宽 7 ~ 15 cm,顶端截平形并中间凹入或具突尖、急尖至短渐尖,基部钝圆形、截平形至浅心形,边缘具脉出的直伸的睫状小齿,腹面深绿色,无毛或中脉和侧脉上有少量软毛或散被短糙毛,背面苍绿色,密被灰白色或淡褐色星状茸毛,侧脉常在中部以上分歧成叉状,横脉比较发达,易见,网状小脉不易见。叶柄长 3 ~ 6 cm,被灰白色茸毛或黄褐色长硬毛或铁锈色硬毛状刺毛。

聚伞花序,花柄长 9 ~ 15 mm。苞片小,卵形或钻形,均被灰白色丝状茸毛或黄褐色茸毛。花初放时白色,开放后变淡黄色,有香气,直径 1.8 ~ 3.5 cm。萼片通常 5 片,阔卵形至卵状长圆形,两面密被压紧的黄褐色茸毛。花瓣 5 片,阔倒卵形,有短距,长 10 ~ 20 mm,雄蕊极多,花丝狭条形,花药黄色,长圆形,基部叉开或不叉开。子房球形,密被金黄色的压紧交织茸毛或不压紧不交织的刷毛状糙毛,花柱狭条形。果黄褐色,近球形、圆柱形、倒卵形或椭圆形,长 4 ~ 6 cm,被茸毛、长硬毛或刺毛状长硬毛,成熟时秃净或不秃净,具小而多的淡褐色斑点。宿存萼片反折。种子纵径 2.5 mm。

生长环境 不耐涝,长期积水会导致萎蔫枯死,在年平均气温 10 ℃ 以上的地区可以生长。喜土层深厚、肥沃、疏松的腐殖质土和冲积土。忌黏性重、易渍水及瘠薄的土壤,在酸性及微酸性(pH 值 5.5 ~ 6.5)土壤中生长较好,喜光,对光照条件的要求随树龄而异。是中国特有的藤本果种,因其浑身布满细小茸毛,很像桃,而猕猴喜食,故有其名。

药用价值 入药部位:果、根、根皮、枝、叶、藤。果药用功效:调中理气,生津润燥,解热除烦。药用主治:消化不良,食欲不振,呕吐,烧烫伤。根、根皮药用功效:清热解毒,活血消肿,祛风利湿。药用主治:风湿性关节炎,跌打损伤,丝虫病,肝炎,痢疾,淋巴结结核,痈疖肿毒,癌症。枝、叶药用功效:清热解毒,散瘀,止血。药用主治:痈肿疮疡,烫伤。风湿关节痛,外伤出血。藤药用功效:和中开胃,清热利湿。药用主治:消化不良,反胃呕吐。黄疸,石淋。

京梨猕猴桃

学名 *Actinidia callosa* Lindl. var. henryi Maxim.

科属 猕猴桃科猕猴桃属。

形态特征 大型落叶藤本。小枝较坚硬,干后土黄色,洁净无毛。叶卵形或卵状椭圆形至倒卵形,长 8 ~ 10 cm,宽 4 ~ 5.5 cm,边缘锯齿细小,背面脉腋上有髯毛。叶卵形、阔卵形、倒卵形或椭圆形,长 5 ~ 12 cm,宽 3 ~ 8 cm,顶端极尖至长渐尖或钝性至圆形,基部阔楔形至圆形或截形至心形,边缘有芒刺状小齿或普通斜锯齿乃至粗大的重锯齿,齿尖通常硬化,腹面深绿色,完全无毛,仅个别变种有少量小糙伏毛,背面绿色,完全无毛或仅侧脉叶上有髯毛,叶脉比较发达,在上面下陷,在背面隆起呈圆线形,侧脉 6 ~ 8 对,横脉不甚显著,网状小脉不易见。叶柄水红色,长 2 ~ 8 cm,洁净无毛,仅个别变种有少数硬毛。

花序有花 1 ~ 3 朵,通常花单生,花柄均无毛或有毛。花白色,萼片 5 片,卵形,无毛或被黄褐色短毛,或内面被短茸毛,外面洁净无毛。花瓣 5 片,倒卵形。花丝丝状,花药黄色,卵形箭头状。子房近球形,被灰白色茸毛,花柱比子房稍长。果乳头状至矩圆圆柱状,长可达 5 cm,有显著淡褐色圆形斑点,具反折的宿存萼片。种子长 2 ~ 2.5 mm。

生长环境 生长于山谷溪涧边或其他湿润处,阴坡的针、阔混交林和杂木林中。喜凉爽、湿润的气候,或山沟溪流旁,多攀缘在阔叶树上,枝蔓多集中分布于树冠上部。

药用价值 入药部位:根、果。性味:味涩,性凉。药用功效:清热,消肿。药用主治:全身肿胀,背痈红肿,肠痈腹痛。

山茶科

油茶

学名 *Camellia oleifera* Abel.

别称 茶子树、茶油树、白花茶。

科属 山茶科山茶属。

形态特征 灌木或中乔木,嫩枝有粗毛。叶革质,椭圆形,长圆形或倒卵形,先端尖而有钝头,有时渐尖或钝,基部楔形,长5~7 cm,宽2~4 cm,有时较长,上面深绿色,发亮,中脉有粗毛或柔毛,下面浅绿色,无毛或中脉有长毛,侧脉在上面能见,在下面不很明显,边缘有细锯齿,有时具钝齿,叶柄长4~8 mm,有粗毛。

花顶生,近于无柄,苞片与萼片由外向内逐渐增大,阔卵形,背面有贴紧柔毛或绢毛,花后脱落,花瓣白色,倒卵形,长2.5~3 cm,有时较短,先端凹入或2裂,基部狭窄,近于离生,背面有丝毛,至少在最外侧的有丝毛。雄蕊长1~1.5 cm,外侧雄蕊仅基部略连生,无毛,花药黄色,背部着生。子房有黄毛,花柱无毛,先端不同程度3裂。蒴果球形或卵圆形,直径2~4 cm,果片木质,中轴粗厚。苞片及萼片脱落后留下的果柄粗大,有环状短节。花期冬春。

生长环境 喜温暖,怕寒冷,适宜年平均气温16~18 ℃,一般年降水量在1 000 mm以上,花期连续降雨时影响授粉。在缓坡和侵蚀作用弱的地方栽植,对土壤要求不严,适宜土层深厚的酸性土。油茶是世界四大木本油料之一,是中国特有的纯天然高级油料植物。

药用价值 入药部位:根、果实。药用功效:清热解毒,活血散瘀,止痛。根:用于急性咽喉炎,胃痛,扭挫伤。茶子饼:外用治皮肤瘙痒,浸出液灭钉螺、杀蝇蛆。

紫茎

学名 *Stewartia sinensis* Rehd. et Wils.

别称 天目紫茎、旃檀、马骝光。

科属 山茶科紫茎属。

形态特征 小乔木,树皮灰黄色,嫩枝无毛或有疏毛,冬芽苞约7片。叶纸质,椭圆形或卵状椭圆形,长6~10 cm,宽2~4 cm,先端渐尖,基部楔形,边缘有粗齿,侧脉7~10对,下面叶腋常有簇生毛丛,叶柄长1 cm。

花单生,直径4~5 cm,花柄长4~8 mm。苞片长卵形,长2~2.5 cm。萼片基部连生,长卵形,长1~2 cm,先端尖,基部有毛。花瓣阔卵形,长2.5~3 cm,基部连生,外面有绢毛。雄蕊有短的花丝管,被毛。子房有毛。蒴果卵圆形,先端尖,宽1.5~2 cm。种子长1 cm,有窄翅。花期6月。

生长环境 中生喜光的深根性树种,要求凉润气候,适宜生长于土层深厚和疏松肥沃的酸性红黄壤或黄壤上。由于植被不断被破坏,天然更新力差,植株已日益减少,在中国植物红皮书中被列为"渐危种",为特有的残遗植物。

药用价值 入药部位:树皮、根或果。秋季采集晒干。性味:味辛、苦,性凉。药用功效:活血舒筋,祛风除湿。药用主治:跌打损伤,风湿麻木。

金丝桃科

金丝桃

学名 *Hypericum monogynum* L.

别称 土连翘。

科属 金丝桃科金丝桃属。

形态特征 灌木,高0.5~1.3 m,丛状或通常有疏生的开张枝条。茎红色,幼时具纵线棱及两侧压扁,很快为圆柱形。皮层橙褐色。叶对生,无柄或具短柄,柄长达1.5 mm。叶片倒披针形或椭圆形至长圆形,或较稀为披针形至卵状三角形或卵形,长2~11.2 cm,宽1~4.1 cm,先端锐尖至圆形,通常具细小尖突,基部楔形至圆形或上部者有时截形至心形,边缘平坦,坚纸质,上面绿色,下面淡绿,但不呈灰白色,主侧脉4~6对,分枝,常与中脉分枝不分明,第三级脉网密集,不明显,腹腺体无,叶片腺体小,点状。

花序具花,自茎端第1节生出,疏松的近伞房状,有时亦自茎端第1~3节生出,稀有次生分枝。花梗长0.8~2.8 cm。苞片小,线状披针形,早落。花直径3~6.5 cm,星状。花蕾卵珠形,先端近锐尖至钝形。萼片宽或狭椭圆形或长圆形至披针形或倒披针形,先端锐尖至圆形,边缘全缘,中脉分明,细脉不明显,有或多或少的腺体,在基部的线形至条纹状,向顶端的点状。花瓣金黄色至柠檬黄色,无红晕,开张,三角状倒卵形,长2~3.4 cm,长为萼片的2.5~4.5倍,边缘全缘,无腺体,有侧生的小尖突,小尖突先端锐尖至圆形或消失。雄蕊5束,每束有雄蕊25~35枚,最长者长1.8~3.2 cm,与花瓣几等长,花药黄至暗橙色。子房卵珠形或卵珠状圆锥形至近球形。花柱长1.2~2 cm,合生几达顶端,然后向外弯或极偶有合生至全长之半。柱头小。蒴果宽卵珠形或稀为卵珠状圆锥形。种子深红褐色,圆柱形,有狭的龙骨状突起,有浅的线状网纹至线状蜂窝纹。花期5~8月,果期8~9月。

生长环境 生长于山坡、路旁或灌丛中,喜湿润半阴之地,不耐寒。

药用价值 入药部位:根、茎、叶、花、果。性味:味凉、苦、涩,性温。药用功效:抗抑郁,镇静,抗菌消炎,创伤收敛,清热解毒,散瘀止痛,祛风湿。药用主治:肝炎,肝脾肿大,急性咽喉炎,结膜炎,疮疖肿毒,蛇咬及蜂螫伤,跌打损伤,风寒性腰痛。

长柱金丝桃

学名 *Hypericum longistylum* Oliv.

科属 金丝桃科金丝桃属。

形态特征 灌木,高约 1 m,直立,有极叉开的长枝和羽状排列的短枝。茎红色,幼时有 2~4 纵线棱且两侧压扁,最后呈圆柱形。节间长 1~3 cm,短于至长于叶。皮层暗灰色。叶对生,近无柄或具短柄,柄长达 1 mm。叶片狭长圆形至椭圆形或近圆形,长 1~3.1 cm,宽 0.6~1.6 cm,先端圆形至略具小尖突,基部楔形至短渐狭,边缘平坦,坚纸质,上面绿色,下面多少密生白霜,主侧脉纤弱,约 3 对,中脉的分枝不或几不可见,无或稀有很纤弱的第三级脉网,无腹腺体,叶片腺体小点状至很小点状。

花序 1 花,在短侧枝上顶生。花梗苞片叶状,宿存。花直径 2.5~4.5 cm,星状。花蕾狭卵珠形,先端锐尖。萼片离生或在基部合生,在花蕾及结果时开张或外弯,线形或稀为椭圆形,等大或近等大,边缘全缘,中脉多少明显,小脉不显著,腺体基部的线形向顶端呈点状。花瓣金黄色至橙色,无红晕,开张,倒披针形,长 1.5~2.2 cm,长为萼片的 2.5~3.5 倍,边缘全缘,无腺体,无或几无小尖突。雄蕊 5 束,每束有雄蕊 15~25 枚。子房卵珠形,通常略具柄。花柱长 1~1.8 cm,合生几达顶端然后开张。柱头小。蒴果卵珠形,长 0.6~1.2 cm,通常略具柄。种子圆柱形,淡棕褐色,有明显的龙骨状突起和细蜂窝纹。

生长环境 生长于海拔 200~1 200 m 的山坡阳处或沟边潮湿处,喜肥沃、湿润土壤。花朵较大,花色鲜明,花期较长,为优良的宿根花卉。植株较高,适作花境背景,宜植于疏林、草坪边缘。

药用价值 入药部位:果实。药用功效:清热解毒,散结消肿。

柽柳科

柽柳

学名 *Tamarix chinensis* Lour.

别称 垂丝柳、西河柳、西湖柳。

科属 柽柳科柽柳属。

形态特征 乔木或灌木,高 3~6 m。老枝直立,暗褐红色,光亮,幼枝稠密细弱,常开展而下垂,红紫色或暗紫红色,有光泽。嫩枝繁密纤细,悬垂。叶鲜绿色,从生木质化生长枝上生出的绿色营养枝上的叶长圆状披针形或长卵形,稍开展,先端尖,基部背面有龙骨状隆起,常呈薄膜质。上部绿色营养枝上的叶钻形或卵状披针形,半贴生,先端渐尖而内弯,基部变窄,背面有龙骨状突起。每年开花两三次。

每年春季开花,总状花序侧生在生木质化的小枝上,长 3 ~ 6 cm,花大而少,较稀疏而纤弱点垂,小枝亦下倾。有短总花梗,或近无梗,梗生有少数苞叶或无。苞片线状长圆形,或长圆形,渐尖,与花梗等长或稍长。花梗纤细,较萼短。萼片狭长卵形,具短尖头,略全缘,背面具隆脊,较花瓣略短。花瓣粉红色,通常卵状椭圆形或椭圆状倒卵形,稀倒卵形,较花萼微长,果时宿存。蒴果圆锥形。总状花序,较春生者细,生于当年生幼枝顶端,组成顶生大圆锥花序,疏松而通常下弯。苞片绿色,草质,较春季花的苞片狭细,较花梗长,线形至线状锥形或狭三角形,渐尖,向下变狭,基部背面有隆起,全缘。花萼三角状卵形。花瓣粉红色,直而略外斜,远比花萼长。花期 4 ~ 9 月。

生长环境 喜生于河流冲积平原、海滨、滩头、潮湿盐碱地和沙荒地。耐高温和严寒。为喜光树种,不耐遮阴,能在重盐碱地中生长。深根性,主侧根都极发达,主根往往伸到地下水层,萌芽力强,耐修剪。生长较快,树龄可达百年以上,枝条细柔,姿态婆娑,开花如红蓼,颇为美观,常作为庭园观赏植物。

药用价值 入药部位:干燥细枝嫩叶。未开花时采幼嫩枝梢,除去老枝及杂质,洗净切段晒干。性味:味甘、辛,性平。药用功效:疏风,解表,透疹,解毒。药用主治:风热感冒,麻疹初起,疹出不透,风湿痹痛,皮肤瘙痒。

旌节花科

旌节花

学名 *Stachyurus chinensis* Franch.

别称 水凉子、萝卜药、通草。

科属 旌节花科旌节花属。

形态特征 灌木或小乔木,有时为攀缘状灌木。落叶或常绿。小枝明显具髓。冬芽小,具 2 ~ 6 枚鳞片。单叶互生,膜质至革质,边缘具锯齿。托叶线状披针形,早落。

总状花序或穗状花序腋生,直立或下垂。花小,整齐,两性或雌雄异株,具短梗或无梗。花梗基部具苞片,花基部具小苞片,基部连合。萼片覆瓦状排列。花瓣覆瓦状排列,分离或靠合。雄蕊花丝钻形,花药丁字着生,内向纵裂,子房上位,胚珠多数,着生于中轴胎座上。花柱短而单一,柱头头状。果实为浆果,外果皮革质。种子小,多数,具柔软的假种皮,胚乳肉质,胚直立,子叶椭圆形,胚根短。

生长环境 生长于海拔 1 500 ~ 2 900 m 的山谷、沟边灌木丛中和林缘,喜光照,稍耐阴,适应性强,较耐寒,生长在沙质土壤或轻质黏壤土为宜。

药用价值 入药部位:茎髓。药用功效:利尿,催乳,清湿热。

瑞香科

芫花

学名 *Daphne genkwa* Sieb. et Zucc.

别称 南芫花、芫花条、药鱼草。

科属 瑞香科瑞香属。

形态特征 落叶灌木,高 0.3~1 m,多分枝。树皮褐色,无毛。小枝圆柱形,细瘦,干燥后多具皱纹,幼枝黄绿色或紫褐色,密被淡黄色丝状柔毛,老枝紫褐色或紫红色,无毛。

叶对生,稀互生,纸质,卵形或卵状披针形至椭圆状长圆形,长 3~4 cm,宽 1~2 cm,先端急尖或短渐尖,基部宽楔形或钝圆形,边缘全缘,上面绿色,干燥后黑褐色,下面淡绿色,干燥后黄褐色,幼时密被绢状黄色柔毛,老时则仅叶脉基部散生绢状黄色柔毛,侧脉在下面较上面显著。叶柄短或几无,具灰色柔毛。

花比叶先开放,花紫色或淡蓝紫色,常 3~6 朵花簇生叶腋或侧生,比叶先开放,易于与其他种相区别。花梗短,具灰黄色柔毛。花萼筒细瘦,筒状,外面具丝状柔毛,裂片卵形或长圆形,顶端圆形,外面疏生短柔毛。雄蕊分别着生于花萼筒的上部和中部,花丝短,花药黄色,卵状椭圆形,伸出喉部,顶端钝尖。花盘环状,不发达。子房长倒卵形,密被淡黄色柔毛,花柱短或无,柱头头状,橘红色。果实肉质,白色,椭圆形,包藏于宿存的花萼筒的下部。花期 3~5 月,果期 6~7 月。

生长环境 生长于海拔 300~1 000 m 的肥沃疏松沙质土壤,宜温暖气候,耐旱怕涝。

药用价值 入药部位:花蕾。拣净杂质,筛去泥土。文火炒呈微黄色,取出,晾干。性味:味辛、苦,性温。药用主治:水肿,祛痰。

瑞香

学名 *Daphne odora* Thunb.

别称 睡香、蓬莱紫、风流树。

科属 瑞香科瑞香属。

形态特征 常绿直立灌木。枝粗壮,通常二歧分枝,小枝近圆柱形,紫红色或紫褐色,无毛。叶互生,纸质,长圆形或倒卵状椭圆形,长 7~13 cm,宽 2.5~5 cm,先端钝尖,基部楔形,边缘全缘,上面绿色,下面淡绿色,两面无毛,侧脉 7 与中脉在两面均明显隆起。叶柄粗壮,散生极少的微柔毛或无毛。

花外面淡紫红色,内面肉红色,无毛,数朵至 12 朵组成顶生头状花序。苞片披针形或卵状披针形,无毛,脉纹显著隆起。花萼筒管状,长 6~10 mm,无毛,裂片心状卵形或卵状披针形,基部心脏形,与花萼筒等长或超过之。雄蕊 2 轮,下轮雄蕊着生于花萼筒中部以上,上轮雄蕊的花药 1/2 伸出花萼筒的喉部,花药长圆形。子房长圆形,无毛,顶端钝形,花柱短,柱头头状。果实红色。花期 3~5 月,果期 7~8 月。

生长环境 喜温暖,惧烈日,喜阴,畏寒冷的环境。夏季要遮阴、避雨淋和大风。喜疏松肥沃、排水良好的酸性土壤(pH 值 6~6.5),忌用碱性土,常常采用与落叶乔、灌木混植的办法。成年树不耐移植,移植时尽量带宿土。

药用价值 入药部位:根、树皮、叶及花。全年可采,晒干或鲜用。性味:味辛、甘,性温。药用功效:祛风除湿,活血止痛。药用主治:风湿性关节炎,坐骨神经痛,咽炎,牙痛,乳腺癌初起,跌打损伤。

荛花

学名 *Wikstroemia canescens*(Wall.)Meisn.

别称 灰白荛花、黄荛花。

科属 瑞香科荛花属。

形态特征 灌木,高 1.6~2 m,多分枝。当年生枝灰褐色,被茸毛,越年生枝紫黑色。芽近圆形,被白色茸毛。叶互生,披针形,长 2.5~5.5 cm,宽 0.8~2.5 cm,先端尖,基部圆或宽楔形,上面绿色,被平贴丝状柔毛,下面稍苍白色,被弯卷的长柔毛,侧脉明显,每边 4~7 条,网脉在下面明显。

头状花序具 4~10 朵花,顶生或在上部腋生,花序梗长 1~2 cm,有时具 2 枚叶状小苞片,花后逐渐延伸成短总状花序,花梗具关节,花后宿存。花黄色,长约 1.5 cm,外面被与叶下面相似的灰色长柔毛,顶端裂片长圆形、博古通今端钝,内面具明显的脉纹。雄蕊在花萼管中部以上着生,花药花丝极短。子房棒状,具子房柄,全部被毛,花柱短,全部为柔毛所盖覆,柱头头状,具乳突,花盘鳞片 1~4 枚,如为 1 枚则较宽大,边缘有缺刻,如为 4 枚则大小长短均不相等。果干燥。花期秋季。

生长环境 生长于山地石壁隙缝或山坡沟边潮湿处。

药用价值 入药部位:花蕾。5~6 月花未开时采收,晾干。拣净杂质,切碎干燥。性味:味辛、苦,性寒。药用功效:泻水逐饮,消坚破积。药用主治:痰饮,咳逆上气,水肿,喉中肿满。

结香

学名 *Edgeworthia chrysantha* Lindl.

别称 打结花、打结树、黄瑞香。

科属 瑞香科结香属。

形态特征 灌木,高 0.7~1.5 m,小枝粗壮,褐色,常作三叉分枝,幼枝常被短柔毛,韧皮极坚韧,叶痕大,直径约 5 mm。叶在花前凋落,长圆形、披针形至倒披针形,先端短尖,基部楔形或渐狭,长 8~20 cm,宽 2.5~5.5 cm,两面均被银灰色绢状毛,下面较多,侧脉纤细,弧形,每边 10~13 条,被柔毛。

头状花序顶生或侧生,具花 30~50 朵成绒球状,外围以 10 枚左右被长毛而早落的总苞。花序梗长 1~2 cm,被灰白色长硬毛。花芳香,无梗,花萼长 1.3~2 cm,宽 4~5 mm,外面密被白色丝状毛,内面无毛,黄色,顶端裂片卵形。雄蕊8枚,上列4枚与花萼裂片对生,下列4枚与花萼裂片互生,花丝短,花药近卵形。子房卵形,顶端被丝状毛,花柱线形,无毛,柱头棒状,具乳突,花盘浅杯状,膜质,边缘不整齐。果椭圆形,绿色,顶端被毛。花期冬末春初,果期春夏间。

生长环境 喜半阴,亦耐日晒。喜温暖气候,耐寒力较差,以排水良好的肥沃壤土生长较好,忌碱地。肉质根,不耐水湿,排水不良容易烂根。姿态优雅,柔枝可打结,惹人喜爱,适植于庭前、路旁、水边、石间、墙隅。

药用价值 入药部位:根、花。夏、秋采根。春季采花,晒干或鲜用。性味:味甘,性温。根药用功效:舒筋活络,消肿止痛。药用主治:风湿性关节痛,腰痛。外用治跌打损伤、骨折。花药用功效:祛风明目。药用主治:目赤疼痛,夜盲。

胡颓子科

蔓胡颓子

学名 *Elaeagnus glabra* Thunb.

别称 羊奶果、拟独、羊奶奶。

科属 胡颓子科胡颓子属。

形态特征 常绿蔓生或攀缘灌木,高可达5 m,无刺,稀具刺。幼枝密被锈色鳞片,老枝鳞片脱落,灰棕色。叶革质或薄革质,卵形或卵状椭圆形,稀长椭圆形,长4~12 cm,宽2.5~5 cm,顶端渐尖或长渐尖,基部圆形,稀阔楔形,边缘全缘,微反卷,上面幼时具褐色鳞片,成熟后脱落,深绿色,具光泽,干燥后褐绿色,下面灰绿色或铜绿色,被褐色鳞片,侧脉6~8对,与中脉开展成50°~60°的角,上面明显或微凹下,下面凸起。叶柄棕褐色。

花淡白色,下垂,密被银白色和散生少数褐色鳞片,常密生于叶腋短小枝上成伞形总状花序。花梗锈色。萼筒漏斗形,质较厚,在裂片下面扩展,向基部渐窄狭,在子房上不明显收缩,裂片宽卵形,顶端急尖,内面具白色星状柔毛,包围子房的萼管椭圆形。雄蕊的花丝长不超过1 mm,花药长椭圆形,花柱细长,无毛,顶端弯曲。果实矩圆形,稍有汁,长14~19 mm,被锈色鳞片,成熟时红色。花期9~11月,果期翌年4~5月。

生长环境 生长于海拔1 000 m以下的向阳林中或林缘。

药用价值 入药部位:果实。春季果实成熟时采摘,鲜用或晒干。性味:味酸,性平。药用功效:收敛止泻,止痢。药用主治:肠炎,腹泻,痢疾。

木半夏

学名 *Elaeagnus multiflora* Thunb.

别称 秤砣子、洞甩叶、牛奶子。

科属 胡颓子科胡颓子属。

形态特征　落叶直立灌木,高 2~3 m,通常无刺,稀老枝上具刺。幼枝细弱伸长,密被锈色或深褐色鳞片,稀具淡黄褐色鳞片,老枝粗壮,圆柱形,鳞片脱落,黑褐色或黑色,有光泽。叶膜质或纸质,椭圆形或卵形至倒卵状阔椭圆形,长 3~7 cm,顶端钝尖或骤渐尖,基部钝形,全缘,上面幼时具白色鳞片或鳞毛,成熟后脱落,干燥后黑褐色或淡绿色,下面灰白色,密被银白色和散生少数褐色鳞片,侧脉两面均不甚明显。叶柄锈色。

花白色,被银白色和散生少数褐色鳞片,常单生新枝基部叶腋。花梗纤细。萼筒圆筒形,在裂片下面扩展,在子房上收缩,裂片宽卵形,顶端圆形或钝形,内面具极少数白色星状短柔毛,包围子房的萼管卵形,深褐色。雄蕊着生花萼筒喉部稍下面,花丝极短,花药细小,矩圆形,花柱直立,微弯曲,无毛,稍伸出萼筒喉部,长不超雄蕊。果实椭圆形,长 12~14 mm,密被锈色鳞片,成熟时红色。果梗在花后伸长。花期 5 月,果期 6~7 月。

生长环境　生长于向阳山坡、灌木丛中。

药用价值　入药部位:叶、果实及根。6~7 月采收果实,鲜用或晒干;夏、秋季采叶;夏、秋季挖根,洗净切片晒干。性味:根味涩、微甘,性平。果实味淡、涩,性温。叶味涩、微甘,性温。药用功效:叶平喘,活血。根行气活血,止泻,敛疮。果实止痢,活血消肿,止血。药用主治:果实用于治疗哮喘、痢疾、跌打损伤、风湿关节痛、痔疮下血、肿毒。叶用于治疗哮喘、跌打损伤。根用于治疗跌打损伤、虚弱劳损、泻痢、肝炎、恶疮疥疮。

牛奶子

学名　*Elaeagnus umbellate* Thunb.

别称　剪子果、甜枣、麦粒子。

科属　胡颓子科胡颓子属。

形态特征　落叶直立灌木,高 1~4 m,长 1~4 cm 的刺。小枝甚开展,多分枝,幼枝密被银白色和少数黄褐色鳞片,有时全被深褐色或锈色鳞片,老枝鳞片脱落,灰黑色。芽银白色或褐色至锈色。叶纸质或膜质,椭圆形至卵状椭圆形或倒卵状披针形,长 3~8 cm,宽 1~3.2 cm,顶端钝形或渐尖,基部圆形至楔形,边缘全缘或皱卷至波状,上面幼时具白色星状短柔毛或鳞片,成熟后全部或部分脱落,干燥后淡绿色或黑褐色,下面密被银白色和散生少数褐色鳞片,侧脉两面均略明显。叶柄白色。

花较叶先开放,黄白色,芳香,密被银白色盾形鳞片,花簇生新枝基部,单生或成对生于幼叶腋。花梗白色。萼筒圆筒状漏斗形,稀圆筒形,在裂片下面扩展,向基部渐窄狭,在子房上略收缩,裂片卵状三角形,顶端钝尖,内面几无毛或疏生白色星状短柔毛。雄蕊的花丝极短,长约为花药的一半,花药矩圆形。花柱直立,疏生少数白色星状柔毛和鳞片,柱头侧生。果实几球形或卵圆形,幼时绿色,被银白色或有时全被褐色鳞片,成熟时红色。果梗直立,粗壮。花期 4~5 月,果期 7~8 月。

生长环境　生长于海拔 20~3 000 m 的向阳林缘、灌丛中、荒坡上和沟边。随着环境的变化和影响,植物体各部形态、大小、颜色、质地均有不同程度的变化。

药用价值　入药部位:根、叶和果实。夏、秋季采收,根洗净切片晒干。叶、果实晒干。性味:味苦、酸,性凉。药用功效:清热止咳,利湿解毒。药用主治:肺热咳嗽,泄泻,痢疾,淋证,带下,崩漏,乳痈。

胡颓子

学名 *Elaeagnus pungens* Thunb.

别称 半春子、甜棒槌、雀儿酥。

科属 胡颓子科胡颓子属。

形态特征 常绿直立灌木,高 3 ~ 4 m,具刺,刺顶生或腋生,长 20 ~ 40 mm,有时较短,深褐色。幼枝微扁棱形,密被锈色鳞片,老枝鳞片脱落,黑色,具光泽。叶革质,椭圆形或阔椭圆形,稀矩圆形,长 5 ~ 10 cm,宽 1.8 ~ 5 cm,两端钝形或基部圆形,边缘微反卷或皱波状,上面幼时具银白色和少数褐色鳞片,成熟后脱落,具光泽,干燥后褐绿色或褐色,下面密被银白色和少数褐色鳞片,侧脉 7 ~ 9 对,与中脉开展成 50° ~ 60° 的角,近边缘分叉而互相连接,上面显著凸起,下面不甚明显,网状脉在上面明显,下面不清晰。叶柄深褐色。

花白色或淡白色,下垂,密被鳞片,花生于叶腋锈色短小枝上。萼筒圆筒形或漏斗状圆筒形,在子房上骤收缩,裂片三角形或矩圆状三角形,顶端渐尖,内面疏生白色星状短柔毛。雄蕊的花丝极短,花药矩圆形。花柱直立,无毛,上端微弯曲,超过雄蕊。果实椭圆形,幼时被褐色鳞片,成熟时红色,果核内面具白色丝状棉毛。花期 9 ~ 12 月,果期次年 4 ~ 6 月。

生长环境 生长适温为 24 ~ 34 ℃,抗寒力比较强,能忍耐 - 8 ℃ 的低温,对土壤要求不严,在中性、酸性和石灰质土壤上均能生长,耐干旱和瘠薄,不耐水涝。喜高温、湿润气候。

药用价值 入药部位:种子、叶和根。种子:止泻,叶治肺虚短气,根治吐血及煎汤洗疮疥有疗效。根药用功效:祛风利湿,行瘀止血。药用主治:传染性肝炎,小儿疳积,风湿关节痛,咯血,吐血,便血,崩漏,白带,跌打损伤。叶药用功效:止咳平喘。药用主治:支气管炎,咳嗽,哮喘。果药用功效:消食止痢。药用主治:肠炎,痢疾,食欲不振。

千屈菜科

紫薇

学名 *Lagerstroemia indica* L.

别称 入惊儿树、百日红、满堂红。

科属 千屈菜科紫薇属。

形态特征 落叶灌木或小乔木,高可达 7 m。树皮平滑,灰色或灰褐色。枝干多扭曲,小枝纤细,具 4 棱,略成翅状。叶互生或有时对生,纸质,椭圆形、阔矩圆形或倒卵形,长 2.5 ~ 7 cm,宽 1.5 ~ 4 cm,顶端短尖或钝形,有时微凹,基部阔楔形或近圆形,无毛或下面沿中脉有微柔毛,侧脉 3 ~ 7 对,小脉不明显。无柄或叶柄很短。

花色玫红、大红、深粉红、淡红色或紫色、白色,直径 3 ~ 4 cm,常组成 7 ~ 20 cm 的顶生圆锥花序。花梗中轴及花梗均被柔毛。花萼外面平滑无棱,但鲜时萼筒有微突起短棱,两面无毛,裂片三角形,直立,无附属体。花瓣皱缩,具长爪。雄蕊 36 ~ 42 枚,外面 6 枚着生于花萼上,比其余的长得多。子房无毛。蒴果椭圆状球形或阔椭圆形,幼时绿色至黄色,成熟时或干燥时呈紫黑色,室背开裂。种子有翅。花期 6 ~ 9 月,果期 9 ~ 12 月。

生长环境　喜暖湿气候,喜光,略耐阴,喜肥,尤喜深厚肥沃的沙质壤土,适生于略有湿气之地,亦耐干旱,忌涝,忌种在地下水位高的低湿地方,能抗寒,萌蘖性强。具有较强的抗污染能力,对二氧化硫、氟化氢及氯气的抗性较强。树姿优美,树干光滑洁净,花色艳丽。开花时正当夏、秋少花季节,花期长,故有"百日红"之称,又有"盛夏绿遮眼,此花红满堂"的赞语,是观花、观干、观根的优良树种。

药用价值　入药部位:根、树皮。根全年均可采挖,洗净切片晒干,或鲜用。树皮 5 ~ 6 月剥取茎皮,洗净切片晒干。性味:根味微苦,性微寒。树皮味苦,性寒。根药用功效:根清热利湿,活血止血,止痛。药用主治:痢疾,水肿,烧烫伤,湿疹,痈肿疮毒,跌打损伤,血崩,偏头痛,牙痛,痛经,产后腹痛。树皮药用功效:清热解毒,利湿祛风,散瘀止血。药用主治:无名肿毒,丹毒,乳痈,咽喉肿痛,肝炎,疥癣,鹤膝风,跌打损伤。

石榴科

石榴

学名　*Punica granatum* L.

别称　安石榴、山力叶、丹若。

科属　石榴科石榴属。

形态特征　落叶灌木或小乔木,树冠丛状自然圆头形。树根黄褐色,生长强健,根际易生根蘖。树高可达 5 ~ 7 m,一般 3 ~ 4 m。树干呈灰褐色,上有瘤状突起,干多向左方扭转。树冠内分枝多,嫩枝有棱,多呈方形。小枝柔韧,不易折断。一次枝在生长旺盛的小枝上交错对生,具小刺。刺的长短与品种和生长情况有关。旺树多刺,老树少刺。芽色随季节而变化,有紫、绿、橙三色。叶对生或簇生,呈长披针形至长圆形,或椭圆状披针形,长 2 ~ 8 cm,宽 1 ~ 2 cm,顶端尖,表面有光泽,背面中脉凸起。有短叶柄。

花两性,依子房发达与否,有钟状花和筒状花之别,前者子房发达,善于受精结果,后者常凋落不实。一般 1 朵至数朵着生在当年新梢顶端及顶端以下的叶腋间。萼片硬,肉质,管状,与子房连生,宿存。花瓣倒卵形,与萼片同数而互生,覆瓦状排列。花有单瓣、重瓣之分。重瓣品种雌雄蕊多瓣花而不孕,花瓣多达数十枚。花多红色,也有白色和黄、粉红、玛瑙等色。雄蕊多数,花丝无毛。雌蕊具花柱,长度超过雄蕊。成熟后变成大型而多室、多籽的浆果,每室内有多数籽粒。外种皮肉质,呈鲜红、淡红或白色,多汁,甜而带酸,即为可食用的部分。内种皮为角质,也有退化变软的,即软籽石榴。果石榴花期 5 ~ 6 月,果期 9 ~ 10 月。花石榴花期 5 ~ 10 月。

生长环境　生长于海拔 300 ~ 1 000 m,喜温暖向阳的环境,耐旱,耐寒,也耐瘠薄,不耐涝和荫蔽。对土壤要求不严,以排水良好的夹沙土栽培为宜。树姿优美,枝叶秀丽,初春嫩叶抽绿,婀娜多姿。盛夏繁花似锦,色彩鲜艳。秋季累果悬挂,植于庭院、游园、小道之旁。

药用价值 叶药用功效:收敛止泻,角毒杀虫。药用主治:泄泻,痘风疮,癞疮,跌打损伤。皮药用功效:涩肠止泻,止血,驱虫,痢疾。药用主治:鼻衄,中耳炎,创伤出血,月经不调,红崩白带。花药用主治:鼻衄,中耳炎,创伤出血。

八角枫科

八角枫

学名 *Alangium chinense*(Lour.)Harms
别称 华瓜木、橿木。
科属 八角枫科八角枫属。

形态特征 落叶乔木或灌木,高3~5 m,胸径20 cm。小枝略呈"之"字形,幼枝紫绿色,无毛或有稀疏的疏柔毛,冬芽锥形,生于叶柄的基部内,鳞片细小。

叶纸质,近圆形或椭圆形、卵形,顶端短锐尖或钝尖,基部两侧常不对称,一侧微向下扩张,另一侧向上倾斜,阔楔形、截形,稀近于心脏形,长13~19 cm,宽9~15 cm,不分裂或3~7裂,裂片短锐尖或钝尖,叶上面深绿色,无毛,下面淡绿色,除脉腋有丛状毛外,其余部分近无毛。基出脉成掌状,侧脉3~5对。叶柄长2.5~3.5 cm,紫绿色或淡黄色,幼时有微柔毛。

聚伞花序腋生,长3~4 cm,被稀疏微柔毛,花梗长5~15 mm。小苞片线形或披针形,常早落。总花梗长1~1.5 cm,常分节。花冠圆筒形,长1~1.5 cm,顶端分裂为齿状萼片。花瓣线形,长1~1.5 cm,基部黏合,上部开花后反卷,外面有微柔毛,初为白色,后变黄色。雄蕊和花瓣同数而近等长,花丝略扁,有短柔毛,花药药隔无毛,外面有时有褶皱。花盘近球形。花柱无毛,疏生短柔毛,柱头头状。核果卵圆形,幼时绿色,成熟后黑色,顶端有宿存的萼齿和花盘,种子1颗。花期5~7月和9~10月,果期7~11月。

生长环境 生长于海拔1 800 m以下的山地或疏林中。稍耐阴,对土壤要求不严,喜肥沃、疏松、湿润的土壤,具一定耐寒性,萌芽力强,耐修剪,根系发达,适应性强。株丛宽阔,根部发达,适宜于山坡地段造林,对涵养水源、防止水土流失有良好的作用。叶片形状较美,花期较长,是良好的观赏树种。适应性强,又可作为交通干道两边的防护林树种。

药用价值 入药部位:侧根、须状根、叶、花。性味:味辛、苦,性温。药用功效:祛风除湿,舒筋活络,散淤止痛。药用主治:风湿痹痛,肢体麻木,跌打损伤。

瓜木

学名 *Alangium platanifolium*(Sieb. et Zucc.)Harms
别称 瓜木、篠悬叶瓜木、八角枫。
科属 八角枫科八角枫属。
形态特征 落叶灌木或小乔木,高5~7 m。树皮平滑,灰色或深灰色。小枝纤细,近圆柱形,常稍弯曲,略呈"之"字形,当年生枝淡黄褐色或灰色,近无毛。冬芽圆锥状卵圆形,鳞片三角状卵形,覆瓦状排列,外面有灰色短柔毛。叶纸质,近圆形,稀阔卵形或倒卵形,顶端钝尖,基部近于心脏形或圆形,长 11 ~ 13 cm,宽 8 ~ 11 cm,不分裂或稀分裂,分裂者裂片钝尖或锐尖至尾状锐尖,深仅达叶片长度的 1/3 ~ 1/4,稀达 1/2,边缘呈波状或钝锯齿状,上面深绿色,下面淡绿色,两面除沿叶脉或脉腋幼时有长柔毛或疏柔毛外,其余部分近无毛。主脉 3 ~ 5 条,由基部生出,常呈掌状,侧脉 5 ~ 7 对,和主脉相交成锐角,均在叶上面显著,下面微凸起,小叶脉仅在下面显著。叶柄长 3.5 ~ 5 cm,圆柱形,稀上面稍扁平或略呈沟状,基部粗壮,向顶端逐渐细弱,有稀疏的短柔毛或无毛。

聚伞花序生叶腋,长 3 ~ 3.5 cm,通常有 3 ~ 5 朵花,总花梗长 1.2 ~ 2 cm,花梗长 1.5 ~ 2 cm,几无毛,花梗上有线形小苞片,外面有短柔毛。花簇近钟形,外面具稀疏短柔毛,裂片三角形,长和宽均约 1 mm,花瓣 6 ~ 7 枚,线形,紫红色,外面有短柔毛,近基部较密,长 2.5 ~ 3.5 cm,基部黏合,上部开花时反卷。雄蕊 6 ~ 7 枚,较花瓣短,花丝略扁,微有短柔毛,花药长 1.5 ~ 2.1 cm,药隔内面无毛,外面无毛或有疏柔毛。花盘肥厚,近球形,无毛,微现裂痕。子房 1 室,花柱粗壮,长 2.6 ~ 3.6 cm,无毛,柱头扁平。核果长卵圆形或长椭圆形,顶端有宿存的花萼裂片,有短柔毛或无毛,有种子 1 颗。花期 3 ~ 7 月,果期 7 ~ 9 月。

生长环境　生长于海拔 2 000 m 以下土质比较疏松而肥沃的向阳山坡或疏林中。

药用价值　入药部位:侧根、须状根、叶、花。根全年可采,挖出后,除去泥沙,斩取侧根和须状根,晒干即可。夏、秋采叶及花,晒干备用或鲜用。性味:味辛,性微温。药用功效:祛风除湿,舒筋活络,散淤止痛。药用主治:风湿关节通,跌打损伤,精神分裂症。

五加科

常春藤

学名　*Hedera nepalensis* K. Koch var. *sinensis* (Tobl.) Rehd.

别称　土鼓藤、钻天风、三角风。

科属　五加科常春藤属。

形态特征　多年生常绿攀缘灌木,长 3 ~ 20 m。茎灰棕色或黑棕色,光滑,有气生根,幼枝被鳞片状柔毛,鳞片通常有 10 ~ 20 条辐射肋。单叶互生。叶柄长 2 ~ 9 cm,有鳞片。无托叶。叶二型。叶为三角状卵形或戟形,长 5 ~ 12 cm,宽 3 ~ 10 cm,全缘或 3 裂。花枝上的叶椭圆状披针形,条椭圆状卵形或披针形,稀卵形或圆卵形,全缘。先端长尖或渐尖,基部楔形、宽圆形、心形。叶上表面深绿色,有光泽,下面淡绿色或淡黄绿色,无毛或疏生鳞片。侧脉和网脉两面均明显。

伞形花序单个顶生,或 2 ~ 7 个总状排列或伞房状排列成圆锥花序,直径 1.5 ~ 2.5 cm,有花 5 ~ 40 朵。花萼密生棕以鳞片,边缘近全缘。花瓣三角状卵形,淡黄白色或淡绿白色,外面有鳞片。雄蕊花丝,花药紫色。子房下位,花柱全部合生成柱状。花盘隆起,黄色。果实圆球形,红色或黄色,宿存花柱长 1 ~ 1.5 mm。花期 9 ~ 11 月,果期翌年 3 ~ 5 月。

生长环境　在温暖湿润的气候条件下生长良好,不耐寒。对土壤要求不严,喜湿润、疏松、肥沃的土壤,不耐盐碱。常攀缘于林缘树木、林下路旁、岩石和房屋墙壁上,庭园也常有栽培。叶形美丽,四季常青,常作垂直绿化使用。多栽植于假山旁、墙根,让其自然附着垂直或覆盖生长,起到装饰美化环境的效果。

药用价值 入药部位:全株。全年可采,切段晒干或鲜用。性味:味苦、辛,性温。药用功效:祛风利湿,活血消肿,平肝,解毒。药用主治:风湿关节痛,腰痛,跌打损伤,肝炎,头晕,口眼蜗斜,衄血,急性结膜炎,肾炎水肿。

刺楸

学名 *Kalopanax septemlobus*(Thunb.)Koidz.

别称 鸟不宿、钉木树、丁桐皮。

科属 五加科刺楸属。

形态特征 落叶乔木,高约 10 m,最高可达 30 m,胸径达 70 cm 以上,树皮暗灰棕色。小枝淡黄棕色或灰棕色,散生粗刺。刺基部宽阔扁平,通常长 5~6 mm,基部宽 6~7 mm,在苗壮枝上的长达 1 cm 以上,宽 1.5 cm 以上。叶片纸质,在长枝上互生,在短枝上簇生,圆形或近圆形,直径 9~25 cm,稀达 35 cm,掌状浅裂,裂片阔三角状卵形至长圆状卵形,长不及全叶片的 1/2,苗壮枝上的叶片分裂较深,裂片长超过全叶片的 1/2,先端渐尖,基部心形,上面深绿色,无毛或几无毛,下面淡绿色,幼时疏生短柔毛,边缘有细锯齿,放射状主脉,两面均明显。叶柄细长,长 8~50 cm,无毛。

圆锥花序大,长 15~25 cm,直径 20~30 cm。伞形花序直径 1~2.5 cm,有花多数。总花梗细长,长 2~3.5 cm,无毛。花梗细长,无关节,无毛或稍有短柔毛。花白色或淡绿黄色。萼无毛,边缘有小齿。花瓣三角状卵形。雄蕊花丝,子房花盘隆起。花柱合生成柱状,柱头离生。果实球形,蓝黑色。花期 7~10 月,果期 9~12 月。

生长环境 适应性强,喜阳光充足和湿润的环境,稍耐阴,耐寒冷,适宜在含腐殖质丰富、土层深厚、疏松且排水良好的中性或微酸性土壤上生长。多生于阳性森林、灌木林中和林缘,水湿丰富、腐植质较多的密林,向阳山坡,甚至岩质山地也能生长。叶形美观,叶色浓绿,树干通直挺拔,满身的硬刺在诸多园林树木中独树一帜,适合作行道树或园林配植。

药用价值 入药部位:树皮。全年可采,剥取树皮,洗净去刺切丝晒干。性味:味苦、辛,性平。药用功效:祛风,除湿,杀虫,活血。药用主治:风湿痹痛,腰膝痛,痈疽,疮癣。

楤木

学名 *Aralia chinensis* L.

别称 鹊不踏、虎阳刺、海桐皮。

科属 五加科楤木属。

形态特征 灌木或乔木,高 2~5 m,稀达 8 m,胸径达 10~15 cm。树皮灰色,疏生粗壮直刺。小枝通常淡灰棕色,有黄棕色茸毛,疏生细刺。叶为二回或三回羽状复叶,长 60~110 cm。叶柄粗壮,长可达 50 cm。托叶与叶柄基部合生,纸质,耳廓形,长 1.5 cm,叶轴无刺或有细刺。羽片有小叶 5~11 片,稀 13 片,基部有小叶 1 对。小叶片纸质至薄革质,卵形、阔卵形或长卵形,长 5 ~ 12 cm,稀长达 19 cm,宽 3 ~ 8 cm,先端渐尖或短渐尖,基部圆形,上面粗糙,疏生糙毛,下面有淡黄色或灰色短柔毛,脉上更密,边缘有锯齿,稀为细锯齿或不整齐粗重锯齿,侧脉 7 ~ 10 对,两面均明显,网脉在上面不甚明显,下面明显。小叶无柄或有长 3 mm 的柄,顶生小叶柄长 2 ~ 3 cm。

圆锥花序大,长 30 ~ 60 cm。分枝长 20 ~ 35 cm,密生淡黄棕色或灰色短柔毛。伞形花序直径 1 ~ 1.5 cm,有花多数。总花梗长 1 ~ 4 cm,密生短柔毛。苞片锥形,膜质,外面有毛。花梗密生短柔毛,稀为疏毛。花白色,芳香。萼无毛,边缘三角形小齿。花瓣卵状三角形。雄蕊 5,花丝长约 3 mm。花柱离生或基部合生。果实球形,黑色,有棱。宿存花柱离生或合生至中部。花期 7 ~ 9 月,果期 9 ~ 12 月。

生长环境 生长于森林、灌丛或林缘路边的杂木林中,喜生于沟谷、阴坡、半阴坡海拔 250 ~ 1 000 m 的杂树林、阔叶林、阔叶混交林或次生林中。耐寒,在阳光充足、温暖湿润的环境中生长更好。

药用价值 入药部位:茎皮、茎。栽植 2 ~ 3 年幼苗成林后采收晒干,亦可鲜用。药性:味辛、苦,性平。药用功效:祛风除湿,利水和中,活血解毒。药用主治:风湿关节痛,腰腿酸痛,肾虚水肿,消渴,胃脘痛,跌打损伤,骨折。

刺五加

学名 *Acanthopanax senticosus*(Rupr. Maxim.)Harms

别称 刺拐棒、坎拐棒子、一百针。

科属 五加科五加属。

形态特征 灌木,高 1 ~ 6 m。分枝多,一、二年生的通常密生刺,稀仅节上生刺或无刺。刺直而细长,针状,下向,基部不膨大,脱落后遗留圆形刺痕,叶有小叶 5 片。叶柄常疏生细刺,长 3 ~ 10 cm。小叶片纸质,椭圆状倒卵形或长圆形,长 5 ~ 13 cm,宽 3 ~ 7 cm,先端渐尖,基部阔楔形,上面粗糙,深绿色,脉上有粗毛,下面淡绿色,脉上有短柔毛,边缘有锐利重锯齿,侧脉 6 ~ 7 对,两面明显,网脉不明显。小叶柄长 0.5 ~ 2.5 cm,有棕色短柔毛,有时有细刺。

伞形花序单个顶生,或 2 ~ 6 个组成稀疏的圆锥花序,直径 2 ~ 4 cm,有花多数。总花梗长 5 ~ 7 cm,无毛。花梗长 1 ~ 2 cm,无毛或基部略有毛。花紫黄色。萼无毛,边缘近全缘或有不明显的小齿。花瓣卵形。雄蕊 5 枚,花柱全部合生成柱状。果实球形或卵球形,有棱,黑色。花期 6 ~ 7 月,果期 8 ~ 10 月。

生长环境 生长于海拔 2 000 m 以下的灌木丛林、林缘、山坡路边和村落中。喜温暖湿润的气候,耐寒、耐微荫蔽。宜选向阳、腐殖质层深厚、微酸性的沙质壤土。

药用价值 入药部位:根皮。栽后 3 ~ 4 年夏、秋季采收,挖取根部,除掉须根,刮皮抽去木心,晒干或烘干。性味:味辛、苦、微甘,性温。药用功效:祛风湿,补肝肾,强筋骨,活血脉。药用主治:风寒湿痹,腰膝疼痛,筋骨痿软,体虚羸弱,跌打伤,骨折,阴下湿痒。

红毛五加

学名 *Eleutherococcus giraldii*

别称　川加皮、刺五甲、刺加皮、毛五甲皮。

科属　五加科五加属。

形态特征　灌木,高1～3 m。枝灰色。小枝灰棕色,无毛或稍有毛,密生直刺,稀无刺。刺下向,细长针状。叶有小叶5片,叶柄长3～7 cm,无毛,稀有细刺。小叶片薄纸质,倒卵状长圆形,稀卵形,长2.5～6 cm,宽1.5～2.5 cm,先端尖或短渐尖,基部狭楔形,两面均无毛,边缘有不整齐细重锯齿,侧脉两面不明显,网脉不明显。无小叶柄或几无小叶柄。

伞形花序单个顶生,直径1.5～2 cm,有花多数。总花梗粗短,稀长至2 cm,有时几无总花梗,无毛。花梗无毛。花白色。萼边缘近全缘,无毛。花瓣卵形。雄蕊5枚,子房基部合生。果实球形,有5棱,黑色。花期6～7月,果期8～10月。

生长环境　中国特有的植物,生长于海拔1 300～3 500 m的灌木丛林中。

药用价值　入药部位:树皮。药用功效:味辛,性温。药用主治:痿症,足膝无力,风湿痹痛。

糙叶五加

学名　*Acanthopanax henryi*（Oliv.）Harms

别称　三加皮。

科属　五加科五加属。

形态特征　灌木,高1～3 m。枝疏生下曲粗刺。小枝密生短柔毛,后毛渐脱落。叶有小叶5枚,稀3枚。叶柄长4～7 cm,密生粗短毛。小叶片纸质,椭圆形或卵状披针形,稀倒卵形,先端尖或渐尖,基部狭楔形,长8～12 cm,宽3～5 cm,上面深绿色,粗糙,下面灰绿色,脉上有短柔毛,边缘仅中部以上有细锯齿,侧脉两面隆起而明显,网脉不明显。小叶柄长有粗短毛,有时几无小叶柄。

伞形花序数个组成短圆锥花序,直径1.5～2.5 cm,有花多数。总花梗粗壮,长2～3.5 cm,有粗短毛,后毛渐脱落。花梗长0.8～1.5 cm,无毛或疏生短柔毛。萼无毛或疏生短柔毛,边缘近全缘。花瓣5枚,长卵形,开花时反曲,无毛或外面稍有毛。雄蕊花丝细长。子房5室,花柱全部合生成柱状。果实椭圆球形,有5浅棱,长8 mm,黑色,宿存花柱长2 mm。花期7～9月,果期9～10月。

生长环境　生长于海拔1 000～3 200 m的林缘或灌丛中。

药用价值　入药部位:根。秋季挖根,洗净除去须根,趁鲜用木槌敲击,使木心和皮部分离,抽去木心,切段晒干。药用功效:祛风利湿,活血舒筋,理气止痛。药用主治:风湿痹痛,拘挛麻木,筋骨痠软,水肿,跌打损伤,疝气腹痛。

通脱木

学名　*Tetrapanax papyrifer*（Hook.）K. Koch

别称　木通树、通草、天麻子。

科属　五加科通脱木属。

形态特征　常绿灌木或小乔木,高1～3.5 m。茎粗壮,不分枝,幼稚时表面密被黄色星状毛或稍具脱落的灰黄色柔毛。茎粗大,白色,纸质。树皮深棕色,略有皱裂。新枝淡棕色或淡黄棕色,有明显的叶痕和大型皮孔。叶大,互生,聚生于茎顶。叶柄粗壮,圆筒形,长30～50 cm。托叶膜质,锥形,基部与叶柄合生,有星状厚茸毛。叶片纸质或薄革质,掌状5～11 裂,裂片通常为叶片全长的1/3～1/2,稀至2/3,倒卵状长圆形卵状长圆形,每一裂片常又有2～3个小裂片,全缘或有粗齿,上面深绿色,无毛,下面密被白色星状茸毛。

伞形花序聚生成顶生或近顶生大型复圆锥花序。萼密被星状茸毛,全缘或近全缘。花瓣三角状卵形,外面密被星状厚茸毛。雄蕊与花瓣同数。子房下位,花柱离生,先端反曲。果球形,熟时紫黑色。花期10～12 月,果期翌年1～2 月。

生长环境 喜光,在湿润、肥沃的土壤上生长良好。根横向生长力强,能形成大量根蘖。

药用价值 性味:味甘、淡,性微寒。药用功效:作利尿剂,有清凉散热功效。

山茱萸科

山茱萸

学名 *Cornus officinalis* Sieb. et Zucc.

别称 山萸肉、肉枣、鸡足。

科属 山茱萸科山茱萸属。

形态特征 落叶乔木或灌木,高4～10 m。树皮灰褐色。小枝细圆柱形,无毛或稀被贴生短柔毛冬芽顶生及腋生,卵形至披针形,被黄褐色短柔毛。叶对生,纸质,卵状披针形或卵状椭圆形,长5.5～10 cm,先端渐尖,基部宽楔形或近于圆形,全缘,上面绿色,无毛,下面浅绿色,稀被白色贴生短柔毛,脉腋密生淡褐色丛毛,中脉在上面明显,下面凸起,近于无毛,侧脉弓形内弯。叶柄细圆柱形,上面有浅沟,下面圆形,稍被贴生疏柔毛。

伞形花序生于枝侧,有总苞片4,卵形,厚纸质至革质,带紫色,两侧略被短柔毛,开花后脱落。总花梗粗壮,微被灰色短柔毛。花小,两性,先叶开放。花萼裂片阔三角形,与花盘等长或稍长无毛。花瓣舌状披针形,黄色,向外反卷。雄蕊与花瓣互生花丝钻形,花药椭圆形。花盘垫状,无毛。子房下位,花托倒卵形,密被贴生疏柔毛,花柱圆柱形,柱头截形。花梗纤细,密被疏柔毛。核果长椭圆形,长1.2～1.7 cm,红色至紫红色。核骨质,狭椭圆形,有几条不整齐的肋纹。花期3～4 月,果期9～10 月。

生长环境 暖温带阳性树种,生长适温为20～30 ℃,超过35 ℃则生长不良。抗寒性强,可耐短暂的－18 ℃低温,生长良好,较耐阴,但又喜充足的光照,通常在海拔400～1 800 m 的山坡中下部地段、阴坡、阳坡、谷地以及河两岸等地均生长良好,宜栽于排水良好、富含有机质、肥沃的沙壤土中。

药用价值 入药部位:干燥成熟的果肉。秋末冬初果皮变红时采收果实,用文火烘或置沸水中略烫后,及时除去果核干燥。性味:味酸、涩,性微温。药用功效:补益肝肾,收涩固脱。药用主治:眩晕耳鸣,腰膝酸痛,阳痿遗精,遗尿尿频,崩漏带下,大汗虚脱,内热消渴。

红瑞木

学名 *Swida alba* Opiz.

别称 凉子木、红瑞山茱萸。

科属 山茱萸科梾木属。

形态特征 灌木,高可达3 m。树皮紫红色。幼枝有淡白色短柔毛,后即秃净而被蜡状白粉,老枝红白色,散生灰白色圆形皮孔及略为突起的环形叶痕。冬芽卵状披针形,被灰白色或淡褐色短柔毛。

叶对生,纸质,椭圆形,稀卵圆形,长5~8.5 cm,宽1.8~5.5 cm,先端突尖,基部楔形或阔楔形,边缘全缘或波状反卷,上面暗绿色,有极少的白色平贴短柔毛,下面粉绿色,被白色贴生短柔毛,有时脉腋有浅褐色髯毛,中脉在上面微凹陷,下面凸起,侧脉弓形内弯,在上面微凹下,下面凸出,细脉在两面微显明。

伞房状聚伞花序顶生,被白色短柔毛。总花梗圆柱形,长1.1~2.2 cm,被淡白色短柔毛。花小,白色或淡黄白色,花萼裂片尖三角形,短于花盘,外侧有疏生短柔毛。花瓣卵状椭圆形,先端急尖或短渐尖,上面无毛,下面疏生贴生短柔毛。雄蕊着生于花盘外侧,花丝线形,微扁,无毛,花药淡黄色,卵状椭圆形,丁字形着生。花盘垫状。花柱圆柱形,近于无毛,柱头盘状,宽于花柱,子房下位,花托倒卵形,被贴生灰白色短柔毛。花梗纤细,被淡白色短柔毛,与子房交接处有关节。核果长圆形,微扁,成熟时乳白色或蓝白色,花柱宿存。核棱形,侧扁,两端稍尖,呈喙状,每侧有脉纹。果梗细圆柱形,有疏生短柔毛。花期6~7月,果期8~10月。

生长环境 生长于海拔600~1 700 m的杂木林或针阔叶混交林中。喜潮湿温暖的生长环境,适宜的生长温度是22~30 ℃,喜光照充足,喜肥,在排水通畅、养分充足的环境生长迅速,园林中多丛植草坪上或与常绿乔木相间种植,得红绿相映之效果。

药用价值 入药部位:树皮、枝叶。全年均可采,切段晒干。性味:味苦、微涩,性寒。药用功效:清热解毒,止痢,止血。药用主治:湿热痢疾,肾炎,风湿关节痛,目赤肿痛,中耳炎,咯血,便血。

红椋子

学名 *Swida hemsleyi* (Schneid. et Wanger.) Sojak.

别称 青构。

科属 山茱萸科梾木属。

形态特征 灌木或小乔木,高2~3.5 m。树皮红褐色或黑灰色。幼枝红色,略有四棱,被贴生短柔毛。老枝紫红色至褐色,无毛,有圆形黄褐色皮孔。冬芽顶生和腋生,狭圆锥形,长3~8 mm,疏被白色短柔毛。

叶对生,纸质,卵状椭圆形,长4.5~9.3 cm,宽1.8~4.8 cm,先端渐尖或短渐尖,基部圆形,稀宽楔形,有时两侧不对称,边缘微波状,上面深绿色,有贴生短柔毛,下面灰绿色,微粗糙,密被白色贴生短柔毛及乳头状突起,沿叶脉有灰白色及浅褐色短柔毛,中脉在上面凹下,下面凸起,侧脉弓形内弯,在上面凹下,下面凸出,脉腋多少具有灰白色及浅褐色丛毛,细脉网状,在上面稍凹下,下面略明显。叶柄细长,长0.7~1.8 cm,淡红色,幼时被灰色及浅褐色贴生短柔毛,上面有浅沟,下面圆形。

伞房状聚伞花序顶生,微扁平,宽5~8 cm,被浅褐色短柔毛。总花梗长3~4 cm,被淡红褐色贴生短柔毛。花小,白色,花萼裂片卵状至长圆状舌形,雄蕊与花瓣互生,伸出花外,花丝线形,白色,无毛,花药卵状长圆形,浅蓝色至灰白色,丁字形着生,花盘垫状,无毛或略有小柔毛,边缘波状,花柱圆柱形,稀被贴生短柔毛,柱头盘状扁头形,稍宽于花柱,略有浅裂,子房下位,花托倒卵形,密被灰色及浅褐色贴生短柔毛。花梗细圆柱形,有浅褐色短柔毛。核果近于球形,黑色,疏被贴生短柔毛。核骨质,扁球形。花期6月,果期9月。

生长环境 生长于海拔1 200~3 500 m的溪边或杂木林中。

药用价值 入药部位:树皮。药用功效:祛风止痛,舒筋活络。药用主治:风湿痹痛,劳伤腰腿痛,肢体瘫痪。

灯台树

学名 *Bothrocaryum controversum*（Hemsl.）Pojark.

别称 女儿木、六角树、瑞木。

科属 山茱萸科灯台树属。

形态特征 落叶乔木,高6~15 m,稀达20 m。树皮光滑,暗灰色或带黄灰色。枝开展,圆柱形,无毛或疏生短柔毛,当年生枝紫红绿色,二年生枝淡绿色,有半月形的叶痕和圆形皮孔。冬芽顶生或腋生,卵圆形或圆锥形,无毛。叶互生,纸质,阔卵形、阔椭圆状卵形或披针状椭圆形,长6~13 cm,宽3.5~9 cm,先端突尖,基部圆形或急尖,全缘,上面黄绿色,无毛,下面灰绿色,密被淡白色平贴短柔毛,中脉在上面微凹陷,下面凸出,微带紫红色,无毛,侧脉弓形内弯,在上面明显,下面凸出,无毛。叶柄紫红绿色,长2~6.5 cm,无毛,上面有浅沟,下面圆形。

伞房状聚伞花序,顶生,宽7~13 cm,稀生浅褐色平贴短柔毛。总花梗淡黄绿色,长1.5~3 cm。花小,白色,花萼裂片三角形,长于花盘,外侧被短柔毛。花瓣长圆披针形,先端钝尖,外侧疏生平贴短柔毛。雄蕊着生于花盘外侧,与花瓣互生,稍伸出花外,花丝线形,白色,无毛,花药椭圆形,淡黄色,丁字形着生。花盘垫状,无毛。花柱圆柱形,无毛,柱头小,头状,淡黄绿色。子房下位,花托椭圆形,淡绿色,密被灰白色贴生短柔毛。花梗淡绿色,疏被贴生短柔毛。核果球形,成熟时紫红色至蓝黑色。核骨质,球形,顶端有一个方形孔穴。果梗无毛。花期5~6月,果期7~8月。

生长环境 生长于海拔250~2 600 m的常绿阔叶林或针阔叶混交林中,喜温暖气候及半阴环境,适应性强,耐寒,耐热,生长快。宜在肥沃、湿润及疏松、排水良好的土壤上生长。自然生长树形优美,一般不需要整形修剪。因树姿优美奇特、叶形秀丽、白花素雅,被称为园林绿化珍品。

药用价值 入药部位:树皮或根皮、叶。树皮或根皮定植10年以上收获。生长期越长,皮层越厚,产量越高,质量越好。5~6月剥取树皮或根皮晒干。叶一年四季均可采收,晒干备用或鲜用。性味:味微苦,性凉。药用功效:清热平肝,消肿止痛。药用主治:头痛,眩晕,咽喉肿痛,关节酸痛,跌打肿痛。

四照花

学名 *Dendrobenthamia japonica*（DC.）Fang var. chinensis（Osborn.）Fang

别称 石枣、羊梅、山荔枝。

科属 山茱萸科四照花属。

形态特征 落叶小乔木或灌木,高2~5 m,小枝灰褐色。叶对生,纸质,卵形、卵状椭圆形或椭圆形,先端急尖为尾状,基部圆形,表面绿色,背面粉绿色,叶脉羽状弧形上弯,侧脉4~5对。头状花序近顶生,具花20~30朵,总苞片4个,大形,黄白色,花瓣状,卵形或卵状披针形,长5~6 cm。花萼筒状4裂,花瓣黄色。雄蕊4枚。聚花果球形,红色,果径2~2.5 cm,总果梗纤细,长5.5~6.5 cm。花期5~6月,果期9~10月。

生长环境 喜温暖气候和阴湿环境,适生于肥沃而排水良好的土壤上。适应性强,能耐一定程度的寒、旱、瘠薄。喜光,亦耐半阴,喜温暖气候和阴湿环境,适生于肥沃而排水良好的沙质土壤上。多生长于海拔600~2 200 m的林内及阴湿溪边。秋季红果满树,硕果累累,一派丰收景象。春赏亮叶,夏观玉花,秋看红果红叶,是一种美丽的庭园观花、观叶、观果植物。

药用价值 入药部位:叶、花。夏、秋季采摘,鲜用或晒干。性味:味苦、涩,性凉。药用功效:清热解毒,收敛止血。药用主治:痢疾,肝炎,水火烫伤,外伤出血。

杜鹃花科

满山红

学名 *Rhododendron mariesii* Hemsl. et Wils.

别称 山石榴、马礼士杜鹃、守城满山红。

科属 杜鹃花科杜鹃属。

形态特征 落叶灌木,高1~4 m。枝轮生,幼时被淡黄棕色柔毛,成长时无毛。叶厚纸质或近于革质,常2~3集生枝顶,椭圆形、卵状披针形或三角状卵形,长4~7.5 cm,宽2~4 cm,先端锐尖,具短尖头,基部钝或近于圆形,边缘微反卷,初时具细钝齿,后不明显,上面深绿色,下面淡绿色,幼时两面均被淡黄棕色长柔毛,后无毛或近于无毛,叶脉在上面凹陷,下面凸出,细脉与中脉或侧脉间的夹角近于90°。叶柄近于无毛。

花芽卵球形,鳞片阔卵形,顶端钝尖,外面沿中脊以上被淡黄棕色绢状柔毛,边缘具睫毛。花通常2朵顶生,先花后叶,出自同一顶生花芽。花梗直立,常为芽鳞所包,密被黄褐色柔毛。花萼环状浅裂,密被黄褐色柔毛。花冠漏斗形,淡紫红色或紫红色,长3~3.5 cm,花冠管长约1 cm,基部深裂,长圆形,先端钝圆,上方裂片具紫红色斑点,两面无毛。雄蕊不等长,比花冠短或与花冠等长,花丝扁平,无毛,花药紫红色。子房卵球形,密被淡黄棕色长柔毛,花柱比雄蕊长,无毛。蒴果椭圆状卵球形,密被棕褐色长柔毛。花期4~5月,果期6~11月。

生长环境 生长于海拔600~1 500 m的山地稀疏灌丛,喜阳光,喜凉爽湿润的气候,恶酷热干燥。要求富含腐殖质、疏松、湿润及pH值5.5~6.5的酸性土壤。适应性较强,耐干旱、瘠薄,在黏重或通透性差的土壤中生长不良。具有较高的园艺观赏价值。

药用价值 入药部位:干燥叶。夏、秋采叶,晒干或阴干。性味:味辛、苦,性温。药用功效:止咳祛痰。药用主治:咳嗽,气喘,痰多。

照山白

学名 *Rhododendron micranthum* Turcz.

别称 照白杜鹃、达里、万斤。

科属 杜鹃花科杜鹃属。

形态特征 常绿灌木,高可达2.5 m,茎灰棕褐色。枝条细瘦。幼枝被鳞片及细柔毛。叶近革质,倒披针形、长圆状椭圆形至披针形,长3~4 cm,顶端钝,急尖或圆,具小突尖,基部狭楔形,上面深绿色,有光泽,常被疏鳞片,下面黄绿色,被淡或深棕色有宽边的鳞片,鳞片相互重叠、邻接或相距为其直径的角状披针形或披针状线形,外面被鳞片,被缘毛。花冠钟状,外面被鳞片,内面无毛,花裂片较花管稍长。雄蕊花丝无毛,密被鳞片,花柱与雄蕊等长或较短,无鳞片。蒴果长圆形,被疏鳞片。花期5~6月,果期8~11月。

生长环境 生长于海拔1 000~3 000 m的山坡灌丛、山谷、峭壁及石岩上,适应性强,喜阴,喜酸性土壤,耐干旱,耐寒,耐瘠薄。

药用价值 入药部位:枝叶。夏、秋采收晒干。性味:味酸、辛,性温。药用功效:祛风,通络,调经止痛,化痰止咳。药用主治:慢性气管炎,风湿痹痛,腰痛,痛经,产后关节痛,痢疾,骨折。

杜鹃

学名 *Rhododendron simsii* Planch.

别称 杜鹃花、山石榴、映山红。

科属 杜鹃花科杜鹃属。

形态特征 落叶灌木,高2 m。分枝多而纤细,密被亮棕褐色扁平糙伏毛。叶革质,常集生枝端,卵形、椭圆状卵形或倒卵形或倒卵形至倒披针形,长1.5~5 cm,宽0.5~3 cm,先端短渐尖,基部楔形或宽楔形,边缘微反卷,具细齿,上面深绿色,疏被糙伏毛,下面淡白色,密被褐色糙伏毛,中脉在上面凹陷,下面凸出。叶柄长2~6 mm,密被亮棕褐色扁平糙伏毛。

花芽卵球形,鳞片外面中部以上被糙伏毛,边缘具睫毛。花2~3朵簇生枝顶。花梗密被亮棕褐色糙伏毛。花萼深裂,裂片三角状长卵形,长5 mm,被糙伏毛,边缘具睫毛。花冠阔漏斗形,玫瑰色、鲜红色或暗红色,长3.5~4 cm,宽1.5~2 cm,裂片倒卵形,长2.5~3 cm,上部裂片具深红色斑点。雄蕊长约与花冠相等,花丝线状,中部以下被微柔毛。子房卵球形,密被亮棕褐色糙伏毛,花柱伸出花冠外,无毛。蒴果卵球形,密被糙伏毛。花萼宿存。

花期4~5月,果期6~8月。

生长环境　生长于海拔500~1 200 m的山地疏灌丛或松林下,喜酸性土壤,常常作为酸性土壤的指示植物,喜凉爽、湿润、通风的半阴环境,因花冠鲜红色,为著名的花卉植物,具有较高的观赏价值。

药用价值　根性味:味酸、甘,性温。药用功效:活血,止痛,祛风,止痛。药用主治:吐血、衄血,月经不调,崩漏,风湿痛,跌打损伤。叶性味:味酸,性平。药用功效:清热解毒,止血。药用主治:痈肿疔疮,外伤出血,隐疹。花性味:味酸、甘,性温。药用功效:活血,调经,祛风湿。药用主治:月经不调,经闭,崩漏,跌打损伤,风湿痛,吐血,衄血。

乌饭树

学名　*Vaccinium bracteatum* Thunb.

别称　南烛、西烛叶、乌米饭。

科属　杜鹃花科越橘属。

形态特征　常绿灌木,高1~3 m,多分枝,枝条细,灰褐带红色,幼枝有灰褐色细柔毛,老叶脱落。叶片薄革质,椭圆形、菱状椭圆形、披针状椭圆形至披针形,长4~9 cm,宽2~4 cm,顶端锐尖、渐尖,稀长渐尖,基部楔形、宽楔形,稀钝圆,边缘有细锯齿,表面平坦有光泽,两面无毛,侧脉斜伸至边缘以内网结,与中脉、网脉在表面和背面均稍微突起。叶柄通常无毛或被微毛。

总状花序顶生和腋生,长4~10 cm,有多数花,序轴密被短柔毛,稀无毛。苞片叶状,披针形,长0.5~2 cm,两面沿脉被微毛或两面近无毛,边缘有锯齿,宿存或脱落,小苞片线形或卵形,密被微毛或无毛。花梗短,密被短毛或近无毛。萼筒密被短柔毛或茸毛,稀近无毛,萼齿短小,三角形,密被短毛或无毛。花冠白色,筒状,有时略呈坛状,外面密被短柔毛,稀近无毛,内面有疏柔毛,口部裂片短小,三角形,外折。雄蕊内藏,花丝细长,密被疏柔毛,药室背部无距,花盘密生短柔毛。浆果,熟时紫黑色,外面通常被短柔毛,稀无毛。花期6~7月,果期8~10月。

生长环境　多生长于山坡、路旁或灌木丛中、酸性土壤中。为常绿植物树种,夏日叶色翠绿,秋季叶色微红,萌发力强,喜光耐旱,耐瘠薄,是不可多得的制作盆景、盆栽的素材。

药用价值　入药部位:根。全年可采,鲜用或切片晒干。性味:味甘、酸,性温。药用功效:收敛,止痛。药用主治:牙痛,脱肛,结核病潮热。

无梗越橘

学名　*Vaccinium henryi* Hemsl.

科属　杜鹃花科越橘属。

形态特征　多年生落叶灌木,高1~3 m。茎多分枝,幼枝淡褐色,密被短柔毛,生花的枝条细而短,呈左右曲折,老枝褐色,渐变无毛。叶多数,散生枝上,生花的枝条上叶较小,向上愈加变小,营养枝上的叶向上部变大,叶片纸质,卵形、卵状长圆形或长圆形,长3~7 cm,宽1.5~3 cm,顶端锐尖或急尖,明显具小短尖头,基部楔形、宽楔形至圆形,边缘全缘,通常被短纤毛,两面沿中脉有时连同侧脉密被短柔毛,叶脉在两面略微隆起。叶柄密被短柔毛。

花单生叶腋,有时枝条上部叶片渐变小而呈苞片状,在枝端形成假总状花序。花梗极短或近于无梗,密被毛。小苞片花期宽三角形,顶端具短尖头,结果时通常变披针形,有明显条脉,或有时早落。萼筒无毛,萼齿宽三角形,外面被毛或有时无毛。花冠黄绿色,钟状,外面无毛,浅裂,裂片三角形,顶端反折。雄蕊短于花冠,花丝扁平,被柔毛,药室背部无距,药管与药室近等长。浆果球形,略呈扁压状,熟时紫黑色。花期6~7月,果期9~10月。

生长环境　生长于海拔500~1 600 m山坡灌丛。

药用价值　入药部位:枝、叶及果实。药用功效:祛风除湿,消肿。

柿科

柿

学名　*Diospyros kaki* Thunb.

科属　柿科柿属。

形态特征　落叶大乔木,通常高可达10~14 m,胸径达65 cm。树皮深灰色至灰黑色,或者黄灰褐色至褐色。树冠球形或长圆球形。枝开展,带绿色至褐色,无毛,散生纵裂的长圆形或狭长圆形皮孔。嫩枝初时有棱,有棕色柔毛或茸毛或无毛。叶纸质,卵状椭圆形至倒卵形或近圆形。叶柄长8~20 mm。花雌雄异株,花序腋生,为聚伞花序。花梗长约3 mm。果形有球形、扁球形等。种子褐色,椭圆状,侧扁。果柄粗壮,长6~12 mm。花期5~6月,果期9~10月。

生长环境　深根性阳性树种,喜温暖气候、充足阳光和深厚、肥沃、湿润、排水良好的土壤,适宜生长于中性土壤,较能耐寒,但较能耐瘠薄,抗旱性强,不耐盐碱土。柿树适应性及抗病性均强,柿树寿命长,叶片大而厚。秋季柿果红彤彤,外观艳丽诱人。晚秋,柿叶变成红色,是园林绿化和庭院经济栽培的最佳树种之一。

药用价值　入药部位:柿蒂、柿涩汁、柿霜和柿叶。药用功效:止血润便,降压,解酒等。柿霜:柿霜是"柿饼"外表所生的白色粉霜,柿霜具有润肺止咳、生津利咽、止血功效。常用于治疗肺热燥咳、咽干喉痛、口舌生疮、吐血、咯血、消渴。柿蒂:干燥后的柿蒂可以降逆止呃、治疗百日咳及夜尿症。柿涩汁:柿涩汁里含有单宁类物质,对高血压、痔疮出血具有疗效。柿叶:柿叶可以制茶,为无毒的利尿剂,经常饮用能增进机体的新陈代谢,利小便、通大便、净化血液,使机体组织细胞复苏。用作药物,可治咳喘、肺气胀及各种内出血。

君迁子

学名　*Diospyros lotus* L.

别称　黑枣、软枣、牛奶枣。

科属　柿科柿属。

形态特征 落叶大乔木,高可达 30 m,胸径达 1 m。幼树树皮平滑,浅灰色,老时则深纵裂。小枝灰色至暗褐色,具灰黄色皮孔。芽具柄,密被锈褐色盾状着生的腺体。叶多为偶数或稀奇数羽状复叶,长 8~16 cm,叶柄长 2~5 cm,叶轴具翅至翅不甚发达,与叶柄一样被有疏或密的短毛。小叶 10~16 枚,无小叶柄,对生或稀近对生,长椭圆形至长椭圆状披针形,长 8~12 cm,顶端常钝圆或稀急尖,基部歪斜,上方一侧楔形至阔楔形,下方圆形,边缘有向内弯的细锯齿,上面被有细小的浅色疣状凸起,沿中脉及侧脉被有极短的星芒状毛,下面幼时被有散生的短柔毛,成长后脱落而仅留有极稀疏的腺体及侧脉腋内留有丛星芒状毛。

雄性菜荑花序长 6~10 cm,单独生于去年生枝条上叶痕腋内,花序轴常有稀疏的星芒状毛。雄花常具花被片,雄蕊 5~12 枚。雌性菜荑花序顶生,长 10~15 cm,花序轴密被星芒状毛及单毛,下端不生花的部分长达 3 cm,具 2 枚不孕性苞片。雌花几乎无梗,苞片及小苞片基部常有细小的星芒状毛,并密被腺体。果序长 20~45 cm,果序轴常被有宿存的毛。果实长椭圆形,基部常有宿存的星芒状毛。果翅狭,条形或阔条形,长 12~20 mm,具近于平行的脉。花期 4~5 月,果期 8~9 月。

生长环境 生长于海拔 500~2 300 m 的山地、山坡、山谷的灌丛中,喜光,也耐半阴,较耐寒,既耐旱,也耐水湿。喜肥沃、深厚的土壤,较耐瘠薄,对土壤要求不严,有一定的耐盐碱力,寿命较长,浅根系,根系发达,移栽三年内生长较慢,三年后则长势迅速。抗二氧化硫的能力较强。

药用价值 入药部位:果实。性味:味甘、涩,性凉。药用功效:止渴,除痰,清热,解毒,健胃。药用主治:消渴。

山矾科

山矾

学名 *Symplocos sumuntia* Buch. – Ham. ex D. Don

别称 留春树、山桂花。

科属 山矾科山矾属。

形态特征 乔木,嫩枝褐色。叶薄革质,卵形、狭倒卵形、倒披针状椭圆形,长 3.5~8 cm,宽 1.5~3 cm,先端常呈尾状渐尖,基部楔形或圆形,边缘具浅锯齿或波状齿,有时近全缘。中脉在叶面凹下,侧脉和网脉在两面均凸起,侧脉每边 4~6 条。叶柄长 0.5~1 cm。

总状花序长 2.5~4 cm,被展开的柔毛。苞片早落,阔卵形至倒卵形,密被柔毛,小苞片与苞片同形。花萼筒倒圆锥形,无毛,裂片三角状卵形,与萼筒等长或稍短于萼筒,背面有微柔毛。花冠白色,深裂几达基部,裂片背面有微柔毛。雄蕊 25~35 枚,花丝基部稍合生。花盘环状,无毛。核果卵状,外果皮薄而脆,顶端宿萼裂片直立。花期 2~3 月,果期 6~7 月。

生长环境 喜光,耐阴,喜湿润、凉爽的气候,较耐热,也较耐寒。对土壤要求不严,酸性、中性及微碱性的沙质壤土均能适应,在瘠薄土壤上则生长不良。对氯气、氟化氢、二氧化硫抗性强。生长于海拔 200~1 500 m 的山林间。枝叶茂密,是优良的中型庭园苗木,也是理想的厂矿绿化苗木,适宜孤植或丛植于草地、路边及庭园。

药用价值 入药部位:根、花、叶。夏、秋季采叶,鲜用或晒干;2~3月采花晒干;夏、秋季采挖根,洗净切片晒干。药用功效:清热利湿,理气化痰。药用主治:黄疸,咳嗽,关节炎,急性扁桃体炎。

华山矾

学名 *Symplocos chinensis*(Lour.)Druce

科属 山矾科山矾属。

形态特征 灌木,嫩枝、叶柄、叶背均被灰黄色皱曲柔毛。叶纸质,椭圆形或倒卵形,长4~7 cm,宽2~5 cm,先端急尖或短尖,有时圆,基部楔形或圆形,边缘有细尖锯齿,叶面有短柔毛。中脉在叶面凹下,侧脉每边4~7条。

圆锥花序顶生或腋生,长4~7 cm,花序轴、苞片、萼外面均密被灰黄色皱曲柔毛。苞片早落。花萼裂片长圆形,长于萼筒。花冠白色,芳香,深裂几达基部。雄蕊50~60枚,花丝基部合生成五体雄蕊。花盘具凸起的腺点,无毛。核果卵状圆球形,歪斜,被紧贴的柔毛,熟时蓝色,顶端宿萼裂片向内伏。花期4~5月,果期8~9月。

生长环境 生长于海拔1 000 m以下的丘陵、山坡、杂林中。适宜栽培在山坡、林下,以疏松、湿润的沙质壤土为宜。

药用价值 入药部位:根、叶。根全年可采,叶于夏、秋采集,分别晒干备用。性味:味甘、微苦,性凉。药用功效:解表退热,解毒除烦。药用主治:根用于治疗感冒发热、心烦口渴、疟疾、腰腿痛、狂犬咬伤、毒蛇咬伤。叶外用治外伤出血。

白檀

学名 *Symplocos paniculata*(Thunb.)Miq.

别称 碎米子树、乌子树。

科属 山矾科山矾属。

形态特征 落叶灌木或小乔木,嫩枝有灰白色柔毛,老枝无毛。叶膜质或薄纸质,阔倒卵形、椭圆状倒卵形或卵形,长3~11 cm,宽2~4 cm,先端急尖或渐尖,基部阔楔形或近圆形,边缘有细尖锯齿,叶面无毛或有柔毛,叶背通常有柔毛或仅脉上有柔毛。中脉在叶面凹下,侧脉在叶面平坦或微凸起,每边4~8条。

圆锥花序长5~8 cm,通常有柔毛。苞片早落,通常条形,有褐色腺点。花萼萼筒褐色,无毛或有疏柔毛,裂片半圆形或卵形,稍长于萼筒,淡黄色,有纵脉纹,边缘有毛。花冠白色,深裂几达基部。雄蕊40~60枚,花盘具凸起的腺点。核果,熟时蓝色,卵状球形,稍偏斜,顶端宿萼裂片直立。

生长环境 生长于海拔760~2 500 m的山坡、路边、疏林或密林中。喜温暖湿润的气候和深厚肥沃的沙质壤土,喜光,也稍耐阴。深根性树种,适应性强,耐寒,抗干旱,耐瘠薄,以河溪两岸、村边地头生长为宜。以向阳坡地及沟谷区生长较好,具有耐干旱瘠薄、根系发达、萌发力强、易繁殖等优点,是优良的水土保持树种之一。

药用价值 入药部位:根、叶、花、种子。根秋、冬季挖取。叶春、夏季采摘。花、种子5~7月花果期采收晒干。性味:味辛,性温。药用功效:清热解毒,调气散结,祛风止痒。药用主治:乳腺炎,淋巴腺炎,肠痈,疮疖,疝气,荨麻疹,皮肤瘙痒。

安息香科

野茉莉

学名 *Styrax japonicus* Sieb. et Zucc.

别称 木香柴、野白果树、山白果。

科属 安息香科安息香属。

形态特征 灌木或小乔木,高4~8 m,少数高可达10 m,树皮暗褐色或灰褐色,平滑。嫩枝稍扁,开始时被淡黄色星状柔毛,以后脱落变为无毛,暗紫色,圆柱形。叶互生,纸质或近革质,椭圆形或长圆状椭圆形至卵状椭圆形,长4~10 cm,宽2~5 cm,顶端急尖或钝渐尖,常稍弯,基部楔形或宽楔形,边近全缘或仅于上半部具疏离锯齿,上面除叶脉疏被星状毛外,其余无毛而稍粗糙,下面除主脉和侧脉会合处有白色长髯毛外无毛,侧脉每边5~7条,第三级小脉网状,较密,两面均明显隆起。叶柄长5~10 mm,上面有凹槽,疏被星状短柔毛。

总状花序顶生,有花5~8朵,长5~8 cm。有时下部的花生于叶腋。花序梗无毛。花白色,长2~2.8 cm,花梗纤细,开花时下垂,长2.5~3.5 cm,无毛。小苞片线形或线状披针形,无毛,易脱落。花萼漏斗状,膜质,无毛,萼齿短而不规则。花冠裂片卵形、倒卵形或椭圆形,长1.6~2.5 mm,两面均被星状细柔毛,花蕾时做覆瓦状排列,花冠管长3~5 mm。花丝扁平,下部联合成管,上部分离,分离部分的下部被白色长柔毛,上部无毛,花药长圆形,边缘被星状毛。果实卵形,长8~14 mm,直径8~10 mm,顶端具短尖头,外面密被灰色星状茸毛,有不规则皱纹。种子褐色,有深皱纹。花期4~7月,果期9~11月。

生长环境 生长于海拔400~1 800 m的林中,阳性树种,生长迅速,喜生于酸性、疏松肥沃、土层较深厚的土壤上。树形优美,花朵下垂,盛开时繁花似雪。园林中用于水滨湖畔或阴坡谷地,溪流两旁,在常绿树丛边缘群植。

药用价值 入药部位:花、叶、果。叶春、夏季采收。果实夏、秋季果期采摘,鲜用或晒干。性味:味辛,性温。药用功效:祛风除湿。药用主治:风湿痹痛。

垂珠花

学名 *Styrax dasyantha* Perk.

科属 安息香科安息香属。

形态特征 乔木,高3~20 m,胸径达24 cm。树皮暗灰色或灰褐色。嫩枝圆柱形,密被灰黄色星状微柔毛,成长后无毛,紫红色。叶革质或近革质,倒卵形、倒卵状椭圆形或椭圆形,长7~14 cm,宽3.5~6.5 cm,顶端急尖或钝渐尖,尖头常稍弯,基部楔形或宽楔形,边缘上部有稍内弯角质细锯齿,两面疏被星状柔毛,以后渐脱落而仅叶脉上被毛,侧脉每边 5 ~ 7 条,常近基部 2 条相距较近,上面平坦,下面凸起,第三级小脉网状,两面均明显隆起。叶柄长 3 ~ 7 mm,上面具沟槽,密被星状短柔毛。

圆锥花序或总状花序顶生或腋生,具多花,长 4 ~ 8 cm,下部多花聚生叶腋。花序梗和花梗均密被灰黄色星状细柔毛。花白色,长 9 ~ 16 mm。花梗长 6 ~ 10 mm。小苞片钻形,生于花梗近基部,密被星状茸毛和星状长柔毛。花萼杯状,外面密被黄褐色星状茸毛和星状长柔毛,萼齿钻形或三角形。花冠裂片长圆形至长圆状披针形,外面密被白色星状短柔毛,内面无毛,边缘稍狭内褶或有时重叠覆盖,花蕾时做镊合状排列或稍内向覆瓦状排列,花冠管无毛。花丝扁平,下部联合成管,上部分离,分离部分的下部密被白色长柔毛,花药长圆形。花柱较花冠长,无毛。果实卵形或球形,顶端具短尖头,密被灰黄色星状短茸毛,平滑或稍具皱纹,果皮厚不及 1 mm。种子褐色,平滑。花期 3 ~ 5 月,果期 9 ~ 12 月。

生长环境 生长于海拔 100 ~ 1 700 m 的丘陵、山地、山坡及溪边杂木林中。

药用价值 入药部位:叶。性味:味甘、苦,性寒。药用功效:止咳润肺。药用主治:咳嗽,肺燥。

玉铃花

学名 *Styrax obassia* Sieb. et Zucc.

别称 白云树。

科属 安息香科安息香属。

形态特征 乔木或灌木,高可达 10 m,胸径达 15 cm。树皮灰褐色,平滑。嫩枝略扁,常被褐色星状长柔毛,成长后无毛,圆柱形,紫红色。叶纸质,生于小枝最上部的互生,宽椭圆形或近圆形,长 5 ~ 15 cm,宽 4 ~ 10 cm,顶端急尖或渐尖,基部近圆形或宽楔形,边缘具粗锯齿,上面无毛或仅叶脉上疏被灰色星状柔毛,下面密被灰白色星状茸毛,侧脉每边 5 ~ 8 条,第三级小脉近于横出,在下面明显隆起。叶柄长 1 ~ 1.5 cm,被黄棕色星状长柔毛,基部膨大成鞘状包围冬芽,生于小枝最下部的两叶近对生,椭圆形或卵形,长 4.5 ~ 10 cm,宽 3 ~ 5 cm,顶端急尖,基部圆形。叶柄长 3 ~ 5 mm,基部不膨大。

花白色或粉红色,芳香,长 1.5 ~ 2 cm,总状花序顶生或腋生,长 6 ~ 15 cm,下部的花常生于叶腋,有花 10 ~ 20 朵,基部常 2 ~ 3 个分枝,花序梗和花序轴近无毛。花梗密被灰黄色星状短茸毛,常稍向下弯。小苞片线形,早落。花萼杯状,外面密被灰黄色星状短茸毛,顶端有不规则齿。萼齿三角形或披针形。花冠裂片膜质,椭圆形,外面密被白色星状短柔毛,花蕾时做覆瓦状排列,花冠管无毛。雄蕊较花冠裂片短,花丝扁平,上下近等宽,疏被星状柔毛或几无毛。花柱与花冠裂片近等长,无毛。果实卵形或近卵形,顶端具短尖头,密被黄褐色星状短茸毛。种子长圆形,暗褐色,近平滑,无毛。花期 5 ~ 7 月,果期 8 ~ 9 月。

生长环境 生长于海拔 700 ~ 1 500 m 的山地灌木林中,喜温暖湿润、光照充足的环境,有一定的耐旱能力,忌涝。也耐半阴环境。阳性树种,适于较平坦或稍倾斜的土地生长,以湿润而肥沃的土壤生长较好。

药用价值 入药部位:果实。果熟时采收,晒干备用。性味:味辛、性微温。药用功效:驱虫。药用主治:蛲虫病。

木樨科

桂花

学名　*Osmanthus fragrans*（Thunb.）Lour.

别称　岩桂、木樨、九里香。

科属　木樨科木樨属。

形态特征　常绿乔木或灌木,高 3 ~ 5 m,最高可达 18 m。树皮灰褐色。小枝黄褐色,无毛。叶片革质,椭圆形、长椭圆形或椭圆状披针形,长 7 ~ 14.5 cm,宽 2.6 ~ 4.5 cm,先端渐尖,基部渐狭呈楔形或宽楔形,全缘或通常上半部具细锯齿,两面无毛,腺点在两面连成小水泡状突起,中脉在上面凹入、下面凸起,侧脉 6 ~ 8 对,多达 10 对,在上面凹入、下面凸起。叶柄长 0.8 ~ 1.2 cm,最长可达 15 cm,无毛。

聚伞花序簇生于叶腋,或近于帚状,每腋内有花多朵。苞片宽卵形,质厚,长 2 ~ 4 mm,具小尖头,无毛。花梗细弱,长 4 ~ 10 mm,无毛。花极芳香。花萼裂片稍不整齐。花冠黄白色、淡黄色、黄色或橘红色,雄蕊着生于花冠管中部,花丝极短,药隔在花药先端稍延伸,呈不明显的小尖头。果歪斜,椭圆形,长 1 ~ 1.5 cm,呈紫黑色。花期 9 ~ 10 月上旬,果期翌年 3 月。

生长环境　喜温暖,抗逆性强,喜阳光,在全光照下其枝叶生长茂盛,开花繁密,在阴处生长枝叶稀疏、花稀少。桂花性好湿润,切忌积水,但也有一定的耐干旱能力。对土壤的要求不太严,除碱性土和低洼地或过于黏重、排水不畅的土壤外,一般均可生长,以土层深厚、疏松肥沃、排水良好的微酸性沙质壤土为宜。对氯气、二氧化硫、氟化氢等有害气体都有一定的抗性,还有较强的吸滞粉尘的能力,常被用于城市及工矿区。桂花是中国传统名花之一,集绿化、美化、香化于一体的观赏与实用兼备的优良园林树种,在园林建设中有着广泛的运用。

药用价值　入药部位:花、果实及根。秋季采花、果。四季采根晒干。性味:花味辛,性温。果味辛、甘,性温。根味甘、微涩,性平。花药用功效:散寒破结,化痰止咳。药用主治:牙痛,咳喘痰多,经闭腹痛。果药用功效:暖胃,平肝,散寒。药用主治:虚寒胃痛。根药用功效:祛风湿,散寒。药用主治:风湿筋骨疼痛,腰痛,肾虚牙痛。

女贞

学名　*Ligustrum lucidum* Ait.

别称　白蜡树、冬青、蜡树。

科属　木樨科女贞属。

形态特征　常绿灌木或乔木,叶片常绿,革质,卵形、长卵形或椭圆形至宽椭圆形,长 6 ~ 17 cm,宽 3 ~ 8 cm,先端锐尖至渐尖或钝,基部圆形或近圆形,有时宽楔形或渐狭,叶缘平坦,上面光亮,两面无毛,中脉在上面凹入,下面凸起,侧脉 4 ~ 9 对,两面稍凸起或有时不明显。叶柄长 1 ~ 3 cm,上面具沟,无毛。

圆锥花序顶生,长 8 ~ 20 cm,宽 8 ~ 25 cm。花序梗长 0 ~ 3 cm。花序轴及分枝轴无毛,紫色或黄棕色,果实具棱。花序基部苞片常与叶同型,小苞片披针形或线形,长 0.5 ~ 6 cm,宽 0.2 ~ 1.5 cm,凋落。花无梗或近无梗,长不超过 1 mm。花萼无毛,齿不明显或近截形。花冠长 4 ~ 5 mm,花冠管长 1.5 ~ 3 mm,裂片长 2 ~ 2.5 mm,反折。花丝长 1.5 ~ 3 mm,花药长圆形,长 1 ~ 1.5 mm。花柱长 1.5 ~ 2 mm,柱头棒状。果肾形或近肾形,长 7 ~ 10 mm,深蓝黑色,成熟时呈红黑色,被白粉。花期 5 ~ 7 月,果期 7 月至翌年 5 月。

生长环境 生长于海拔 2 900 m 以下林中,耐寒性好,耐水湿,喜温暖湿润气候,喜光,耐阴。深根性树种,须根发达,生长快,萌芽力强,耐修剪,但不耐瘠薄。对大气污染的抗性较强,对二氧化硫、氯气、氟化氢均有较强抗性,也能忍受较高的粉尘、烟尘污染。对土壤要求不严,以沙质壤土或黏质壤土栽培为宜,在红、黄壤土上也能生长。枝叶茂密,树形整齐,常用观赏树种,可于庭院孤植或丛植、行道树、绿篱。

药用价值 入药部位:成熟晒干的果实。性味:味甘、苦,性凉。药用功效:强心,扩张冠状血管,扩张外血管,利尿,止咳,缓泻,抗菌等。

小叶女贞

学名 *Ligustrum quihoui* Carr.
别称 小叶冬青、小白蜡、楝青。
科属 木樨科女贞属。
形态特征 落叶灌木,高 1 ~ 3 m。小枝淡棕色,圆柱形,密被微柔毛,后脱落。叶片薄革质,形状和大小变异较大,披针形、长圆状椭圆形、椭圆形、倒卵状长圆形至倒披针形或倒卵形,长 1 ~ 4 cm,先端锐尖、钝或微凹,基部狭楔形至楔形,叶缘反卷,上面深绿色,下面淡绿色,常具腺点,两面无毛,稀沿中脉被微柔毛,中脉在上面凹入,下面凸起,侧脉不明显,在上面微凹入,下面略凸起,近叶缘处网结不明显。叶柄无毛或被微柔毛。

圆锥花序顶生,近圆柱形,长 4 ~ 15 cm,宽 2 ~ 4 cm,分枝处常有叶状苞片。小苞片卵形,具睫毛。花萼无毛,萼齿宽卵形或钝三角形。花冠管裂片卵形或椭圆形,先端钝。雄蕊伸出裂片外,花丝与花冠裂片近等长或稍长。果倒卵形、宽椭圆形或近球形,呈紫黑色。花期 5 ~ 7 月,果期 8 ~ 11 月。

生长环境 生长在海拔 100 ~ 2 500 m 的沟边、路旁及灌丛中,喜光照,稍耐阴,较耐寒,可露地栽培。对二氧化硫、氯气有较好的抗性。性强健,耐修剪,萌发力强。生于沟边、路旁或河边灌丛中。主枝叶紧密、圆整,庭院中常栽植观赏,为园林绿化的重要绿篱材料。抗多种有毒气体,是优良的抗污染树种。叶小、常绿,且耐修剪,生长迅速,也是制作盆景的优良树种。

药用价值 入药部位:叶。药用功效:清热解毒。药用主治:烫伤,外伤。

小蜡

学名 *Ligustrum sinense* Lour.

别称 黄心柳、水黄杨、千张树。

科属 木樨科女贞属。

形态特征 落叶灌木或小乔木,高 2~4 m。小枝圆柱形,幼时被淡黄色短柔毛或柔毛,老时近无毛。叶片纸质或薄革质,卵形、椭圆状卵形、长圆形、长圆状椭圆形至披针形,或近圆形,长 2~7 cm,宽 1~3 cm,先端锐尖、短渐尖至渐尖,或钝而微凹,基部宽楔形至近圆形,或为楔形,上面深绿色,疏被短柔毛或无毛,或仅沿中脉被短柔毛,下面淡绿色,疏被短柔毛或无毛,常沿中脉被短柔毛,侧脉上面微凹入,下面略凸起。叶柄被短柔毛。

圆锥花序顶生或腋生,塔形,长 4~11 cm,宽 3~8 cm。花序轴被较密淡黄色短柔毛或柔毛以至近无毛。花梗被短柔毛或无毛。花萼无毛,先端呈截形或呈浅波状齿。花冠长 3.5~5.5 mm,裂片长圆状椭圆形或卵状椭圆形。花丝与裂片近等长或长于裂片,花药长圆形。果近球形,径 5~8 mm。花期 3~6 月,果期 9~12 月。

生长环境 生长于海拔 200~2 600 m 的山谷、溪边、河旁、路边密林、疏林或混交林中。

药用价值 入药部位:树皮、叶。药用功效:清热降火,抑菌抗菌,去腐生肌。药用主治:吐血,牙痛,口疮,咽喉痛,止咳。

迎春花

学名 *Jasminum nudiflorum* Lindl.

别称 迎春、黄素馨、金腰带。

科属 木樨科素馨属。

形态特征 落叶灌木植物,直立或匍匐,高 0.3~5 m,枝条下垂。枝稍扭曲,光滑无毛,小枝四棱形,棱上多少具狭翼。叶对生,三出复叶,小枝基部常具单叶。叶轴具狭翼,叶柄无毛。叶片和小叶片幼时两面稍被毛,老时仅叶缘具睫毛。小叶片卵形、长卵形或椭圆形,狭椭圆形,稀倒卵形,先端锐尖或钝,具短尖头,基部楔形,叶缘反卷,中脉在上面微凹入,下面凸起,侧脉不明显。顶生小叶片较大,无柄或基部延伸成短柄,侧生小叶片,无柄。单叶为卵形或椭圆形,有时近圆形。

花单生于去年生小枝的叶腋,稀生于小枝顶端。苞片小叶状,披针形、卵形或椭圆形。花梗花萼绿色,裂片窄披针形,先端锐尖。花冠黄色,径 2~2.5 cm,花冠向上渐扩大,裂片长圆形或椭圆形,先端锐尖或圆钝。花期 6 月。

生长环境 因其在百花之中开花最早,花后即迎来百花齐放的春天而得名。生长于海拔 800~2 000 m 的山坡灌丛中,喜光,稍耐阴,略耐寒,怕涝,可露地越冬,适宜温暖而湿润的气候和疏松肥沃、排水良好的沙质土,在酸性土上生长旺盛,在碱性土上生长不良。根部萌发力强,枝条着地部分极易生根,迎春花与梅花、水仙和山茶花统称为"雪中四友",是中国常见的花卉之一。迎春花不仅花色端庄秀丽、气质非凡,而且具有不畏寒威、不择风土、适应性强的特点,历来为人们所喜爱。

药用价值 入药部位:花。开花时采收,鲜用或晾干。性味:味苦,微辛,性平。药用功效:清热解毒,活血消肿。药用主治:发热头痛,咽喉肿痛,小便热痛,恶疮肿毒,跌打损伤。

探春花

学名 *Jasminum floridum* Bunge

别称 迎夏、鸡蛋黄、牛虱子。

科属 木樨科茉莉属。

形态特征 直立或攀缘半常绿灌木,高 0.4~3 m。小枝褐色或黄绿色,当年生枝草绿色,扭曲,四棱,无毛。叶互生,复叶,小叶 3 或 5 枚,稀 7 枚,小枝基部常有单叶。叶柄长 2~10 mm。叶片和小叶片上面光亮,干时常具横皱纹,两面无毛,稀沿中脉被微柔毛。小叶片卵形、卵状椭圆形至椭圆形,稀倒卵形或近圆形,长 0.7~3.5 cm,宽 0.5~2 cm,先端急尖,具小尖头,稀钝或圆形,基部楔形或圆形,中脉在上面凹入,下面凸起,侧脉不明显。顶生小叶片常稍大,具小叶柄,侧生小叶片近无柄。单叶通常为宽卵形、椭圆形或近圆形,长 1~2.5 cm。

聚伞花序或伞状聚伞花序顶生,有花 3~25 朵。苞片锥形。花梗缺或长达 2 cm。花萼具突起的肋,无毛,萼管裂片锥状线形。花冠黄色,近漏斗状,花冠管裂片卵形或长圆形,先端锐尖,稀圆钝,边缘具纤毛。果长圆形或球形,成熟时呈黑色。花期 5~9 月,果期 9~10 月。

生长环境 生长于海拔 2 000 m 以下的坡地、山谷或林中。

药用价值 药用功效:舒筋活血,散瘀止痛。

雪柳

学名 *Fontanesia fortunei* Carr.

别称 挂梁青、珍珠花。

科属 木樨科雪柳属。

形态特征 落叶灌木或小乔木,高可达 8 m。树皮灰褐色。枝灰白色,圆柱形,小枝淡黄色或淡绿色,四棱形或具棱角,无毛。叶片纸质,披针形、卵状披针形或狭卵形,长 3~12 cm,宽 0.8~2.6 cm,先端锐尖至渐尖,基部楔形,全缘,两面无毛,中脉在上面稍凹入或平,下面凸起,侧脉斜向上延伸,两面稍凸起,有时上面凹入。叶柄长 1~5 mm,上面具沟,光滑无毛。

圆锥花序顶生或腋生。顶生花序长 2~6 cm,腋生花序较短,长 1.5~4 cm。花两性或杂性同株。苞片锥形或披针形。花梗无毛。花萼微小,杯状,深裂,裂片卵形,膜质。花冠深裂至近基部,裂片卵状披针形,先端钝,基部合生。雄蕊花丝伸出或不伸出花冠外,花药长圆形。花柱头分叉。果黄棕色,倒卵形至倒卵状椭圆形,扁平,先端微凹,花柱宿存,边缘具窄翅。种子常具三棱。花期 4~6 月,果期 6~10 月。

生长环境 喜光,稍耐阴。喜肥沃、排水良好的土壤。喜温暖,亦较耐寒。生于水沟、溪边或林中,海拔在 800 m 以下。叶子细如柳叶,开花季节白花满枝,宛如白雪,是非常好的蜜源植物。在庭院中孤植观赏,亦是作防风林的树种。

药用价值 入药部位:茎皮、枝条和果穗。春、秋采取茎、枝外皮晒干。秋冬采摘果穗,晒干研粉。性味:味苦,性寒。药用功效:活血散瘀,消肿止痛。药用主治:骨折,跌打损伤,关节扭伤红肿疼痛,风湿性关节炎。

连翘

学名 *Forsythia suspensa*(Thunb.)Vahl.

别称 黄花杆、黄寿丹。

科属 木樨科连翘属。

形态特征 落叶灌木,枝开展或下垂,棕色、棕褐色或淡黄褐色,小枝土黄色或灰褐色,略呈四棱形,疏生皮孔,节间中空,节部具实心髓。叶通常为单叶,叶片卵形、宽卵形或椭圆状卵形至椭圆形,长2~10 cm,先端锐尖,基部圆形、宽楔形至楔形,叶缘除基部外具锐锯齿或粗锯齿,上面深绿色,下面淡黄绿色,两面无毛。叶柄长0.8~1.5 cm,无毛。

花通常单生,着生于叶腋,先于叶开放。花萼绿色,裂片长圆形或长圆状椭圆形,先端钝或锐尖,边缘具睫毛,与花冠管近等长。花冠黄色,裂片倒卵状长圆形或长圆形,长1.2~2 cm。果卵球形、卵状椭圆形或长椭圆形,长1.2~2.5 cm,宽0.6~1.2 cm,先端喙状渐尖,表面疏生皮孔。花期3~4月,果期7~9月。

生长环境 生长于海拔250~2 200 m的山坡灌丛、林下或草丛中,或山谷、山沟疏林中,喜光,稍耐阴。喜温暖、湿润气候。在中性、微酸或碱性土壤上能正常生长。根系发达,主根不太显著,侧根都较粗而长,须根众多,广泛伸展于主根周围,大大增强吸收和固土能力。耐寒力强,根部萌发力强、发丛快。

药用价值 入药部位:果实。性味:味苦,性凉。药用功效:清热解毒,散结消肿。药用主治:温热,丹毒,斑疹,痈疡肿毒,瘰疬,小便淋闭。

金钟花

学名 *Forsythia viridissima* Lindl.

别称 迎春柳、迎春条、金梅花。

科属 木樨科连翘属。

形态特征 落叶灌木,高可达3 m,全株除花萼裂片边缘具睫毛外,其余均无毛。枝棕褐色或红棕色,直立,小枝绿色或黄绿色,呈四棱形,皮孔明显,具片状髓。叶片长椭圆形至披针形,或倒卵状长椭圆形,长3.5~15 cm,宽1~4 cm,先端锐尖,基部楔形,通常上半部具不规则锐锯齿或粗锯齿,稀近全缘,上面深绿色,下面淡绿色,两面无毛,中脉和侧脉在上面凹入、下面凸起。叶柄长6~12 mm。

花朵着生于叶腋,先于叶开放。花梗长3~7 mm。花萼裂片绿色,卵形、宽卵形或宽长圆形,具睫毛。花冠深黄色,长1.1~2.5 cm,花冠裂片狭长圆形至长圆形,内面基部具橘黄色条纹,反卷。果卵形或宽卵形,长1~1.5 cm,基部稍圆,先端喙状渐尖,具皮孔。果梗长3~7 mm。花期3~4月,果期8~11月。

生长环境 多生长于海拔500~1 000 m的沟谷、林缘与灌木丛中。喜光照,耐半阴。在温暖湿润、背风面阳处生长良好。

药用价值 入药部位:根、叶、果壳。根全年可挖取,洗净切段,鲜用或晒干。叶春夏、秋季均可采集,鲜用或晒干。果夏、秋季采收晒干。性味:味苦,性温。药用功效:清热解毒,祛湿泻火。药用主治:流行性感冒,目赤肿痛,疥疮,筋骨酸痛,颈淋巴结核。

白蜡树

学名 *Fraxinus chinensis* Roxb.

别称 青榔木、白荆树。

科属 木樨科梣属。

形态特征 落叶乔木,高 10~12 m。树皮灰褐色,纵裂。芽阔卵形或圆锥形,被棕色柔毛或腺毛。小枝黄褐色,粗糙,无毛或疏被长柔毛,旋即秃净,皮孔小,不明显。羽状复叶长 15~25 cm。叶柄长 4~6 cm,基部不增厚。叶轴挺直,上面具浅沟,初时疏被柔毛,旋即秃净。小叶 5~7 枚,硬纸质,卵形、倒卵状长圆形至披针形,长 3~10 cm,宽 2~4 cm,顶生小叶与侧生小叶近等大或稍大,先端锐尖至渐尖,基部钝圆或楔形,叶缘具整齐锯齿,上面无毛,下面无毛或有时沿中脉两侧被白色长柔毛,中脉在上面平坦,侧脉 8~10 对,下面凸起,细脉在两面凸起,明显网结。

圆锥花序顶生或腋生枝梢,长 8~10 cm。花序梗长 2~4 cm,无毛或被细柔毛,光滑,无皮孔。花雌雄异株。雄花密集,花萼小,钟状,无花冠,花药与花丝近等长。雌花疏离,花萼大,桶状,花柱细长,柱头翅果匙形,长 3~4 cm,上中部最宽,先端锐尖,常呈犁头状,基部渐狭,翅平展,下延至坚果中部,坚果圆柱形,长约 1.5 cm。宿存萼紧贴于坚果基部,常在一侧开口深裂。花期 4~5 月,果期 7~9 月。

生长环境 生长于海拔 800~1 600 m 的山地杂木林中,阳性树种,喜光,对土壤的适应性较强,在酸性土、中性土及钙质土上均能生长,喜湿润、肥沃的沙质和沙壤质土壤。枝叶繁茂,根系发达,植株萌发力强,速生耐湿,耐干旱瘠薄,是防风固沙和护堤护路的优良树种。其干形通直,树形美观,抗烟尘、二氧化硫和氯气,是工厂、城镇绿化美化的好树种。

药用价值 枝皮和干皮用于热痢,带下,目赤肿痛。

紫丁香

学名 *Syringa oblate* Lindl.

别称 丁香、百结、情客。

科属 木樨科丁香属。

形态特征 灌木或小乔木,高可达 5 m。树皮灰褐色或灰色。小枝、花序轴、花梗、苞片、花萼、幼叶两面以及叶柄均无毛而密被腺毛。小枝较粗,疏生皮孔。

叶片革质或厚纸质,卵圆形至肾形,宽常大于长,长 2~14 cm,宽 2~15 cm,先端短凸尖至长渐尖或锐尖,基部心形、截形至近圆形,或宽楔形,上面深绿色,下面淡绿色。萌枝上叶片常呈长卵形,先端渐尖,基部截形至宽楔形。叶柄长 1~3 cm。

圆锥花序直立,由侧芽抽生,近球形或长圆形,长 4~16 cm,宽 3~7 cm。花萼萼齿渐尖、锐尖或钝。花冠紫色,长 1.1~2 cm,花冠管圆柱形,长 0.8~1.7 cm,裂片呈直角开展,卵圆形、椭圆形至倒卵圆形,先端内弯略呈兜状或不内弯。花药黄色。果倒卵状椭圆形、卵形至长椭圆形,长 1～1.5 cm,先端长渐尖,光滑。花期 4～5 月,果期 6～10 月。

生长环境　生长于海拔 300～2 400 m 的山坡丛林、山沟溪边、山谷路旁及滩地水边,喜温暖、湿润环境,稍耐阴,阴处或半阴处生长衰弱,开花稀少,有一定的耐寒性和较强的耐旱力。对土壤的要求不严,耐瘠薄,喜肥沃,忌在低洼地种植,积水会引起病害。适于庭院栽培,春季盛开时硕大而艳丽的花序布满全株,芳香四溢,观赏效果甚佳,是庭园栽种的著名花木。

药用价值　入药部位:叶及树皮。夏、秋季采收,晒干或鲜用。性味:味苦,性寒。药用功效:清热,解毒,利湿。药用主治:急性泻痢,黄疸型肝炎,火眼,疮疡。

夹竹桃科

夹竹桃

学名　*Nerium indicum* Mill.

别称　红花夹竹桃、柳叶桃树、洋桃。

科属　夹竹桃科夹竹桃属。

形态特征　常绿直立大灌木,高可达 5 m,枝条灰绿色,含水液。嫩枝条具棱,被微毛,老时毛脱落。叶 3～4 片轮生,下枝为对生,窄披针形,顶端急尖,基部楔形,叶缘反卷,长 11～15 cm,宽 2～2.5 cm,叶面深绿,无毛,叶背浅绿色,有多数洼点,幼时被疏微毛,老时毛渐脱落。中脉在叶面陷入,在叶背凸起,侧脉两面扁平,纤细,密生而平行,每边达 120 条,直达叶缘。叶柄扁平,基部稍宽,幼时被微毛,老时毛脱落。叶柄内具腺体。

聚伞花序顶生,着花数朵。总花梗长约 3 cm,被微毛。花梗长 7～10 mm。苞片披针形,长 7 mm,宽 1.5 mm。花芳香。花萼 5 深裂,红色,披针形,长 3～4 mm,宽 1.5～2 mm,外面无毛,内面基部具腺体。花冠深红色或粉红色,栽培演变有白色或黄色,花冠为单瓣呈 5 裂时,其花冠为漏斗状,花冠裂片倒卵形,顶端圆形,长 1.5 cm,宽 1 cm。花冠为重瓣呈 15～18 枚时,裂片组成三轮,内轮为漏斗状,外面二轮为辐状,分裂至基部,每花冠裂片基部具长圆形而顶端撕裂的鳞片。雄蕊着生在花冠筒中部以上,花丝短,被长柔毛,花药箭头状,内藏,与柱头连生,基部具耳,顶端渐尖,药隔延长呈丝状,被柔毛。无花盘。心皮离生,被柔毛,花柱丝状,柱头近球圆形,顶端凸尖。每心皮有胚珠多颗。蓇葖 2,离生,平行或并连,长圆形,两端较窄,长 10～23 cm,绿色无毛,具细纵条纹。种子长圆形,基部较窄,顶端钝、褐色,种皮被锈色短柔毛,顶端具黄褐色绢质种毛。花期几乎全年,夏、秋为盛。果期一般在冬春季,栽培很少结果。

生长环境　喜温暖湿润的气候,耐寒力不强,白花品种比红花品种耐寒力稍强,不耐水湿,宜在干燥和排水良好的地方栽植,喜光好肥,萌蘖力强,树体受害后易恢复。常在公园、风景区、道路旁或河旁、湖旁周围栽培。

药用价值　入药部位:叶。性味:味辛、苦、涩,性温。药用功效:强心利尿,祛痰杀虫。

药用主治:心力衰竭,癫痫。外用于甲沟炎、斑秃、杀蝇。

络石

学名 *Trachelospermum jasminoides*（Lindl.）Lem.

别称 石龙藤、万字花、万字茉莉。

科属 夹竹桃科络石属。

形态特征 常绿木质藤本,长达 10 m,具乳汁。茎赤褐色,圆柱形,有皮孔。小枝被黄色柔毛,老时渐无毛。叶革质或近革质,椭圆形至卵状椭圆形或宽倒卵形,长 2～10 cm,宽 1～4.5 cm,顶端锐尖至渐尖或钝,有时微凹或有小凸尖,基部渐狭至钝,叶面无毛,叶背被疏短柔毛,老渐无毛。叶面中脉微凹,侧脉扁平,叶背中脉凸起,侧脉每边 6～12 条,扁平或稍凸起。叶柄短,被短柔毛,老渐无毛。叶柄内和叶腋外腺体钻形。

二歧聚伞花序腋生或顶生,花多朵组成圆锥状,与叶等长或较长。花白色,芳香。总花梗长 2～5 cm,被柔毛,老时渐无毛。苞片及小苞片狭披针形。花萼 5 深裂,裂片线状披针形,顶部反卷,外面被有长柔毛及缘毛,内面无毛,基部具 10 枚鳞片状腺体。花蕾顶端钝,花冠筒圆筒形,中部膨大,外面无毛,内面在喉部及雄蕊着生处被短柔毛,长 5～10 mm,花冠裂片长 5～10 mm,无毛。雄蕊着生在花冠筒中部,腹部黏生在柱头上,花药箭头状,基部具耳,隐藏在花喉内。花盘环状 5 裂,与子房等长。子房由 2 个离生心皮组成,无毛,花柱圆柱状,柱头卵圆形,顶端全缘。每心皮有胚珠多颗,着生于 2 个并生的侧膜胎座上。蓇葖双生,叉开,无毛,线状披针形,向先端渐尖,长 10～20 cm,宽 3～10 mm。种子多颗,褐色,线形,长 1.5～2 cm,顶端具白色绢质种毛。种毛长 1.5～3 cm。花期 3～7 月,果期 7～12 月。

生长环境 喜阳,耐践踏,耐旱,耐热,耐水淹。生长于山野、溪边、路旁、林缘或杂木林中,匍匐性、攀爬性较强,常缠绕于树上或攀缘于墙壁上、岩石上,亦有移栽于园圃中。喜半阴湿润的环境,耐旱,也耐湿,对土壤要求不严,以排水良好的沙壤土为宜。对气候的适应性强,能耐寒冷。攀附墙壁,可搭配作绿化用,在园林中多作地被。

药用价值 入药部位:根、茎、叶、果实。药用功效:祛风活络,利关节,止血,止痛消肿,清热解毒。药用主治:关节炎,肌肉痹痛,跌打损伤,产后腹痛。

石血

学名 *Trachelospermum jasminoides*（Lindl.）Lem. var. heterophyllum Tsiang

别称 络石、石龙藤、爬山虎。

科属 夹竹桃科络石属。

形态特征 常绿木质藤本。茎皮褐色,嫩枝被黄色柔毛。茎和枝条以气根攀缘在树木、岩石或墙壁上。叶对生,具短柄,异形叶,通常披针形,长 4～8 cm,宽 0.5～3 cm,叶面深绿色,叶背浅绿色,叶面无毛,叶背被疏短柔毛。侧脉两面扁平。

花白色。萼片长圆形,外面被疏柔毛。花冠高脚碟状,花冠筒中部膨大,外面无毛,内面被柔毛。花药内藏。子房2枚,心皮离生。花盘比子房短。蓇葖双生,线状披针形,长达17 cm,宽0.8 cm。种子线状披针形,顶端具白色绢质种毛。种毛长4 cm。花期夏季,果期秋季。

生长环境　生长于山野岩石上和攀伏在墙壁或树上,对气候的适应性强,耐寒冷,喜湿润环境,喜弱光,亦耐烈日高温。对土壤的要求不严,一般肥力中等的轻黏土及沙壤土均宜,酸性土及碱性土均可生长,较耐干旱,忌水湿。茎柔韧细长,用于平面及立体绿化。

药用价值　入药部位:茎、叶。秋季落叶前采收晒干。性味:味苦,性凉。药用功效:祛风,通络,止血,消瘀。药用主治:风湿痹痛,筋脉拘挛,痈肿,喉痹,吐血,跌打损伤。

罗布麻

学名　*Apocynum venetum* L.

别称　红麻、茶叶花、红柳子。

科属　夹竹桃科罗布麻属。

形态特征　直立半灌木,高1.5~3 m,一般高约2 m,最高可达4 m,具乳汁。枝条对生或互生,圆筒形,光滑无毛,紫红色或淡红色。叶对生,仅在分枝处为近对生,叶片椭圆状披针形至卵圆状长圆形,长1~5 cm,宽0.5~1.5 cm,顶端急尖至钝,具短尖头,基部急尖至钝,叶缘具细牙齿,两面无毛。叶脉纤细,在叶背微凸或扁平,在叶面不明显,侧脉每边10~15条,在叶缘前网结。叶柄长3~6 mm。叶柄间具腺体,老时脱落。

圆锥状聚伞花序一至多歧,通常顶生,有时腋生,花梗被短柔毛。苞片膜质,披针形。花萼深裂,裂片披针形或卵圆状披针形,两面被短柔毛,边缘膜质。花冠圆筒状钟形,紫红色或粉红色,两面密被颗粒状突起,花冠筒长6~8 mm,直径2~3 mm,花冠裂片基部向右覆盖,裂片卵圆状长圆形,稀宽三角形,顶端钝或浑圆,与花冠筒几乎等长,每裂片内外均具明显紫红色的脉纹。雄蕊着生在花冠筒基部,与副花冠裂片互生。花药箭头状,顶端渐尖,隐藏在花喉内,背部隆起,腹部黏生在柱头基部,基部具耳,耳通常平行,有时紧接或稍合,花丝短,密被白茸毛。雌蕊花柱短,上部膨大,下部缩小,柱头基部盘状,顶端钝。子房由2枚离生心皮所组成,被白色茸毛,每心皮有胚珠多数,着生在子房的腹缝线侧膜胎座上。花盘环状,肉质,顶端不规则5裂,基部合生,环绕子房,着生在花托上。

蓇葖平行或叉生,下垂,柱状圆筒形,长8~20 cm,直径2~3 mm,顶端渐尖,基部钝,外果皮棕色,无毛,有纵纹。种子多数,卵圆状长圆形,黄褐色,顶端有一簇白色绢质的种毛。子叶长卵圆形,与胚根近等长。花期4~9月,果期7~12月。

生长环境　生长于河岸、山沟、山坡的沙质地上。野生在盐碱荒地和沙漠边缘及河流两岸、冲积平原、湖泊周围及戈壁荒滩上。花多,美丽、芳香,花期较长,具有发达的蜜腺,是一种良好的蜜源植物。

药用价值　入药部位:叶。夏、秋季采收晒干。取原药材,除去杂质,筛去灰屑。性味:味甘、微苦,性凉。药用功效:清热平肝,利水消肿。药用主治:高血压,眩晕,头痛,心悸,失眠,水肿尿少。

萝藦科

杠柳

学名 *Periploca sepium* Bunge

别称 羊奶条、五加皮、香加皮。

科属 萝藦科杠柳属。

形态特征 落叶蔓性灌木,长可达1.5 m,主根圆柱状,外皮灰棕色,内皮浅黄色。具乳汁,除花外,全株无毛。茎皮灰褐色。小枝通常对生,有细条纹,具皮孔。叶卵状长圆形,长5~9 cm,顶端渐尖,基部楔形,叶面深绿色,叶背淡绿色。中脉在叶面扁平,在叶背微凸起,侧脉纤细,两面扁平。

聚伞花序腋生,着花数朵。花序梗和花梗柔弱。花萼裂片卵圆形,顶端钝,花萼内面基部腺体。花冠紫红色,辐状,张开直径1.5 cm,花冠筒短,裂片长圆状披针形,中间加厚呈纺锤形,反折,内面被长柔毛,外面无毛。副花冠环状,顶端向内弯。雄蕊着生在副花冠内面,并与其合生,彼此黏连并包围着柱头,背面被长柔毛。心皮离生,无毛,每心皮有胚珠多个,柱头盘状凸起。花粉器匙形,四合花粉藏在载粉器内,粘盘黏连在柱头上。蓇葖圆柱状,长7~12 cm,无毛,具有纵条纹。种子长圆形,黑褐色,顶端具白色绢质种毛,种毛长3 cm。花期5~6月,果期7~9月。

生长环境 喜光,耐寒,耐旱,对土壤适应性强,具有较强的抗风蚀、抗沙埋的能力。根系分布较深,常丛生,初期生长径直立,后渐匍匐或缠绕。根蘖性强,单株栽后不久即丛生成团。具有广泛的适应性,是优良的固沙、水土保持树种。

药用价值 入药部位:根皮。药用功效:祛风湿,壮筋骨。药用主治:风湿性关节炎,小儿筋骨软弱,脚痿行迟,水肿,小便不利。

毛白前

学名 *Cynanchum mooreanum* Hemsl.

科属 萝藦科鹅绒藤属。

形态特征 柔弱缠绕藤本,茎密被黄色柔毛,叶对生,卵状心形至卵状矩圆形,长2~4 cm,宽1.5~3 cm,顶端急尖,基部心形或老时近截形,两面均被黄色短柔毛,下面较密。叶柄长1~2 cm,被黄色短柔毛。

伞形聚伞花序腋生,有花7~8朵,花序梗短或长,长达4 cm。花序梗、花梗、花萼外面均被黄色柔毛。花长7 mm,直径1 cm。花冠紫红色,花冠裂片矩圆形。副花冠杯状,5裂,裂片卵形,钝头。花粉块每室1个,下垂。子房无毛。柱头基部五角形,顶端扁平。蓇葖果单生,刺刀形,长7~9 cm,直径1 cm。种子顶端具白绢质种毛。

生长环境 生长于海拔200~700 m的山坡、灌木丛中以及丘陵地疏林中。

药用价值　入药部位:根。药用主治:疟疾。

柳叶白前

学名　*Cynanchum stauntonii*（Decne.）Schltr. ex Levl.

别称　石杨柳、水杨柳、竹叶白前。

科属　萝藦科鹅绒藤属。

形态特征　直立半灌木,高约 1 m,无毛,分枝或不分枝。须根纤细、节上丛生。叶对生,纸质,狭披针形,长 6～13 cm,两端渐尖。中脉在叶背显著,侧脉叶柄长约 5 mm。

伞形聚伞花序腋生。花序梗长达 1 cm,小苞片众多。花萼深裂,内面基部腺体不多。花冠紫红色,辐状,内面具长柔毛。副花冠裂片盾状,隆肿,比花药短。柱头微凸,包在花药的薄膜内。蓇葖单生,长披针形。花期 5～8 月,果期 9～10 月。

生长环境　生长于低海拔的山谷、湿地、水旁。

药用价值　入药部位:全株。药用功效:清热解毒,降气下痰。药用主治:根可治肺病、小儿疳积、感冒咳嗽及慢性支气管炎。

马鞭草科

紫珠

学名　*Callicarpa bodinieri* Levl.

别称　紫荆、紫珠草。

科属　马鞭草科紫珠属。

形态特征　灌木,高约 2 m。小枝、叶柄和花序均被粗糠状星状毛。叶片卵状长椭圆形至椭圆形,长 7～18 cm,宽 4～7 cm,顶端长渐尖至短尖,基部楔形,边缘有细锯齿,表面干后暗棕褐色,有短柔毛,背面灰棕色,密被星状柔毛,两面密生暗红色或红色细粒状腺点。叶柄长 0.5～1 cm。

聚伞花序宽 3～4.5 cm,4～5 次分歧,花序梗长不超过 1 cm。苞片细小,线形。花柄长约 1 mm。花萼长约 1 mm,外被星状毛和暗红色腺点,萼齿钝三角形。花冠紫色,长约 3 mm,被星状柔毛和暗红色腺点。雄蕊长约 6 mm,花药椭圆形,细小,药隔有暗红色腺点,药室纵裂。子房有毛。果实球形,熟时紫色,无毛,径约 2 mm。花期 6～7 月,果期 8～11 月。

生长环境　生长于海拔 200～2 300 m 的林中、林缘及灌丛中。喜温、喜湿、怕风、怕旱,适宜气候条件为年平均温度 15～25 ℃、年降水量 1 000～1 800 mm,以红黄壤为宜,在阴凉的环境生长较好。常与马尾松、油茶、毛竹、山竹、映山红、山茶等混生。

药用价值　入药部位:叶。7～8 月采收晒干。取原药材,除去杂质、残留枝梢及枯叶,洗净切丝晒干。性味:味苦、涩,性凉。药用功效:收敛止血,清热解毒。药用主治:咯血,呕血,衄血,牙龈出血,尿血,便血,崩漏,皮肤紫癜,外伤出血,痈疽肿毒,毒蛇咬伤。

华紫珠

学名 *Callicarpa cathayana* H. T. Chang

科属 马鞭草科紫珠属。

形态特征 灌木,高1.5~3 m。小枝纤细,幼嫩稍有星状毛,老后脱落。叶片椭圆形或卵形,长4~8 cm,宽1.5~3 cm,顶端渐尖,基部楔形,两面近于无毛,而有显著的红色腺点,侧脉5~7对,在两面均稍隆起,细脉和网脉下陷,边缘密生细锯齿。叶柄长4~8 mm。

聚伞花序细弱,宽约1.5 cm,3~4次分歧,略有星状毛,花序梗长4~7 mm,苞片细小。花萼杯状,具星状毛和红色腺点,萼齿不明显或钝三角形。花冠紫色,疏生星状毛,有红色腺点,花丝等于或稍长于花冠,花药长圆形,长约1.2 mm,药室孔裂。子房无毛,花柱长于雄蕊。果实球形,紫色,径约2 mm。花期5~7月,果期8~11月。

生长环境 中国特有灌木植物,多生长于海拔1 200 m以下的山坡、谷地的丛林中。

药用价值 药用功效:止血,消炎。药用主治:内外出血,疖痈。

老鸦糊

学名 *Callicarpa giraldii* Hesse ex Rehd.

别称 万年青、鱼胆、牛舌癀、猴草。

科属 马鞭草科紫珠属。

形态特征 灌木,高1~3 m。小枝圆柱形,灰黄色,被星状毛。叶片纸质,宽椭圆形至披针状长圆形,长5~15 cm,宽2~7 cm,顶端渐尖,基部楔形或下延成狭楔形,边缘有锯齿,表面黄绿色,稍有微毛,背面淡绿色,疏被星状毛和细小黄色腺点,侧脉8~10对,主脉、侧脉和细脉在叶背隆起,细脉近平行。叶柄长1~2 cm。

聚伞花序宽2~3 cm,被毛与小枝同。花萼钟状,疏被星状毛,老后常脱落,具黄色腺点,萼齿钝三角形。花冠紫色,稍有毛,具黄色腺点,花药卵圆形,药室纵裂,药隔具黄色腺点。子房被毛。果实球形,初时疏被星状毛,熟时无毛,紫色。花期5~6月,果期7~11月。

生长环境 中国特有的灌木植物,生长于海拔200~3 400 m的疏林和灌丛中。

药用价值 入药部位:根、茎、叶、果实。5~10月可采,鲜用或晒干。性味:味苦、辛,性凉。药用功效:清热,和血,解毒。

荆条

学名 *Vitex negundo* L. var. heterophylla (Franch.) Rehd.

别称 黄荆柴、黄金子、秧青。

科属 马鞭草科牡荆属。

形态特征 落叶灌木或小乔木,高至5 m,多分枝,有香味。新枝四方形,密被细毛。叶对生,间有三叶轮生。掌状5出复叶,枝端的间有3出复叶。中间3小叶披针形,长6~10 cm,宽2~3 cm,基部楔形。先端长尖,边具锯齿。两面绿色,有细微油点,两面沿叶脉有短细毛,嫩叶背面毛较密。两侧小叶卵形,长为中间小叶的 1/4~2/4。总叶柄长 3~6 cm,被黄色细毛。

圆锥状花序顶生或侧生,长至 30 cm,密被粉状细毛。小苞细小,线形,有毛,着生于花梗基部。花萼钟状,上端 5 裂。花冠淡紫色,外面细毛密生,上端裂成 2 唇,上唇 2 裂,下唇 3 裂。雄蕊伸出花管。子房球形,柱头 2 裂。浆果黑色,宿萼包蔽过半。花期 7~8 月。

生长环境 对土壤适应性强,生长于山地阳坡上,形成灌丛,资源极丰富。荆条性强健,耐寒,耐旱,亦耐瘠薄土壤。喜阳光充足,多自然生长于山地阳坡的干燥地带,形成灌丛,或与酸枣混生,或在盐碱沙荒地与蒿类自然混生。根茎萌发力强,耐修剪。

药用价值 入药部位:果实、叶、根、茎。果实性味:味苦,性温。叶性味:味苦,性寒。根性味:味甘、苦,性平。茎性味:味甘,性平。药用功效:清凉镇静。药用主治:风湿性关节炎、慢性支气管等病症。

三花莸

学名 *Caryopteris terniflora* Maxim.

别称 野荆芥、黄刺泡、大风寒草。

科属 马鞭草科莸属。

形态特征 直立亚灌木,常自基部即分枝,高 15~60 cm。茎方形,生灰白色向下弯曲柔毛。叶片纸质,卵圆形至长卵形,长 1.5~4 cm,宽 1~3 cm,顶端尖,基部阔楔形至圆形,两面具柔毛和腺点,以背面较密,边缘具规则钝齿,侧脉 3~6 对。叶柄长 0.2~1.5 cm,被柔毛。

聚伞花序腋生,花序梗长 1~3 cm,通常 3 花,偶有 1 或 5 花,花柄长 3~6 mm。苞片细小,锥形。花萼钟状,长 8~9 mm,两面有柔毛和腺点,5 裂,裂片披针形。花冠紫红色或淡红色,长 1.1~1.8 cm,外面疏被柔毛和腺点,顶端 5 裂,二唇形,裂片全缘,下唇中裂片较大,圆形。雄蕊 4 枚,与花柱均伸出花冠管外。子房顶端被柔毛,花柱长于雄蕊。蒴果成熟四瓣裂,果瓣倒卵状舟形,无翅,表面凹凸成网纹,密被糙毛。花、果期 6~9 月。

生长环境 生长于海拔 550~2 600 m 的山坡、平地或水沟河边。

药用价值 入药部位:全株。性味:味苦、辛,性平。药用功效:清热解毒,祛风除湿,消肿止痛。药用主治:外感风湿,咳嗽,烫伤,产后腹痛。外用于刀伤,烧、烫伤,瘰疬,痈疽,毒蛇咬伤。

玄参科

白花泡桐

学名 *Paulownia fortunei* (Seem.) Hemsl.

别称　白花桐、泡桐、大果泡桐。

科属　玄参科泡桐属。

形态特征　乔木高可达 30 m，树冠圆锥形，主干直，胸径可达 2 m，树皮灰褐色。幼枝、叶、花序各部和幼果均被黄褐色星状茸毛，但叶柄、叶片上面和花梗渐变无毛。叶片长卵状心脏形，有时为卵状心脏形，长达 20 cm，顶端长渐尖或锐尖头，其凸尖长达 2 cm，新枝上的叶有时 2 裂，下面有星毛及腺，成熟叶片下面密被茸毛，有时毛很稀疏至近无毛。叶柄长达 12 cm。

花序枝几无或仅有短侧枝，故花序狭长几成圆柱形，长约 25 cm，小聚伞花序有花 3~8 朵，总花梗几与花梗等长，或下部者长于花梗，上部者略短于花梗。萼倒圆锥形，长 2~2.5 cm，花后逐渐脱毛，分裂至 1/4 或 1/3 处，萼齿卵圆形至三角状卵圆形，至果期变为狭三角形。花冠管状漏斗形，白色，仅背面稍带紫色或浅紫色，长 8~12 cm，管部在基部以上不突然膨大，而逐渐向上扩大，稍稍向前曲，外面有星状毛，腹部无明显纵褶，内部密布紫色细斑块。雄蕊长 3~3.5 cm，有疏腺。子房有腺，有时具星毛，花柱长约 5.5 cm。蒴果长圆形或长圆状椭圆形，长 6~10 cm，顶端之喙长达 6 mm，宿萼开展或漏斗状，果皮木质，种子连翅长 6~10 mm。花期 3~4 月，果期 7~8 月。

生长环境　生长于低海拔的山坡、林中、山谷及荒地。喜光，喜温暖气候，稍耐庇荫，耐寒性稍差，尤其幼苗期很容易受冻害。深根性，适宜于疏松、深厚、排水良好的壤土和黏壤土，对土壤酸碱度适应范围较广，萌芽力、萌蘖力强。

药用价值　入药部位：根皮。性味：苦寒。药用功效：研细拌甜酒敷治肿毒、筋骨疼痛、扭伤。

紫葳科

灰楸

学名　*Catalpa fargesii* Bur.

别称　川楸。

科属　紫葳科梓属。

形态特征　乔木，高可达 25 m。幼枝、花序、叶柄均有分枝毛。叶厚纸质，卵形或三角状心形，长 13~20 cm，宽 10~13 cm，顶端渐尖，基部截形或微心形，侧脉 4~5 对，基部有 3 出脉，叶幼时表面微有分枝毛，背面较密，以后变无毛。叶柄长 3~10 cm。

顶生伞房状总状花序，有花 7~15 朵。花萼 2 裂近基部，裂片卵圆形。花冠淡红色至淡紫色，内面具紫色斑点，钟状，长约 3.2 cm。雄蕊 2，内藏，退化雄蕊 3 枚，花丝着生于花冠基部，花药广歧，长 3~4 mm。花柱丝形，细长，长约 2.5 cm，柱头 2 裂。子房 2 室，胚珠多数。蒴果细圆柱形，下垂，长 55~80 cm，果片革质，2 裂。种子椭圆状线形，薄膜质，两端具丝状种毛，连毛长 5~6 cm。花期 3~5 月，果期 6~11 月。

生长环境　生长于海拔 500~2 800 m 的村庄边、山谷中。

药用价值　入药部位:果、根皮。果利尿。根皮治皮肤病。

楸

学名　*Catalpa bungee* C. A. Mey.
别称　楸树。
科属　紫葳科梓属。
形态特征　小乔木,高8~12 m。叶三角状卵形或卵状长圆形,长6~15 cm,宽达8 cm,顶端长渐尖,基部截形,阔楔形或心形,有时基部具有1~2个牙齿,叶面深绿色,叶背无毛。叶柄长2~8 cm。

顶生伞房状总状花序,有花2~12朵。花萼蕾时圆球形,2唇开裂,顶端有2个尖齿。花冠淡红色,内面具有2条黄色条纹及暗紫色斑点,长3~3.5 cm。蒴果线形,长25~45 cm,宽约6 mm。种子狭长椭圆形,长约1 cm,宽约2 cm,两端生长毛。花期5~6月,果期6~10月。

生长环境　喜光,幼苗稍耐阴,喜温暖湿润气候,不耐严寒。喜通透性好的沙壤土,能耐轻度盐碱土,对二氧化硫及氯气有较强抗性,有较强的滞尘能力。喜肥土,生长迅速,树干通直,木材坚硬,为良好的建筑用材,可栽培作观赏树、行道树,用根蘖繁殖。

药用价值　入药部位:根、皮、花、果。药用功效:果实味苦性凉,清热利尿。药用主治:尿路结石,尿路感染,热毒疮疖。

梓

学名　*Catalpa ovata* G. Don.
科属　紫葳科梓属。
形态特征　落叶乔木,一般高6 m,最高可达15 m。树冠伞形,主干通直平滑,呈暗灰色或者灰褐色,嫩枝具稀疏柔毛。

圆锥花序顶生,长10~18 cm,花序梗,微被疏毛,长12~28 cm。花梗长3~8 mm,疏生毛。花萼圆球形,2唇开裂,长6~8 mm。花萼2裂,裂片广卵形,顶端锐尖。花冠钟状,浅黄色,长约2 cm,2唇形,上唇2裂,长约5 mm,下唇3裂,中裂片长约9 mm,侧裂片长约6 mm,边缘波状,筒部内有2黄色条带及暗紫色斑点,长约2.5 cm,直径约2 cm。

蒴果线形,下垂,深褐色,长20~30 cm,粗5~7 mm,冬季不落。叶对生或近于对生,有时轮生,叶阔卵形,长宽相近,长约25 cm,顶端渐尖,基部心形,全缘或浅波状,常3浅裂,叶片上面及下面均粗糙,微被柔毛或近于无毛,侧脉4~6对,基部掌状脉5~7条。叶柄长6~18 cm。种子长椭圆形,两端密生长柔毛,连毛长约3 cm,背部略隆起。能育雄蕊2,花丝插生于花冠筒上,花药叉开。退化雄蕊。子房上位,棒状。花柱丝形,柱头2裂。花期6~7月,果期8~10月。

生长环境　生长于海拔500~2 500 m的低山河谷,适应性较强,喜温暖,也能耐寒。以深厚、湿润、肥沃的夹沙土较好。不耐干旱瘠薄,抗污染能力强,生长较快。树体端正,冠幅开展,叶大荫浓,春夏黄花满树,秋冬荚果悬挂,具一定观赏价值,可作行道绿化树种。

药用价值 入药部位:叶、果实、茎白皮和根白皮。性味:果实味甘,性平。皮味苦,性寒。叶味苦,性寒。药用功效:果实利水消肿。叶清热解毒、杀虫止痒。皮清热利湿、降逆止吐。药用主治:果实用于治疗小便不利、浮肿、腹水。叶用于治疗小儿发热、疮疖、疥癣。

凌霄

学名 *Campsis grandiflora*(Thunb.)Schum.

别称 紫葳、五爪龙、红花倒水莲。

科属 紫葳科凌霄属。

形态特征 攀缓藤本。茎木质,表皮脱落,枯褐色,以气生根攀附于他物之上。叶对生,为奇数羽状复叶。小叶7~9枚,卵形至卵状披针形,顶端尾状渐尖,基部阔楔形,两侧不等大,长3~6 cm,宽1.5~3 cm,侧脉6~7对,两面无毛,边缘有粗锯齿。叶轴长4~13 cm。小叶柄长5 mm。顶生疏散的短圆锥花序,花序轴长15~20 cm。花萼钟状,长3 cm,分裂至中部,裂片披针形,长约1.5 cm。

花冠内面鲜红色,外面橙黄色,长约5 cm,裂片半圆形。雄蕊着生于花冠筒近基部,花丝线形,细长,长2~2.5 cm,花药黄色,个字形着生。花柱线形,长约3 cm,柱头扁平,2裂。蒴果顶端钝。花期5~8月。

生长环境 喜温暖湿润、有阳光的环境,稍耐阴,幼苗耐寒力较差。若光照不足,虽可以生长,但枝条细长。要求肥沃、深厚、排水良好的沙质土壤。

药用价值 花性味:味甘、酸,性寒。药用功效:行血祛瘀,凉血祛风。药用主治:经闭症,产后乳肿,风疹发红,皮肤瘙痒,痤疮。根性味:味苦,性凉。药用功效:活血散淤,解毒消肿。药用主治:风湿痹痛,跌打损伤,骨折,脱臼,吐泻。茎、叶性味:味苦,性平。药用功效:凉血,散淤。药用主治:血热生风,皮肤瘙痒,隐疹,手脚麻木,咽喉肿痛。

茜草科

栀子

学名 *Gardenia jasminoides* Ellis.

别称 黄果子、山黄枝。

科属 茜草科栀子属。

形态特征 灌木,高0.3~3 m。嫩枝常被短毛,枝圆柱形,灰色。叶对生,或为3枚轮生,革质,稀为纸质,叶形多样,通常为长圆状披针形、倒卵状长圆形、倒卵形或椭圆形,长3~25 cm,宽1.5~8 cm,顶端渐尖、骤然长渐尖或短尖而钝,基部楔形或短尖,两面常无毛,上面亮绿,下面色较暗。侧脉8~15对,在下面凸起,在上面平。叶柄长0.2~1 cm。叶膜质。

花芳香,通常单朵生于枝顶,花梗长3~5 mm。萼管倒圆锥形或卵形,长8~25 mm,有纵棱,萼檐管形,膨大,顶部5~8裂,通常6裂,裂片披针形或线状披针形,长10~30 mm,宽1~4 mm,结果时增长,宿存。花冠白色或乳黄色,高脚碟状,喉部有疏柔毛,冠管狭圆筒形,长3~5 cm,宽4~6 mm,顶部5~8裂,通常6裂,裂片广展,倒卵形或倒卵状长圆形,长1.5~4 cm,宽0.6~2.8 cm。花丝极短,花药线形,长1.5~2.2 cm,伸出。花柱粗厚,长约4.5 cm,柱头纺锤形,伸出,长1~1.5 cm,宽3~7 mm,子房直径约3 mm,黄色,平滑。

果卵形、近球形、椭圆形或长圆形,黄色或橙红色,长1.5~7 cm,直径1.2~2 cm,有翅状纵棱5~9条,顶部的宿存萼片长达4 cm,宽达6 mm。种子多数,扁圆形而稍有棱角,长约3.5 mm,宽约3 mm。花期3~7月,果期5月至翌年2月。

生长环境 生长于海拔10~1 500 m的旷野、丘陵、山谷、山坡、溪边的灌丛或林中。喜温暖湿润气候,好阳光,但又不宜经受强烈阳光照射,适宜生长于疏松、肥沃、排水良好、轻黏性酸性土壤中,抗有害气体能力强,萌芽力强,耐修剪,是典型的酸性植物。

药用价值 入药部位:干燥成熟果实。除去果梗及杂质,蒸至上汽或置沸水中略烫,干燥碾碎。性味:味苦,性寒。药用功效:泻火除烦,清热利湿,凉血解毒。外用消肿止痛。药用主治:热病心烦,湿热黄疸,淋证涩痛,血热吐衄,目赤肿痛,火毒疮疡,外治扭挫伤痛。

香果树

学名 *Emmenopterys henryi* Oliv.

别称 大猫舌、紫油厚朴、叶上花、小冬瓜。

科属 茜草科香果树属。

形态特征 落叶大乔木,高可达30 m,胸径达1 m。树皮灰褐色,鳞片状。小枝有皮孔,粗壮,扩展。叶纸质或革质,阔椭圆形、阔卵形或卵状椭圆形,长6~30 cm,宽3.5~14.5 cm,顶端短尖或骤然渐尖,稀钝,基部短尖或阔楔形,全缘,上面无毛或疏被糙伏毛,下面较苍白,被柔毛或仅沿脉上被柔毛,或无毛而脉腋内常有簇毛。侧脉5~9对,在下面凸起。叶柄长2~8 cm,无毛或有柔毛。托叶大,三角状卵形,早落。

圆锥状聚伞花序顶生。花芳香,花梗长约4 mm。萼管长约4 mm,裂片近圆形,具缘毛,脱落,变态的叶状萼裂片白色、淡红色或淡黄色,纸质或革质,匙状卵形或广椭圆形,长1.5~8 cm,宽1~6 cm,有纵平行脉数条,有长1~3 cm的柄。花冠漏斗形,白色或黄色,长2~3 cm,被黄白色茸毛,裂片近圆形,长约7 mm,宽约6 mm。花丝被茸毛。蒴果长圆状卵形或近纺锤形,长3~5 cm,径1~1.5 cm,无毛或有短柔毛,有纵细棱。种子多数,小而有阔翅。花期6~8月,果期8~11月。

生长环境 古老孑遗植物,中国特有珍稀树种。生长于海拔430~1 600 m的山谷林中,喜湿润而肥沃的土壤。喜温和或凉爽的气候和湿润肥沃的山地黄壤或沙质黄棕壤,适宜pH值5~6。通常散生在以壳斗科为主的常绿阔叶林中,或生于常绿、落叶阔叶混交林内。偏阳性树种,种子有翅,借风力传播。

药用价值 入药部位:根、树皮。全年均可采,切片晒干。性味:味甘、辛,性温。药用功效:湿中和胃,降逆止呕。药用主治:反胃,呕吐,呃逆。

白马骨

学名 *Serissa serissoides*（DC.）Druce

别称 六月雪。

科属 茜草科六月雪属。

形态特征 落叶小灌木,高 30 ~ 100 cm。枝粗壮,灰色。叶对生,有短柄,常聚生于小枝上部。托叶膜质,先端有锥尖状裂片数枚,叶片倒卵形或倒披针形,先端短尖,基部渐狭,全缘,两面无毛或下面被疏毛。

花无梗,丛生于小枝顶或叶腋。苞片斜方状椭圆形,顶端针尖,白色。萼5裂,萼片三角状锥尖,有睫毛。花冠管状,白色,内有茸毛披针形。雄蕊5枚,雌蕊1枚,柱头分棱,圆柱状。核果近球形,有2个分核。花期4~6月,果期9~11月。

生长环境 生长于山坡、路边、溪旁、灌木丛中,喜温暖湿润气候,从丘陵和平坝排水良好的夹沙土较好。喜阳光,较耐阴,耐旱力强,对土壤要求不严。花小而密,树形美观秀丽。

药用价值 入药部位:全株。4~6月采收茎叶,秋季挖根。洗净切段,鲜用或晒干。性味:味淡、微辛,性凉。药用功效:疏风解表,清热利湿,舒筋活络。药用主治:感冒,咳嗽,牙痛,乳蛾,咽喉肿痛,急慢性肝炎,泄泻,痢疾,小儿疳积,高血压头痛,偏头痛,目赤肿痛,风湿关节痛,带下病,痈疽,瘰疬。

茜草

学名 *Rubia cordifolia* L.

别称 血茜草、血见愁、地苏木、活血丹、土丹参。

科属 茜草科茜草属。

形态特征 攀缘藤木,长通常 1.5 ~ 3.5 m。根状茎和其节上的须根均红色。茎数至多条,从根状茎的节上发出,细长,方柱形,有4棱,棱上生倒生皮刺,中部以上多分枝。叶通常4片轮生,纸质,披针形或长圆状披针形,长 0.7 ~ 3.5 cm,顶端渐尖,有时钝尖,基部心形,边缘有齿状皮刺,两面粗糙,脉上有微小皮刺。基出脉3条,叶柄长通常 1 ~ 2.5 cm,倒生皮刺。

聚伞花序腋生和顶生,多回分枝,有花10余朵至数十朵,花序和分枝均细瘦,有微小皮刺。花冠淡黄色,干时淡褐色,盛开时花冠檐部直径 3 ~ 3.5 mm,花冠裂片近卵形,微伸展,外面无毛。果球形,直径通常 4 ~ 5 mm,成熟时橘黄色。花期8~9月,果期10~11月。

生长环境 喜凉爽而湿润的环境,耐寒,怕积水。常生于疏林、林缘、灌丛或草地上。对土壤要求以疏松肥沃、富含有机质的沙质壤土栽培为宜。喜凉爽气候和较湿润的环境,性耐寒。土壤贫瘠以及低洼易积水之地均不宜种植。

药用价值 入药部位:根。性味:性寒、凉血、止血,化瘀。药用功效:凉血活血,祛瘀,通经。药用主治:吐血,衄血,崩漏下血,外伤出血,经闭瘀阻,关节痹痛,跌扑肿痛。

水团花

学名 *Adina pilulifera*（Lam.）Franch. ex Drake

别称 水杨梅。

科属 茜草科水团花属。

形态特征 常绿灌木至小乔木,高可达 5 m。顶芽不明显,由开展的托叶疏松包裹。叶对生,厚纸质,椭圆形至椭圆状披针形,或有时倒卵状长圆形至倒卵状披针形,长 4～12 cm,宽 1.5～3 cm,顶端短尖至渐尖而钝头,基部钝或楔形,有时渐狭窄,上面无毛,下面无毛或有时被稀疏短柔毛。侧脉 6～12 对,脉腋窝陷有稀疏的毛。叶柄长 2～6 mm,无毛或被短柔毛。托叶裂,早落。

头状花序明显腋生,极稀顶生,直径不计花冠 4～6 mm,花序轴单生,不分枝。小苞片线形至线状棒形,无毛。总花梗长 3～4.5 cm,中部以下有轮生小苞片 5 枚。花萼管基部有毛,上部有疏散的毛,萼裂片线状长圆形或匙形。花冠白色,窄漏斗状,花冠管被微柔毛,花冠裂片卵状长圆形。雄蕊 5 枚,花丝短,着生花冠喉部。子房 2 室,每室有胚珠多数,花柱伸出,柱头小,球形或卵圆球形。果序直径 8～10 mm。小蒴果楔形,长 2～5 mm。种子长圆形,两端有狭翅。花期 6～7 月。

生长环境 生长于海拔 200～350 m 的山谷疏林下或路旁、溪涧水畔,喜生于河边、密林。

药用价值 入药部位:枝叶、花、果。枝叶全年均可采,切碎。花果采摘洗净,鲜用或晒干。性味:味苦、涩,性凉。药用功效:清热祛湿,散瘀止痛,止血敛疮。药用主治:痢疾,肠炎,浮肿,痈肿疮毒,湿疹,溃疡不敛,创伤出血。

水杨梅

学名 *Adina rubella* Hance

别称 细叶水团花、水杨柳。

科属 茜草科水团花属。

形态特征 落叶小灌木,高 1～3 m。小枝延长,具赤褐色微毛,后无毛。顶芽不明显,被开展的托叶包裹。叶对生,近无柄,薄革质,卵状披针形或卵状椭圆形,全缘,长 2.5～4 cm,宽 8～12 mm,顶端渐尖或短尖,基部阔楔形或近圆形。侧脉 5～7 对,被稀疏或稠密短柔毛。托叶小,早落。

头状花序,不计花冠直径 4～5 mm,单生、顶生或兼有腋生,总花梗略被柔毛。小苞片线形或线状棒形。花萼管疏被短柔毛,萼裂片匙形或匙状棒形。花冠管长 2～3 mm,5 裂,花冠裂片三角状,紫红色。果序直径 8～12 mm。小蒴果长卵状楔形,长 3 mm。花、果期 5～12 月。

生长环境 生于溪边、河边、沙滩等地,生命力旺盛,愈合能力强。喜温暖湿润和阳光充足的环境,较耐寒,不耐高温和干旱,但耐水淹,萌发力强,枝条密集。适宜疏松、排水良好、微酸性沙质壤土,土壤含水率 19% 左右。在河谷滨水区域分布较多,生长旺盛。

药用价值　入药部位:茎叶、果实。春、秋季采收茎叶,鲜用或晒干。8~11月果实未成熟时采摘花果序,鲜用或晒干。性味:味苦、涩,性凉。药用功效:清利湿热,解毒消肿。药用主治:湿热泄泻,痢疾,湿疹,疮疖肿毒,风火牙痛,跌打损伤,外伤出血。

忍冬科

六道木

学名　*Abelia biflora* Turcz.
别称　六条木、交翅。
科属　忍冬科六道木属。
形态特征　落叶灌木,高1~3 m。幼枝被倒生硬毛,老枝无毛。叶矩圆形至矩圆状披针形,长2~6 cm,顶端尖至渐尖,基部钝至渐狭成楔形,全缘或中部以上羽状浅裂而具粗齿,上面深绿色,下面绿白色,两面疏被柔毛,脉上密被长柔毛,边缘有睫毛。叶柄基部膨大且成对相连,被硬毛。

花单生于小枝上叶腋,无总花梗。花梗被硬毛。小苞片三齿状,花后不落。萼筒圆柱形,疏生短硬毛,萼齿狭椭圆形或倒卵状矩圆形。花冠白色、淡黄色或带浅红色,狭漏斗形或高脚碟形,外面被短柔毛,杂有倒向硬毛,裂片圆形,筒为裂片长的3倍,内密生硬毛。雄蕊着生于花冠筒中部,内藏,花药长卵圆形。花柱头状。果实具硬毛,冠以4枚宿存而略增大的萼裂片。种子圆柱形,具肉质胚乳。

花粉红色,花开不断,幼枝带红褐色。被倒生刚毛。叶对生或轮生,叶长圆形或长圆状披针形,全缘或疏生粗齿,具缘毛。双花生于枝梢叶腋,无总梗。花萼筒被短刺毛。花冠白色至淡红色。果微弯,疏被刺毛。花期5月,果期8~9月。

生长环境　生长于海拔1 000~2 000 m的山坡灌丛、林下及沟边。喜光,耐旱,适应性强,抗寒性强。干无心有结,每结自成纹路。纹路浅黄色或白色,竖行均为六道。灰皮去后,木面光滑,呈白色微黄。生长缓慢,木质坚韧,木面光滑细密,且不易折,强力折之,斜茬似刀,锋利如刃。

药用价值　性味:味涩、苦。药用功效:祛风除湿,消除红肿,解毒。

南方六道木

学名　*Abelia dielsii* (Graebn.) Rehd.
科属　忍冬科六道木属。
形态特征　落叶灌木,高可达3 m,当年小枝红褐色,老枝灰白色。叶对生。叶柄长4~7 mm,基部膨大,散生硬毛。叶厚纸质,叶片长卵形、长圆形、倒卵形、椭圆形至披针形,变化幅度很大,长3~8 cm,宽0.5~3 cm,先端尖或长渐尖,基部楔形或钝,全缘或有1~6对齿牙,具缘毛,嫩时上面散生柔毛,下面除叶脉基部被毛外,其余光滑无毛。

花 2 朵生于侧枝顶部叶腋。总花梗长 1.2 cm,花梗几无。苞片具纤毛,萼筒长约 8 mm,裂片卵状披针形或倒卵形。花冠白色后变浅黄色,4 裂,裂片圆,长为筒的 1/3 ~ 1/5,筒内具短柔毛。雄蕊 4 枚,内藏。花柱细长,柱头头状,不伸出花冠筒外,长 1 ~ 1.5 cm。种子柱状。花期 4~6 月,果期 8~9 月。

生长环境　生长于海拔 800 ~ 3 700 m 的山坡灌丛、路边林下及草地。

药用价值　入药部位:果实。秋季采收晒干。药用功效:祛风湿。药用主治:风湿痹痛。

金银忍冬

学名　*Lonicera maackii*（Rupr.）Maxim.

别称　金银木、胯杷果。

科属　忍冬科忍冬属。

形态特征　落叶灌木,高可达 6 m,茎干直径达 10 cm。凡幼枝、叶两面脉上、叶柄、苞片、小苞片及萼檐外面都被短柔毛和微腺毛。冬芽小,卵圆形,有 5 ~ 6 对或更多鳞片。叶纸质,形状变化较大,通常卵状椭圆形至卵状披针形,稀矩圆状披针形或倒卵状矩圆形,更少菱状矩圆形或圆卵形,长 5 ~ 8 cm,顶端渐尖或长渐尖,基部宽楔形至圆形。

花芳香,生于幼枝叶腋,总花梗短于叶柄。苞片条形,有时条状倒披针形而呈叶状。小苞片多少连合成对,长为萼筒的 1/2 至几相等,顶端截形。相邻两萼筒分离,无毛或疏生微腺毛,萼檐钟状,为萼筒长的 2/3 至相等,干膜质,萼齿宽三角形或披针形,不相等,顶尖,裂隙约达萼檐之半。花冠先白色后变黄色,长 2 cm,外被短伏毛或无毛,唇形,筒长约为唇瓣的 1/2,内被柔毛。雄蕊与花柱长约达花冠的 2/3,花丝中部以下和花柱均有向上的柔毛。果实暗红色,圆形,直径 5 ~ 6 mm。种子具蜂窝状小浅凹点。花期 5 ~ 6 月,果期 8 ~ 10 月。

生长环境　生长于海拔 1 800 m 以下林中或林缘溪流附近的灌木丛中,喜强光,每天接受日光直射不少于 4 h,稍耐旱,在微潮偏干的环境中生长良好。喜温暖的环境,亦较耐寒,在北方多数地区可露地越冬。

药用价值　根:解毒截疟。茎叶:祛风解毒,活血祛瘀。花:祛风解表,消肿解毒。

金花忍冬

学名　*Lonicera chrysantha* Turcz.

别称　黄花忍冬、黄金忍冬。

科属　忍冬科忍冬属。

形态特征　落叶灌木,高可达 4 m。幼枝、叶柄和总花梗常被开展的直糙毛、微糙毛和腺。冬芽卵状披针形,鳞片 5 ~ 6 对,外面疏生柔毛,有白色长睫毛。叶纸质,菱状卵形、菱状披针形、倒卵形或卵状披针形,长 4 ~ 8 cm,顶端渐尖或急尾尖,基部楔形至圆形,两面脉上被直或稍弯的糙伏毛,中脉毛较密,有直缘毛。叶柄长 4 ~ 7 mm。

总花梗细,长 1.5 ~ 4 cm。苞片条形或狭条状披针形,常高出萼筒。小苞片分离,卵状矩圆形、宽卵形、倒卵形至近圆形,为萼筒的 1/3 ~ 2/3。相邻两萼筒分离,常无毛而具腺,萼齿圆卵形、半圆形或卵形,顶端圆或钝。花冠先白色后变黄色,长 1 ~ 2 cm,外面疏生短糙毛,唇形,有短柔毛,基部有深囊或有时囊不明显。雄蕊和花柱短于花冠,花丝中部以下有密毛,药隔上半部有短柔伏毛。花柱全被短柔毛。果实红色,圆形。花期5~6月,果期7~9月。

生长环境 生长于海拔250~2 000 m的沟谷、林下或林缘灌丛中。

药用价值 入药部位:花蕾、嫩枝、叶。性味:味苦,性凉。药用功效:清热解毒,消散痈肿。药用主治:热毒疮痈症。

忍冬

学名 *Lonicera japonica* Thunb.

别称 金银花。

科属 忍冬科忍冬属。

形态特征 半常绿藤本。幼枝橘红褐色,密被黄褐色开展的硬直糙毛、腺毛和短柔毛,下部常无毛。叶纸质,卵形至矩圆状卵形,有时卵状披针形,稀圆卵形或倒卵形,极少有1至数个钝缺刻,长3~9 cm,顶端尖或渐尖,少有钝、圆或微凹缺,基部圆或近心形,有糙缘毛,上面深绿色,下面淡绿色,小枝上部叶通常两面均密被短糙毛,下部叶常平滑无毛,而下面多少带青灰色。叶柄密被短柔毛。

总花梗通常单生于小枝上部叶腋,与叶柄等长或稍较短,下方者则长达2~4 cm,密被短柔毛,并夹杂腺毛。苞片大,叶状,卵形至椭圆形,长达2~3 cm,两面均有短柔毛或有时近无毛。小苞片顶端圆形或截形,为萼筒的1/2~4/5,有短糙毛和腺毛。萼筒无毛,萼齿卵状三角形或长三角形,顶端尖而有长毛,外面和边缘都有密毛。花冠白色,有时基部向阳面呈微红,后变黄色,长3~6 cm,唇形,筒稍长于唇瓣,很少近等长,外被多少倒生的开展或半开展糙毛和长腺毛,上唇裂片顶端钝形,下唇带状而反曲。雄蕊和花柱均高出花冠。果实圆形,熟时蓝黑色,有光泽。种子卵圆形或椭圆形,褐色,中部有凸起的脊,两侧有浅的横沟纹。花期4~6月,果期10~11月。

生长环境 适应性强,对土壤和气候的选择不严,以土层较厚的沙质壤土为宜。

药用价值 入药部位:花。性味:味甘、性寒。药用功效:清热解毒,消炎退肿。药用主治:温病发热,热毒血痢,痈肿疔疮。

苦糖果

学名 *Lonicera standishii* Jacq.

别称 狗蛋、鸡骨头、苦竹泡。

科属 忍冬科忍冬属。

形态特征 落叶灌木,高达2 m,小枝和叶柄有时具短糙毛。叶卵形、椭圆形或卵状披针形,呈披针形或近卵形者较少,通常两面被刚伏毛及短腺毛或至少下面中脉被刚伏毛,有时中脉下部或基部两侧夹杂短糙毛。花柱下部疏生糙毛。花期1~4月,果期5~6月。

生长环境 生长于海拔100~2 000 m的向阳山坡、灌丛中或溪涧旁。

药用价值 入药部位:茎、叶、根。夏、秋季采收茎叶,秋后挖根,均鲜用或切断晒干。性味:味甘,性寒。药用功效:祛风除湿,清热止痛。药用主治:风湿关节痛,外用治疗疮。

桦叶荚蒾

学名 *Viburnum betulifolium* Batal.

别称 卵叶荚蒾、红对节子、高粱花。

科属 忍冬科荚蒾属。

形态特征 落叶灌木或小乔木,小枝紫褐或黑褐色,稍有棱角,散生圆形、凸起浅色小皮孔,无毛或初稍有毛。叶宽卵形、菱状卵形或宽倒卵形,稀椭圆状长圆形,长 3.5~8.5 cm,先端骤短渐尖或渐尖,离基 1/3~1/2 以上具浅波状牙齿,上面无毛或中脉被少数短毛,下面中脉及侧脉被少数短伏毛,脉腋集聚簇状毛,侧脉 5~7 对。叶柄纤细,长 1~2 cm,疏生单长毛或无毛,近基部常有 1 对钻形小托叶。

花生于第四级辐射枝上,萼筒有黄褐色腺点,疏被簇状毛,萼齿宽卵状角形,有缘毛。花冠白色,径约 4 mm,无毛,裂片圆卵形,比筒部长。雄蕊常高出花冠。果熟时红色,近圆形,长约 6 mm。核扁,长 3.5~5 mm,有 1~3 条浅腹沟和 2 条深背沟。花期 6~7 月,果期 9~10 月。

生长环境 生长于海拔 1 300~3 100 m 的林下或灌丛中。

药用价值 入药部位:根。秋末采挖,洗净切段(片)晒干。性味:味涩,性平。药用功效:调经,涩精。药用主治:月经不调,梦遗虚滑,肺热口臭,白浊带下。

荚蒾

学名 *Viburnum dilatatum* Thunb.

别称 檕迷、羿先、孩儿拳头。

科属 忍冬科荚蒾属。

形态特征 落叶灌木,高 1.5~3 m。当年小枝连同芽、叶柄和花序均密被土黄色或黄绿色开展的小刚毛状粗毛及簇状短毛,老时毛可弯伏,毛基有小瘤状突起,二年生小枝暗紫褐色,被疏毛或几无毛,有突起的垫状物。

叶纸质,宽倒卵形、倒卵形或宽卵形,长 3~10 cm,顶端急尖,基部圆形至钝形或微心形,有时楔形,边缘有牙齿状锯齿,齿端突尖,上面被叉状或简单伏毛,下面被带黄色叉状或簇状毛,脉上毛尤密,脉腋集聚簇状毛,有带黄色或近无色的透亮腺点,虽脱落但仍留有痕迹,近基部两侧有少数腺体,侧脉 6~8 对,直达齿端,上面凹陷,下面明显突起。叶柄无托叶。

复伞形式聚伞花序稠密,生于具 1 对叶的短枝之顶,直径 4~10 cm,果时毛多少脱落,总花梗长 1~2 cm,第一级辐射枝 5 条,花生于第三至第四级辐射枝上,萼和花冠外面均有簇状糙毛。萼筒狭筒状,有暗红色微细腺点,萼齿卵形。花冠白色,辐状,裂片圆卵形。雄蕊明显高出花冠,花药小,乳白色,宽椭圆形。花柱高出萼齿。果实红色,椭圆状卵圆形。核扁,卵形,浅腹沟和浅背沟。花期 5~6 月,果期 9~11 月。

生长环境 生长于海拔 100~1 000 m 的山坡或山谷疏林下、林缘及山脚灌丛中。喜光,喜温暖湿润,也耐阴,耐寒,对气候因子及土壤要求不严,喜微酸性肥沃土壤,易管理。

药用价值 入药部位:根、枝、叶。根性味:味辛、涩,性凉。药用功效:祛瘀消肿。药用主治:瘰疬,跌打损伤。枝、叶性味:味酸,性凉。药用功效:清热解毒,疏风解表。药用主治:疗疮发热,暑热感冒。外用于过敏性皮炎。

接骨木

学名 *Sambucus williamsii* Hance

别称 公道老、扦扦活、马尿骚。

科属 忍冬科接骨木属。

形态特征 落叶灌木或小乔木,高 5~6 m。老枝淡红褐色,具明显的长椭圆形皮孔,髓部淡褐色。羽状复叶有小叶 2~3 对,有时仅 1 对或多达 5 对,侧生小叶片卵圆形、狭椭圆形至倒矩圆状披针形,长 5~15 cm,宽 1.2~7 cm,顶端尖、渐尖至尾尖,边缘具不整齐锯齿,有时基部或中部以下具数枚腺齿,基部楔形或圆形、心形,两侧不对称,最下一对小叶有时具柄,顶生小叶卵形或倒卵形,顶端渐尖或尾尖,基部楔形,具长约 2 cm 的柄,初时小叶上面及中脉被稀疏短柔毛,后光滑无毛,叶搓揉后有臭气。托叶狭带形,或退化成带蓝色的突起。

花与叶同出,圆锥形聚伞花序顶生,长 5~11 cm,宽 4~14 cm,具总花梗,花序分枝多呈直角开展,有时被稀疏短柔毛,随即光滑无毛。花小而密。萼筒杯状,萼齿三角状披针形,稍短于萼筒。花冠蕾时带粉红色,开后白色或淡黄色,筒短,裂片矩圆形或长卵圆形。雄蕊与花冠裂片等长,开展,花丝基部稍肥大,花药黄色。子房花柱短,柱头 3 裂。果实红色,极少蓝紫黑色,卵圆形或近圆形,卵圆形至椭圆形,略有皱纹。花期一般 4~5 月,果期 9~10 月。

生长环境 生长于海拔 500~1 600 m 的山坡、灌丛、沟边、路旁、宅边。适应性较强,喜向阳,稍耐荫蔽。以肥沃、疏松的土壤为宜。根系发达,萌蘖性强。忌水涝,抗污染性强。

药用价值 花:用于发汗,利尿。叶性味:味苦,性凉。药用功效:活血,行瘀,止痛。药用主治:跌打骨折,风湿痹痛,筋骨疼痛。根性味:味甘,性平。药用主治:风湿关节痛,痰饮,水肿,泄泻,跌打损伤,烫伤。茎枝性味:味甘、苦,性平。药用功效:祛风,利湿,活血,止痛。药用主治:风湿筋骨痛,腰痛,水肿,风疹,隐疹,产后血晕,跌打肿痛,骨折,创伤出血。

参 考 文 献

[1] 郑万钧,傅立国.中国植物志:第七卷[M].北京:科学出版社,1978.

[2] 王战,方振富.中国植物志:第二十卷[M].北京:科学出版社,1984.

[3] 匡可任,李沛琼.中国植物志:第二十一卷[M].北京:科学出版社,1979.

[4] 陈焕镛,黄成就.中国植物志:第二十二卷[M].北京:科学出版社,1998.

[5] 张秀实,吴征镒.中国植物志:第二十三卷[M].北京:科学出版社,1998.

[6] 丘华兴,林有润.中国植物志:第二十四卷[M].北京:科学出版社,1988.

[7] 李安仁.中国植物志:第二十五卷[M].北京:科学出版社,1998.

[8] 关可俭.中国植物志:第二十七卷[M].北京:科学出版社,1979.

[9] 王文采.中国植物志:第二十八卷[M].北京:科学出版社,1980.

[10] 应俊生.中国植物志:第二十九卷[M].北京:科学出版社,2001.

[11] 刘玉壶.中国植物志:第三十卷[M].北京:科学出版社,1996.

[12] 李锡文.中国植物志:第三十一卷[M].北京:科学出版社,1982.

[13] 傅书遐,傅坤俊.中国植物志:第三十四卷[M].北京:科学出版社,1984.

[14] 张宏达.中国植物志:第三十五卷[M].北京:科学出版社,1979.

[15] 俞德俊.中国植物志:第三十六卷[M].北京:科学出版社,1974.

[16] 陈德昭.中国植物志:第三十九卷[M].北京:科学出版社,1988.

[17] 黄成就.中国植物志:第四十三卷[M].北京:科学出版社,1998.

[18] 李秉滔.中国植物志:第四十四卷[M].北京:科学出版社,1994.

[19] 郑勉,闵禄.中国植物志:第四十五卷[M].北京:科学出版社,1980.

[20] 方文培.中国植物志:第四十六卷[M].北京:科学出版社,1981.

[21] 刘玉壶,罗献瑞.中国植物志:第四十七卷[M].北京:科学出版社,1985.

[22] 陈艺林.中国植物志:第四十八卷[M].北京:科学出版社,1982.

[23] 张宏达.中国植物志:第四十九卷[M].北京:科学出版社,1989.

[24] 林来官.中国植物志:第五十卷[M].北京:科学出版社,1998.

[25] 谷碎芝.中国植物志:第五十二卷[M].北京:科学出版社,1999.

[26] 何景,曾沧江.中国植物志:第五十四卷[M].北京:科学出版社,1978.

[27] 方文培,胡文光.中国植物志:第五十六卷[M].北京:科学出版社,1990.

[28] 方瑞征.中国植物志:第五十七卷[M].北京:科学出版社,1999.

[29] 陈介.中国植物志:第五十八卷[M].北京:科学出版社,1979.

[30] 李树刚.中国植物志:第六十卷[M].北京:科学出版社,1987.

[31] 张美珍,邱莲卿.中国植物志:第六十一卷[M].北京:科学出版社,1992.

[32] 蒋英,李秉滔.中国植物志:第六十三卷[M].北京:科学出版社,1977.

[32] 裴鉴,陈守良.中国植物志:第六十五卷[M].北京:科学出版社,1982.

[33] 钟补求.中国植物志:第六十七卷[M].北京:科学出版社,1979.

[34] 王文采.中国植物志:第六十九卷[M].北京:科学出版社,1990.

[35] 罗献瑞.中国植物志:第七十一卷[M].北京:科学出版社,1999.

[36] 王遂义.河南树木志[M].郑州:河南科学技术出版社,1991.